U0558730

"十一五"国家计算机技能型紧缺人
教育部职业教育与成人教育司
全国职业教育与成人教育教学用书行业规划教材

新编

中文版

3ds Max 9

标准教程

策划／WISBOOK 海洋智慧图书

编著／闫　威

光盘内容

收录了书中大部分范例制作全过程的立体教学演示动画
以及范例制作过程中涉及到的图像资料、场景源文件

海洋出版社
北京

内 容 简 介

本书是专为想在短期内通过课堂教学或自学快速掌握中文版 3ds Max 9 的使用方法和操作技能的标准教程，是国内首创边讲解 3ds Max 9 的强大功能、边教授具体操作方法、每章最后均提供一个完整的商品范例将本章的功能串在一起现场实战演练，图文并茂、通俗易懂。每个商品范例配以制作流程图纸和具体操作步骤配以视频讲解，即学即用，大大降低学习难度、激发学习兴趣和动手操作的欲望，事半功倍。每章后设计的课后实训范例提供操作提示，以巩固所学知识。本书中典型商品范例稍加改进即可"拿来就用"，为就业或者快速进入三维动画制作领域提前打下坚实基础。

本书由 14 章构成，动手操作 75 种（3ds Max 9 的核心功能具体用法）；7 个方面的具体应用实例：1.创建模型 12 类：玩具积木、艺术花瓶、窗帘、陶瓷瓶、音箱、植物、栏杆、墙、L 型楼梯、U 型楼梯、直线楼梯、螺旋楼梯；2.二维绘制一组室内静物；3.为一个电影奖杯模型赋予材质；4.为室内布光；5.创建建筑环游动画；6.特效 4 种：火焰、雾、体积雾和体积光；7.卧室效果图。

本书配套光盘收录了书中大部分范例制作全过程的立体教学演示动画，以及范例制作过程中涉及到的图像资料、场景源文件。

本书是作者多年教学和实践经验的总结，易教易学，适合作为全国各类院校三维动画专业的专业教材，社会三维动画培训班教材，广大初、中级三维动画爱好者实用自学用书。

图书在版编目（CIP）数据

新编中文版 3ds Max 9 标准教程/闫威编著. —北京：海洋出版社，2008.9（重印 2010.4）
ISBN 978-7-5027-7082-2

Ⅰ.新… Ⅱ.闫… Ⅲ.三维—动画—图形软件，3DS MAX 9—教材 Ⅳ.TP391.41

中国版本图书馆 CIP 数据核字（2008）第 129086 号

总 策 划：WISBOOK
责任编辑：仁 华 王 勇
责任校对：肖新民
责任印制：刘志恒
光盘制作：闫 威
光盘测试：王 勇
排 版：海洋计算机图书输出中心 晓阳

出版发行：海洋出版社
地 址：北京市海淀区大慧寺路 8 号（705 房间）
 100081
经 销：新华书店

发 行 部：(010) 62174379（传真）(010) 62132549
 (010) 62100075（邮购）(010) 62173651
技术支持：(010) 62100055
网 址：www.oceanpress.com.cn
承 印：北京华正印刷有限公司
版 次：2008 年 9 月第 1 版
 2010 年 4 月第 2 次印刷
开 本：787mm×1092mm 1/16
印 张：19.75
字 数：468 千字
印 数：4001～7000 册
定 价：39.00 元（含 1DVD）

本书如有印、装质量问题可与发行部调换

丛书序言

    计算机技术是推动人类社会快速发展的核心技术之一。在信息爆炸的今天，计算机、因特网、平面设计、三维动画等技术强烈地影响并改变着人们的工作、学习、生活、生产、活动和思维方式。利用计算机、网络等信息技术提高工作、学习和生活质量已成为普通人的基本需求。政府部门、教育机构、企事业、银行、保险、医疗系统、制造业等单位和部门，无一不在要求员工学习和掌握计算机的核心技术和操作技能。据国家有关部门的最新调查表明，我国劳动力市场严重短缺计算机技能型技术人才，而网络管理、软件开发、多媒体开发人才尤为紧缺。培训人才的核心手段之一是教材。

    为了满足我国劳动力市场对计算机技能型紧缺人才的需求，让读者在较短的时间内快速掌握最新、最流行的计算机技术的操作技能，提高自身的竞争能力，创造新的就业机会，我社精心组织了一批长期在一线进行电脑培训的教育专家、学者，结合培训班授课和讲座的需要，编著了这套为高等职业院校和广大的社会培训班量身定制的《"十一五"国家计算机技能型紧缺人才培养培训教材》。

一、本系列教材的特点

1. 实践与经验的总结——拿来就用

    本系列书的作者具有丰富的一线实践经验和教学经验，书中的经验和范例实用性和操作性强，拿来就用。

2. 丰富的范例与软件功能紧密结合——边学边用

    本系列书从教学与自学的角度出发，"授人以渔"，丰富而实用的范例与软件功能的使用紧密结合，讲解生动，大大激发读者的学习兴趣。

3. 由浅入深、循序渐进、系统、全面——为培训班量身定制

    本系列教材重点在"快速掌握软件的操作技能"、"实际应用"，边讲边练、讲练结合，内容系统、全面，由浅入深、循序渐进，图文并茂，重点突出，目标明确，章节结构清晰、合理，每章既有重点思考和答案，又有相应上机操练，巩固成果，活学活用。

4. 反映了最流行、热门的新技术——与时代同步

    本系列教材在策划和编著时，注重教授最新版本软件的使用方法和技巧，注重满足应用面最广、需求量最大的读者群的普遍需求，与时代同步。

5. 配套光盘——考虑周到、方便、好用

    本系列书在出版时尽量考虑到读者在使用时的方便，书中范例用到的素材或者模型都附在配套书的光盘内，有些光盘还赠送一些小工具或者素材，考虑周到、体贴。

二、本系列教材的内容

1. 新编 Authorware 6.5 标准教程（含 1CD）

2. 新编中文版 Photoshop 7 标准教程（含 1CD）

3. 新编中文版 PageMaker 6.5 标准教程（含 1CD）

4. 新编 Authorware 7 标准教程（含 1CD）

5. 新编 Premiere Pro 标准教程（含 1CD）

6. 新编中文版 Photoshop CS 标准教程（含 1CD）

7. 新编中文 Illustrator CS 标准教程（含 1CD）

8. 新编中文 Premiere Pro 1.5 标准教程（含 2CD）

9. 新编中文版 CorelDRAW 12 标准教程（含 1CD）

三、读者定位

本系列教材既是全国高等职业院校计算机专业首选教材，又是社会相关领域初中级电脑培训班的最佳教材，同时也可供广大的初级用户实用自学指导书。

海洋出版社强力启动计算机图书出版工程！倾情打造社会计算机技能型紧缺人才职业培训系列教材、品牌电脑图书和社会电脑热门技术培训教材。读者至上，卓越的品质和信誉是我们的座右铭。热诚欢迎天下各路电脑高手与我们共创灿烂美好的明天，蓝色的海洋是实现您梦想的最理想殿堂！

希望本系列书对我国紧缺的计算机技能型人才市场和普及、推广我国的计算机技术的应用贡献一份力量。衷心感谢为本系列书出谋划策、辛勤工作的朋友们！

教材编写委员会

《中文版 3ds Max 9 标准教程》教学课安排建议

本书教学总课时约为 68 学时，建议授课安排如下。

内　　容	讲解重点	授课学时
第 1 章　3ds Max 9 中文版的激活与插件安装	1. 3ds Max 应用领域 2. ds Max 9 中文版的系统要求 3. 配置图形显示驱动程序	1
第 2 章　3ds Max 9 中文版快速入门	1. 项目工作流程 2. 场景设置 3. 基本视图操作 4. 使用【创建】面板 5. 使用材质编辑器 6. 灯光、摄影机的放置 7. 物体的移动、旋转和缩放	6
第 3 章　标准/扩展基本体	1. 标准基本体 2. 扩展基本体 3. 实例制作——创建玩具积木模型	5
第 4 章　布尔运算与放样建模	1. 布尔运算 2. 放样建模 3. 实例制作——创建艺术花瓶模型与窗帘模型	4
第 5 章　建筑扩展物体	1. 门物体 2. 窗模型 3. ACE 扩展物体 4. 楼梯模型	4
第 6 章　图形	1. 样条线 2. NURBS 曲线 3. 扩展样条线 4. 实例制作——室内静物	6
第 7 章　常用修改器	1. 图形修改器 2. 参数化变形器 3. 自由变形修改器【FFD】 4.【编辑网格】修改器 5.【网格平滑】修改器 6. 实例制作——创建陶瓷瓶	8
第 8 章　NURBS 建模	1. 创建 NURBS 曲面 2. NURBS 物体的次物体层级 3. NURBS 工具箱 4. 实例制作——创建音箱	6

内　容	讲解重点	授课学时
第9章　材　　质	1. 材质编辑器 2. 常用材质类型 3. 常用贴图类型 4. 贴图坐标 5. 实例制作——赋予电影奖杯模型材质	7
第10章　灯光和摄影机	1. 灯光 2. 摄影机 3. 实例制作——室内灯光布置	3
第11章　空间扭曲和粒子系统	1. 空间扭曲 2. 粒子系统	3
第12章　动　画　制　作	1. 动画产生的基本原理 2. 轨迹视图 3. 路径约束的设置方法 4. 实例制作——建筑环游动画	4
第13章　环境特效和视频合成第	1. 环境特效 2. 视频合成	5
第14章　制作卧室效果图	制作卧室效果	6

以上 Max 教学课时安排和讲解重点，仅供参考。

前　言

　　3ds Max 是优秀的三维动画制作软件。本书是国内首创边讲解 3ds Max 9 的强大功能、边教授具体操作方法、每章最后均提供一个完整的商品范例将本章的功能串在一起现场实战演练，图文并茂、通俗易懂。每个商品范例配以制作流程图纸和具体操作步骤配以视频讲解，即学即用，大大降低学习难度、激发学习兴趣和动手操作的欲望，事半功倍。每章后设计的课后实训范例提供操作提示，以巩固所学知识。书中典型商品范例稍加改进即可"拿来就用"，为就业或者快速进入三维动画制作领域提前打下坚实基础。

　　本书由 14 章构成，动手操作 75 种（3ds Max 9 的核心功能具体用法）；7 个方面的具体应用实例：1.创建模型 12 类：玩具积木、艺术花瓶、窗帘、陶瓷瓶、音箱、植物、栏杆、墙、L型楼梯、U型楼梯、直线楼梯、螺旋楼梯；2.二维绘制一组室内静物；3.为一个电影奖杯模型赋予材质；4.为室内布光；5.创建建筑环游动画；6.特效 4 种：火焰、雾、体积雾和体积光；7.卧室效果图。各章内容简介如下：

　　第 1 章介绍 3ds Max 9 基础知识。动手操作 2 个：如何激活与安装插件，Service Pack 2 和常用外接插件。

　　第 2 章介绍 3ds Max 9 主界面功能，包括项目工作流程、场景设置、操作界面、基本视图操作、如何使用【创建】面板、材质编辑器、灯光、放置摄影机、移动物体、旋转和缩放、特殊控制、常用工具、场景渲染输出等。

　　第 3 章介绍如何使用标准/扩展基本体。 动手做 24 个：如何创建长方体、立方体、正方形底面的长方体、圆锥体、球体、几何体、管状体、圆环、四棱锥、茶壶、平面、异面体、环形结、切角长方体、切角圆柱体、油罐、胶囊、纺锤、L-Ext（L 形延伸体）、C-Ext（C 形延伸体）、球棱体、棱柱、环形波和软管。实例制作是如何创建玩具积木模型。

　　第 4 章介绍如何进行布尔运算与放样建模。动手操作 2 个：如何在环形结与球体间作布尔运算、如何用矩形与线创建放样画框。实例制作是如何创建艺术花瓶模型与窗帘模型。

　　第 5 章介绍如何用建筑扩展物体创建门物体、窗模型、ACE 扩展物体、楼梯。动手操作 8 个：如何创建植物、栏杆、墙、L 型楼梯、U 型楼梯、直线楼梯、螺旋楼梯等。

　　第 6 章介绍如何绘制二维图形、样条线、NURBS 曲线、扩展样条线。动手操作 18 个：如何绘制直线段图形、曲线段图形、封闭图形，如何使用键盘输入精确绘制图形、移动顶点位置和更改顶点类型、连接操作插入顶点和圆角处理、移动、缩放和旋转线段，如何进行轮廓、镜像、布尔操作，如何进行修剪和延伸操作，如何创建弧、星形、文本、螺旋线、截面线，如何创建 W 矩形、通道和角度。实例制作是绘制一组室内静物。

　　第 7 章介绍如何使用常用修改器，包括图形修改器、参数化变形器、自由变形修改器【FFD】、【编辑网格】修改器和【网格平滑】修改器。动手操作 9 个：用修改器堆栈编辑子对象、对子对象应用修改器、对多个子对象应用修改器、配置修改器按钮组、应用【挤出】修改器、应用【倒角】修改器、应用【车削】修改器、应用自由变形修改器【FFD】创建坐垫和应用【编辑网格】修改器创建模型。实例制作是如何创建一个陶瓷瓶。

第 8 章介绍 NURBS 建模方式，包括创建 NURBS 曲面、NURBS 物体的次物体层级和 NURBS 工具箱。动手操作 1 个：如何将 NURBS 曲线转换为曲面。实例制作是创建一个音箱模型。

第 9 章介绍如何使用材质编辑器，包括常用材质类型、常用贴图类型和贴图坐标。实例制作是为一个电影奖杯模型赋予材质全过程。

第 10 章介绍如何设置灯光和使用摄影机。实例制作是对室内灯光进行布置的全过程。

第 11 章介绍如何使用空间扭曲和粒子系统的功能。动手操作 5 个：如何将对象绑定到空间扭曲体上、将对象绑定到【漩涡】空间扭曲中、用【粒子爆炸】制作空间扭曲体效果、应用【重力】制作喷洒粒子效果、创建与设置导向球。

第 12 章介绍如何创建动画，包括动画产生的基本原理，轨迹视图，路径约束的设置方法。动手操作 4 个：如何设置自动关键帧、关键点，如何使用【曲线】编辑器和如何设置路径约束。实例制作是如何创建建筑环游动画。

第 13 章介绍如何创建环境特效和视频合成。动手操作 4 个：如何制作火焰、雾、体积雾和体积光效果。

第 14 章介绍一个大型范例，即如何制作卧室效果图的全过程。

本书配套光盘收录了书中大部分范例制作全过程的立体教学演示动画，以及范例制作过程中涉及到的图像资料、场景源文件和最终效果。

本书适合作为全国各类院校三维动画专业专业教材，社会三维动画培训班教材，广大初、中级三维动画爱好者自学用书。

本书第 1 章～第 8 章由闫威编写，第 9 章～第 11 章由朱莹泽编写，第 12 章～第 14 章由孙玲君编写。参与本书编写工作的还有卢凤芹、蔡新田、卢秀芹、孙公举、付艳侠、赵启明、祝捷、程伯义、张毅冰、李世国、孙同武、谢晓琳、孙龙飞，在此一并致谢。

感谢海洋出版社计算机图书出版中心的编辑们，是他们的执着和责任心，才使本书能够顺利出版。

本书使用过程中的问题请与 maxcg@126.com 联系。

编　者

目　录

第 1 章　3ds Max 9 中文版的激活与插件安装

教学目标

了解和熟悉 3ds Max 9 的激活与插件安装

教学重点与难点

➢ 3ds Max 应用领域
➢ 3ds Max 9 中文版的系统要求
➢ 激活 3ds Max 9 软件
➢ 视频驱动程序的配置

目前 3ds Max 软件的最新版本为 3ds Max 9，3ds Max 在众多的三维制作软件中，已成为数字艺术工作者的首选工具。作为 Autodesk 公司传媒和娱乐全套解决方案软件的最新版本，本产品提升了建模、渲染、场景项目的管理和角色动画等众多模块的使用功能，可使数字艺术工作者的构思更容易实现。

1.1　3ds Max 应用领域

3ds Max 软件集建模、材质编辑、动画制作、脚本编辑、视频合成和渲染输出为一体的大型三维软件。可以完成建筑效果图、工业产品设计、电视广告、游戏场景、三维动画、电影特技及特效等制作。

1. 建筑效果图

3ds Max 可以完全取代手绘建筑效果图，并可以完成大型的建筑环游动画。利用 3ds Max 设计的室内室外建筑效果范图分别如图 1-1 和图 1-2 所示。

图 1-1　室内效果图　　　　　　　　　　图 1-2　室外效果图

2. 工业产品设计

目前物质水平逐渐提高，为满足市场需要，工业产品层出不穷。3ds Max 在工业设计领域同样得到广泛的应用。例如产品外观设计表现、工业零件设计表现，如图 1-3 所示。

3. 电视广告

电视广告业也看好了优秀的三维虚拟技术。利用 3ds Max 将实景和虚拟效果无缝地结合起来，可以更好地表现出广告创意，同时可以获得更佳的视觉效果，如图 1-4 所示。

图 1-3　工业产品设计　　　　　　　　　　　图 1-4　电视广告

4. 游戏场景

随着计算机性能的高速提升，电脑游戏业也在迅速发展。现在，越来越多的玩家不但注重游戏情节的精彩，同时对游戏场景和画面也提出了更高的要求。为满足玩家的要求，游戏厂商也将 3D 技术应用到游戏设计当中。而 3ds Max 是众多游戏厂商首选的游戏场景制作工具，从而使画面更加真实，如图 1-5 和图 1-6 所示。

图 1-5　游戏场景设计（1）　　　　　　　　　图 1-6　游戏场景设计（2）

5. 三维动画电影

随着人们欣赏水平的提高和计算机三维技术的成熟，更多的动画公司由原来的二维动画制作转向三维动画的制作。用 3ds Max 制作的三维动画电影，如图 1-7 所示。

6. 电影特技及特效

三维技术常被用于科幻电影或常规电影手法无法拍摄的电影中。通常使用三维技术制作的场景都十分宏大，令人震撼，合成特技效果也让人惊叹。例如《精灵鼠小弟》、《勇敢者的游戏》、

《终极进化》中，三维技术将剧本要表现的效果展现得淋漓尽致。如图 1-8 所示就是利用 3ds Max 软件制作的影片效果。

图 1-7　三维动画电影

图 1-8　电影特技合成

1.2　3ds Max 9 中文版的系统要求

在安装本软件之前，先了解 3ds Max 9 中文版对软件及硬件的最低要求。

1. 软件要求

- 操作系统：Microsoft Windows XP Professional 或 Microsoft Vista
- 因特网浏览器：Internet Explorer 6 或更高版本的浏览器。
- Direct 3D：DirectX 9.0 或 DirectX 10.0（Vista）是 3ds Max 9 中文版的最低要求，提供软件场景视窗的显示支持。
- OpenGL：Open GL 2.0，OpenGL 仍然是惟一能够取代微软对 3D 图形技术的完全控制的 API，对 3ds Max 提供了一个功能强大，调用方便的底层 3D 图形库，并提供创建交互式 3D 图形应用程序的对象和方法，以及创建和编辑 3D 场景的高级应用程序模块。
- MSI：MSI 3.0 提供了对 Windows 安装程序（*.msi）软件包的添加、修改和删除操作推荐的支持软件。
- QuickTime：需要安装 QuickTime 5 或更高版本。QuickTime 提供了更好的视频压缩功能，可以使 3ds Max 动画场景渲染输出为 MOV 格式的动画文件。
- Java Runtime Environment：Java Runtime Environment 1.4.2 是 Sun 公司的产品，是可以在其上运行、测试和传输应用程序的 Java 平台。

2. 硬件要求

- 处理器：最低要求 Intel P4 1.6G 或 AMD 同等性能处理器，推荐使用更高性能的多路或多核心的 Intel 或 AMD 处理器。
- 内存：至少为 1GB，推荐使用大于或等于 2GB 的内存。
- 显示卡：至少需要支持分辩率为 1024×768×16 位色，支持 OpenGL 和 Direct 3D 硬件加速的显示卡。推荐使用分辩率达到 1280×1024×32 位色具有 512MB 或大于 512MB 显存的专业绘图显示卡。
- 可用硬盘空间：软件安装通常需要 1G 的可用硬盘空间和最小不低于 5MB 的 Windows 交换文件。

1.3 激活 3ds Max 9中文版

动手做 1-1 如何激活 3ds Max 9

1 启动 3ds Max 9 中文版时，程序会提示"产品激活"，如图 1-9 所示。

2 单击【Next】按钮，打开【注册-激活】对话框，选择【输入激活码】单选项，单击【下一步】按钮继续激活过程，如图 1-10 所示。

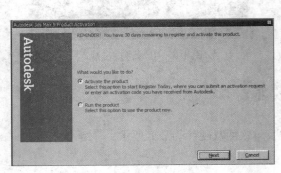

图 1-9 提示激活软件

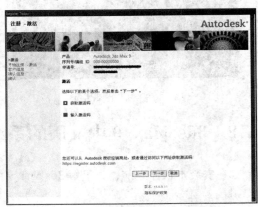

图 1-10 选择激活方式

3 在对话框中选择产品使用者所在的国家，然后在【输入激活码】文本框内填入正确的激活码，单击【下一步】按钮进行验证激活码，如图 1-11 所示。最后单击【完成】按钮，结束激活过程，如图 1-12 所示。

图 1-11 输入激活号码

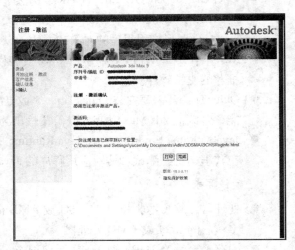

图 1-12 完成激活

1.4 配置图形显示驱动程序

当激活完成后，程序会自动启动 3ds Max 9 中文版，但默认并不会提示配置图形显示驱动程序。

如果需要配置图形驱动，则需要执行【开始】→【所有程序】→【Autodesk】→【Autodesk 3ds Max 9 32-bit】→【改变图形模式】命令，打开【Direct3D 驱动程序设置】对话框，如图1-13 所示。默认将会使用 Microsoft DircetX 驱动接口程序。单击【从 Dircet3D 回到上一界面】按钮，将会打开其他驱动接口选择对话框，如图 1-14 所示。

图1-13　设置Direct3D驱动程序

- 【软件】：是 3ds Max 的安全显示驱动。兼容性最好，可兼容所有类型显示卡，但显示性能相对较低。
- 【OpenGL】：针对支持硬件加速 OpenGL 的显卡使用，可提供专业绘图卡最佳的图形性能。

图 1-14　设置图形驱动程序

- 【Direct3D】：Microsoft 公司开发的硬件加速驱动程序。支持众多图形显示卡，并且拥有更多的先进功能，建议娱乐型显示卡用户使用。单击【高级 Direct3D】按钮，可打开【Direct3D 驱动程序设置】对话框，在其中可选择正确的 Direct3D 版本。
- 【自定义】：通常每款专业绘图卡都提供自己的专项驱动程序，而用户需要将这个专项驱动程序复制到 3ds Max 9 根目录或者复制到\3ds Max 9\drivers 文件夹中，才能正确选择使用这个驱动。通常这种驱动提供了较 OpenGL 更佳的图形显示性能；较 Direct3D 更多的先进功能。但如果配置不当会导致"Interactive 3D Renderer Failed（交互式三维渲染失败）"。

娱乐型显示卡不支持自定义驱动程序。

1.5　安装 3ds Max 9 Service Pack 2

3ds Max 9 已经发布两个补丁包，用户可以到 Autodesk 公司网站进行免费下载。

动手做 1-2　如何安装 3ds Max 9 Service Pack 2

1　当完成下载后双击"3ds Max 9_SP2_32bit.msp"安装文件，如图 1-15 所示。

2　单击【下一步】按钮继续安装。完成安装后将弹出提示对话框，单击【完成】按钮，结束安装过程，如图 1-16 所示。

图 1-15　3ds Max 9 SerVice Pack2 安装界面

图 1-16　完成安装

1.6 安装 3ds Max 9 中文版常用外接插件

3ds Max 软件与其他优秀的设计软件相似，为用户提供了标准的程序开发接口。软件开发商和有开发能力的用户可以为 3ds Max 设计增强功能或专项功能的程序，被称之为外接插件。由于 3ds Max 本身是一个带有多种设计能力的系统，所以它对不同功能的插件也进行了分类，包括建模类插件、修改器类插件、材质帖图类插件、渲染类插件、视频合成类插件和输入／输出格式类插件等。对于众多的插件类型，3ds Max 对它们进行了文件格式的规定，包括*.dlo 建模类格式文件，通常在 3ds Max 的创建面板中可以找到相应功能；*.dlm 修改器类文件格式，通常需要到 3ds Max 的修改面板中寻找相应功能；*.dlr 渲染类文件格式，通常需要到环境、效果或渲染面板中寻找相应功能；*.dlt 材质贴图类文件格式，通常需要到材质面板中选择使用；*.flt 视频合成类文件格式，在 Max 的 Video Post 视频合成中查看新的滤镜效果；*.dli ／*.dle 输入/输出类文件格式，可以使 3ds Max 软件支持更多种文件格式，方便与其他软件的互相协助。

3ds Max 众多的外接插件，拥有多种安装方法。有 3 种安装方法最为常见。

方法 1　脚本程序的安装法

是外接插件安装中较为复杂的一种，通常需要将脚本插件复制到\3ds Max 9\Scripts 文件夹当中，然后运行 3ds Max 并到【MAXScript】菜单中选择【运行脚本】命令，然后在打开的目录中寻找最新复制过来的*.ms 文件（注意，*.ms 文件为 3ds Max 脚本文件），并运行这个脚本文件。对于大型脚本程序的插件，通常需要找到名为【Install.msi】的文件并运行安装。

方法 2　标准安装法

是外接插件安装中比较简单的安装方法。它们都通过标准的 Windows 完成安装。通常在安装过程中需要手动定位 3ds Max 的安装目录，并在 3ds Max 软件启动时进行注册。

方法 3　复制安装法

是 3ds Max 外接插件安装中最为简单的安装方法。通常这类插件都为*.zip 压缩文件，使用解压缩软件打开压缩包，并将压缩包内的文件复制到\3ds Max 9\plusins\文件夹内即可。

如果在压缩包内存在*.dll 动态链接库文件，用户需要将*.dll 文件单独复制到 3ds Max 9 的文件目录中，对于其中的文本文件或*.chm 文件，通常是外接插件的介绍及帮助内容。

1.7　本章小结

本章对 3ds Max 9 的系统要求、如何激活 3ds Max 9 和配置图形显示驱动程序等内容作简要叙述，希望读者对 3ds Max 产生浓厚的兴趣。

1.8　本章习题

简答题

（1）3ds Max 9 中文版的系统要求有哪些？

（2）如何激活 3ds Max 9？

（3）如何安装 3ds Max 9 的两个补丁包？

（4）安装 3ds Max 9 常用外接插件有哪 3 种方法？

第 2 章 3ds Max 9 中文版快速入门

教学目标

熟悉 3ds Max 9 中文版的工作流程；了解视图的基本操作方法；学会使用软件的特殊控制功能、常用工具；了解场景的渲染输出；对创建面板和材质编辑器需要知道如何找到并使用它们

教学重点与难点

- ➤ 3ds Max 9 的应用领域
- ➤ 项目工作流程
- ➤ 场景设置
- ➤ 视图操作方法
- ➤ 创建面板和材质编辑器
- ➤ 灯光及摄影机的基本知识
- ➤ 特殊控制
- ➤ 隐藏与冻结
- ➤ 场景的渲染输出

2.1 操作约定

为了叙述和学习的方便，本节对鼠标操作和常用符号进行如下约束：

- 单击：单击鼠标左键，指按鼠标左键一下。
- 右击：单击鼠标右键，指按鼠标右键一下。
- 双击：连续、快速按鼠标左键两下。
- 拖曳：指按住鼠标左键不放将光标拖动到预定位置，然后释放鼠标左键。
- "+"：表示同时按下键盘的两个键。例如"Ctrl+Z"表示同时按下键盘上的"Ctrl"和"Z"键。
- 【】：表示菜单命令或选项名称等，例如【文件】、【编辑】等。
- "→"：表示执行菜单命令的层次。例如：执行菜单栏中的【创建】→【创建基本体】→【长方体】命令，表示首选单击【创建】菜单，在打开的下拉菜单中选择【创建基本体】分类，然后单击其中的长方体命令。

2.2 项目工作流程（室内效果图）

在使用 3ds Max 完成作品制作的过程中，针对不同的行业，有不同的工作流程。在本节中介绍一个典型的室内效果图制作流程，如图 2-1 所示。

1. 设置场景

2. 创建场景模型

3. 编辑材质

4. 放置灯光和摄影机

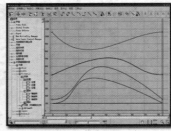
5. 制作场景动画

6. 渲染场景

图 2-1　典型的室内效果图制作流程

1. 设置场景

使用 3ds Max 时，根据用户的不同需要，设置不同的工作环境是十分必要的。例如，建筑行业的用户首选需要设置系统单位，同时根据自己的使用习惯相应更改某些默认功能，可以更方便用户的设计工作。

2. 创建场景模型

当完成场景的设置以后，任何行业的 3ds Max 用户都要开始这一步操作。因为模型是场景的基础，以建筑领域和动画领域为例，首先要完成制作建筑的室内、室外模型，角色模型或者环境模型等。只有完成这一步才可以继续其他操作，例如可以为制作完成的模型编辑材质效果，如图 2-2 所示。

3. 编辑材质

当建立好模型后，用户可以使用"材质编辑器"设计材质。只有模型物体被赋予合适的材质后，放置灯光才可以更好地观察场景效果，如图 2-3 所示。

图 2-2　戒指模型的制作过程

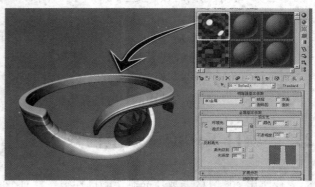
图 2-3　为戒指赋予材质

4. 放置灯光和摄影机

用户可以放置并设置带有各种属性的灯光为场景提供照明，如图 2-4 所示。灯光可以投射阴影和添加大气效果。

5. 制作场景动画

当以上环境逐一完成后，根据不同行业需要制作不同的场景动画效果，如图 2-5 所示。通常有针对建筑的环游动画以及更为复杂的电影级动画效果。如果用户制作的是单帧图像，那么可以省略这一步骤，例如仅制作建筑效果图。

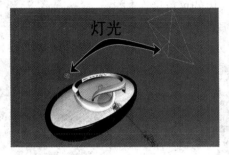

图 2-4　为场景添加灯光

图 2-5　制作摄影机动画效果

6. 渲染场景

渲染就是将场景进行最终的着色。在着色的过程需要加入各种真实的光效以及各种物理效果，并对场景模型进行更细致的描绘。例如，加入真实的光线跟踪、照明、间接照明、焦散效果、全屏幕抗锯齿、运动模糊、景深模糊及大气和环境效果等，是一个极为重要的环节，如图 2-6 所示。

 还有一个环节为 Video Post 视频合成。理论上是与渲染场景为同一环节，但操作要在渲染场景之前完成。

图 2-6　渲染最终效果

2.3　场景设置

前面介绍到一个典型室内效果工作流程的第一步就是场景设置，那么在这一节中详细讲解场景设置的各个项目。场景设置最基本的为以下 4 个项目。

1. 设置系统单位

设置系统单位是十分重要的环节，用以确定输入的数值与场景的距离信息如何关联，确定舍入误差的范围。3ds Max 软件中很多参数与系统单位有联系，例如光度学灯光和部分渲染参数等。即同样的灯光参数或渲染参数如果场景单位不同，最终渲染的效果也会不同。

系统单位设置方法如下：打开【制定义】菜单→【单位设置】对话框→【系统单位设置】按钮，如图 2-7 所示。

当单击【系统单位设置】按钮后会打开【系统单位设置】对话框，如图 2-8 所示。通常建筑行业需要设置为"一个单位＝1.0 毫米"，其余选项保持默认即可；在动画和电影制作时可以相应将单位设置为米或厘米即可，因为通常动画及电影方面不需要太高的单位精度。

2. 选择单位显示

当完成上一步后在 3ds Max 软件中的某些数值并不会显示单位效果，如图 2-9 所示，这是由于上一步操作仅仅是设置了系统单位，并没有让单位显示到软件当中。如果用户希望在软件中显示单位可以打开【自定义】菜单→【单位设置】对话框（如图 2-7 所示），将显示单位比例设置为【公制】，将下拉列表中的单位设置为毫米、厘米或米，这时在 3ds Max 软件中才能够正常显示系统单位，如图 2-10 所示。

图 2-7　单位设置

图 2-8　系统单位设置

图 2-9　无单位显示

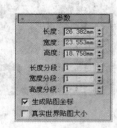

图 2-10　显示工作单位

3. 设置视口显示

在 3ds Max 中使用的默认视口为"田"字均等分布的 4 个视口，根据不同情况的需要，用户可以打开【自定义】菜单→【视口配置】对话框→【布局】面板，对视口的显示进行配置。其中系统提供了 14 种配置方式供选择，如图 2-11 所示。

4. 设置栅格间距

正确的配置栅格间距可以方便用户根据不同的需要进行模型的制作。打开【自定义】→【栅格和捕捉设置】→【主栅格】面板，对其中的【栅格尺寸】可任意配置，如图 2-12 所示。

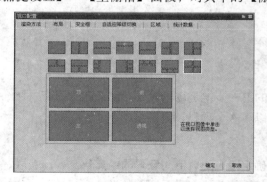

图 2-11　视窗设置中布局对话框

图 2-12　设置栅格尺寸

2.4　3ds Max 9 操作界面

由于 3ds Max 是一款三维设计软件，所以在整个程序界面中，工作视口占据了主窗口的大部分，而其余区域用于放置各种制作、控制工具以及信息显示提示栏。

下面对操作界面中的 9 个区域进行讲解，如图 2-13 所示。

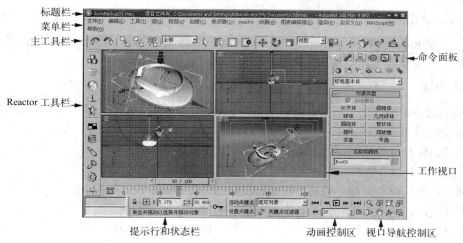

图 2-13　界面组成划分

1. 标题栏

标题栏是大部分程序都具备的组成部分，用于显示软件图标、软件名称、文件名。在标题栏的右侧有 3 个按钮，分别为【最小化】、【最大化/还原】和【关闭】按钮，用于控制软件界面的大小及退出程序的工作。

2. 菜单栏

在 3ds Max 的菜单栏中，除 3 个典型的菜单栏【文件】、【编辑】、【帮助】以外，还有【工具】、【组】、【视图】、【创建】、【修改器】、【角色】、【reactor】、【动画】、【图表编辑器】、【渲染】、【自定义】和【MAXScript】12 个特殊菜单栏。

- 【文件】菜单：包括文件的新建、打开和保存等操作。
- 【编辑】菜单：包括工作时对文件的撤销、重做、复制、删除和选择方式等操作。
- 【工具】菜单：包括主工具栏中的很多命令。
- 【组】菜单：用来对场景中各种类型的物体进行成组管理。
- 【视图】菜单：包含视图控制和设置的工具。
- 【创建】菜单：用来创建 3ds Max 中各种类型的物体。
- 【修改器】菜单：包括 3ds Max 中所有的命令修改器。
- 【角色】菜单：包含编辑骨骼、链接结构和角色集合的工具。
- 【reactor】菜单：包含各种物理动画编辑工具，是新型的动力学模拟器。
- 【动画】菜单：包含设置对象动画和约束对象的命令。
- 【图表编辑器】菜单：其中包含可以在图表中控制和编辑动画或对象属性的工具。
- 【渲染】菜单：包含渲染、视频合成、光能传递、材质编辑器和环境等命令。
- 【自定义】菜单：使用自定义菜单可以按照自己的工作习惯来安排界面样式。
- 【MAXScript】菜单：包括内置脚本语言的各种命令。
- 【帮助】菜单：用于给用户提供各种帮助。

3. 主工具栏

主工具栏提供在场景编辑时所需的常用工具，包括撤销、重做、链接、绑定、选择、变换、轴点、捕捉、镜像、对齐、材质、渲染等工具。

4. Reactor 工具栏

提供了 Reactor 动力学模型所需的常用工具，包括各种集合创建工具、动力学修改器工具、参加动力模拟对象属性工具以及预览和动画创建工具等。

5. 命令面板

命令面板是 3ds Max 中最有特色的组成部分，软件中大部分功能都可以在命令面板中实现，其中包括 6 个命令面板。

- 【创建】命令面板：包含所有对象的创建工具。
- 【修改】命令面板：包含各种对象的修改器和编辑工具。
- 【层次】命令面板：对连接约束和反向力学的各种参数进行控制。
- 【运动】命令面板：包括物体的运动控制器和轨迹的控制。
- 【显示】命令面板：包括控制类别、物体的显示和冻结操作。
- 【工具】命令面板：包含了 3ds Max 的各种外部工具。

TIPS▶ 在命令面板中又分为不同类别的命令面板，包括创建命令面板和修改命令面板等。而不同的命令面板下方还有更为详细的分类，例如：【创建】命令面板中对象类别中分别放置了 【几何体】、 【图形】、 【灯光】、 【摄影机】、 【辅助对象】、 【空间扭曲】和 【系统】等类别。

每个类别中又由相对应的卷展栏构成，卷展栏中放置了各种对象的详细参数和属性。卷展栏不仅出现在命令面板中，而且分布在 3ds Max 的每个角落，是 3ds Max 中非常具有特色的组成部分。

6. 工作视口

工作视口在默认状态下，由【顶】视口、【前】视口、【左】视口和【透视】视口组成，其中【透视】视口可以从任意角度观察场景，并能够显示场景的透视关系。在 4 个视口中，被操作的视口处于激活状态，并在边缘显示黄色边框，叫做活动视口。

除了默认的 4 个视口外，还有【底】、【后】、【右】、【用户】、【ActiveShade】、【图解】、【栅格】、【扩展】和【图形】视口，在 3ds Max 9 中软件设计人员又将轨迹视图增加到视口显示中。其中【图解】、【栅格】和【扩展】视口中还有更为详细的分支，如图 2-14 所示。针对摄影机和灯光的编辑还有摄影机视口和各种灯光视口。

图 2-14　工作视口

7. 动画控制区

动画控制区对已经编辑好的场景动画进行播放、暂停等控制，如图 2-15 所示。

图 2-15　动画播放控制区

- 转自开头：如果当前帧处于非第一帧状态时，单击此按钮会将当前帧定在 0 帧上。
- 上一帧：可以精确控制移动到上一帧。
- 播放/停止：当单击播放后，被设置的场景动画会进行播放操作，此时【播放】按钮 的样式会变成 【暂停】按钮样式。当再次单击后动画停止播放并还原为播放按钮。
- 下一帧：可以精确控制移动到下一帧。

- ▶▶转自结尾：如果当前帧处于非末尾帧状态时，单击此按钮会将当前帧定位到末尾帧上。
- ▶▶关键点模式切换：当单击关键点模式切换后，【上一帧】和【下一帧】的样式会变成【上一关键点】◀ 和【下一关键点】▶ 按钮样式，当单击【上一关键点】和【下一关键点】按钮时，时间滑块会在设置的关键点上跳跃。
- 100 当前帧位置：用于显示和输入当前帧的位置。
- 时间配置：用于配置动画时间的长短。

8. 视口导航控制区

主窗口右下角的视口导航控制区可以对视口的缩放、平移和导航等进行控制。

9. 提示行和状态栏

这两行显示场景、活动命令的提示和信息。它们也包含控制选择和精度的系统切换以及显示属性。

在提示行和状态栏的左、上和右侧分为脚本侦听器、坐标控制和关键点记录工具。在工作视口下方有时间滑块控制和时间线。

- 脚本侦听器是 Max 脚本的交互式翻译器，使用方式类似 DOS 命令提示窗口。可以在此窗口中输入脚本命令，按 Enter 键后将立即执行。侦听器分为两个文本框。顶部粉红色的文本框是【宏录制器】，底部白色的文本框是输出框。当启用【宏录制器】时，【宏录制器】窗格中显示记录的所有脚本内容。输出文本框显示来自脚本的结果输出。在【宏录制器】窗格中执行代码的输出，可始终直接显示在输出文本框中。这两个窗格都可以剪切和粘贴、拖放、编辑、选择及执行代码。
- 坐标控制用来精确控制和显示物体在场景中的 X、Y、Z 坐标位置、旋转角度和防缩比例。
- 关键点记录工具用来记录场景动画，一共有两种记录方法。一种是【自动关键点】，一种是【设置关键点】。动画的记录操作会在学习"动画制作"时详细讲解。
- 时间滑块控制用于手动播放场景动画，以及查看滑块位置的动画状态。时间线用于显示时间范围和关键点位置信息，可以用于移动、复制和删除关键点。当选择了一个具有动画效果的对象时，会在轨迹栏上显示其动画关键点状态。

2.5　基本视图操作

在 3ds Max 9 中创建的任何物体都位于一个三维空间。相对于二维空间，三维空间具有 Z 轴向的深度概念，所以三维空间是可以观察各个场景角度的。而观察方法相对于观察二维空间会复杂许多。本节重点讲解默认的视图控制方式。

在三维空间的控制中，用户可以调整视图位置、旋转和放缩视图，可以导航空间，与观察真实世界比较相似。

2.5.1　视口概念

在 3ds Max 9 中用户通过视口观测视图，很多用户将视口和视图概念混淆。实际上视口和视图是分别独立存在的。视口是用户观察三维空间的窗口，用来透过这个特殊的窗口观察和操作里面的视图。就如同在真实世界透过房屋窗口观察房屋外面的空间，而这个窗口就相当于视口，而房屋外面的空间就相当于视图。但不同的是，真实世界中屋内的用户相对窗外面空间是被动的，而在 3ds Max 中用户可以通过这个"窗口"来控制里面的世界。

如果希望在 3ds Max 的空间中水平方向移动对象，可以激活顶视口来编辑顶视图中的物体。根据不同的需要还有更多的特殊视口以供操作。

2.5.2　了解视图

在视口中有两种视图类型。

● 三向投影视图：如图 2-16 所示，也有人喜欢称其为正视图。三向投影视图提供一个没有扭曲的场景视图，以便精确地缩放和放置。包括【顶】、【底】、【前】、【后】、【左】、【右】和【用户】视图。它们有一个共同的特点，就是模型中的所有线条均相互平行，是没有透视关系的视图。

● 透视视图：如图 2-17 所示，与人类视觉最为类似。视图中的对象看上去向远方后退，产生深度和空间感并最终产生焦点。包括透视图、摄影机视图、灯光视图。通常使用透视视图来渲染最终输出。

图 2-16　三向投影视图　　　　　　　　　图 2-17　透视视图

2.5.3　视口布局

3ds Max 默认的视口布局为"田"字型均等四视口布局，另外还有 13 种其他布局方式。可以根据实际需要使用【视口配置】对话框中的【布局】面板，对所需的布局类型进行选择操作。并且视口布局会跟随文件一起保存。

每种视口布局都可以灵活调整大小。在选择布局后，通过移动分割视口的分隔条，使这些视口拥有不同的比例，如图 2-18 所示。

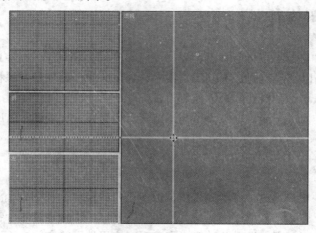

图 2-18　调整视口大小

对于设置好的视口布局，可以更改每个视口的视图类型。例如，可以从前视图切换到后视图。可以使用以下两种方法中的任意一种。

● 菜单：右键单击希望更改的视口标签，然后单击【视图】，再单击所需的视图类型。
● 快捷键：激活希望更改的视口，然后按每种视图类型对应的键盘快捷键。

 视图类型快捷键通常为各种视图英文名词的第一个字母，也有几种视图类型不具备快捷键。常用几种视图的快捷键为：
顶视图快捷键为 "T"，底视图快捷键为 "B"，前视图快捷键为 "F"，左视图快捷键为 "L"，摄影机视图快捷键为 "C"，透视视图快捷键为 "P"，用户视图快捷键为 "U"。

2.5.4 视口渲染

视口渲染有多种方式，每种方式都有它的优缺点，根据实际情况选择使用（右击活动视口的左上角可以打开视口渲染配置菜单，如图 2-19 所示）。视口渲染方式有：

【平滑＋高光】显示方式（如图 2-20 所示）、【线框】显示方式（如图 2-21 所示）、【平滑】显示方式（如图 2-22 所示）、【面＋高光】显示方式（如图 2-23 所示）、【面】显示方式（如图 2-24 所示）、【平面】显示方式（如图 2-25 所示）、【亮线框】显示方式（如图 2-26 所示）、【边界框】显示方式（如图 2-27 所示）、【透明】显示方式（如图 2-28 所示）和【边面】显示方式（如图 3-29 所示）。在 3ds Max 9 中新增加了【隐藏线】，【隐藏线】这种新的视

图 2-19 视口渲染配置菜单

口渲染模式类似【线框】显示方式，但不同的是其仅以黑白灰三色进行显示，而且不显示线框穿透效果。

 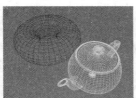  

图 2-20 平滑＋高光显示   图 2-21 线框显示   图 2-22 平滑显示   图 2-23 面＋高光显示

图 2-24 面显示   图 2-25 平面显示   图 2-26 亮线框显示

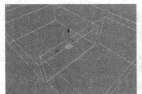  

图 2-27 边界框显示   图 2-28 透明显示   图 2-29 边面显示

其中【平滑＋高光】显示方式可搭配【边面】显示，也是最消耗系统资源的显示方式。而【边界框】显示方式是最节省系统资源的显示方式，但效果也最差。

2.5.5 改善显示性能

在 3ds Max 中有可以改善显示性能的工具，以便在显示场景时来平衡显示质量和刷新时间。根据实际需要，用户可以放弃高级别的渲染质量以保持高速的编辑过程，或达到高级的渲染质量而放弃刷新速度。使用哪种方法取决于用户的工作要求。

使用显示性能工具可以确定如何渲染和显示对象。

1. 使用视口首选项优化场景显示

通过【自定义】菜单→【首选项】对话框→【视口】面板，打开视口参数进行设置，如图 2-30 所示。

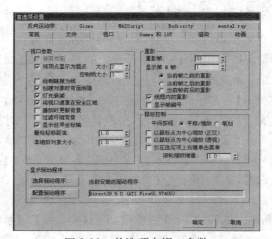

图 2-30 首选项中视口参数

- 使用双面：在重画视口时使用前/后面系统。在正常情况下，此默认设置提供了最快的重画速度。
- 将定点显示为圆点：如果勾选该选项，网格和面片对象中的顶点显示为实心的小方块，用户可以使用【大小】参数设置其大小。使用【控制柄大小】控制面片顶点和样条线顶点的控制柄的显示大小。
- 绘制链接为线：此选项是针对链接对象而言的，而且影响显示性能并不明显，用于对父对象和子对象之间的层次链接显示为普通线条，而不是显示为形状。
- 创建对象时背面消隐：此选项只适用于线框视口显示。勾选该选项后，可以透过线框看到背面。
- 灯光衰减：勾选该选项之后，衰减灯光的行为与未衰减一样。
- 将视口遮罩在安全区域：勾选此选项后，安全框以外的区域不显示。使用此选项，可以得到更快的刷新速度。
- 播放时更新背景：勾选这个选项，可以在播放动画时更新视口背景的位图序列或动画文件背景。
- 过滤环境背：当在【视口背景】对话框中启用【视口背景】参数时此选项会作用于环境背景。勾选此选项后，将在视口中过滤环境背景，取消锯齿的图像。禁用此选项之后，将不过滤背景图像，从而呈现带有锯齿的像素化图像。取消勾选可以加快场景更新速度。
- 显示世界坐标轴：勾选此选项之后，将在所有视口的左下角显示世界坐标轴。其下【栅格轻移距离】用来设置"向下轻移栅格"和"向上轻移栅格"键的轻移距离。【非缩放对象大小】设置摄影机、灯光和其他非缩放对象的大小。

2. 使用【视口配置】对话框来动态降低显示性能的渲染级别

如图 2-31 所示，打开【自定义】菜单→【视口配置】对话框→【渲染方法】面板，进行控制平衡显示质量和显示速度的参数设置。

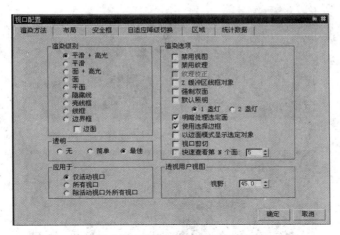

图 2-31　【视口配置】对话框

- 渲染级别：视图渲染方式。
- 平滑+高光：在平滑着色渲染的基础上显示反射高光。
- 平滑：仅使用平滑着色渲染对象。
- 面+高光：在平面着色的基础上显示反射高光。
- 面：将多边形作为平面进行渲染。
- 平面：二维平面化渲染方式。
- 亮线框：以平面着色的对象线框进行渲染。
- 线框：将对象绘制作为线框而不应用着色。
- 边界框：将对象以边界框形式进行渲染，可以得到最佳的渲染速度但效果最差。
- 边面：可以与着色模式进行搭配使用以精确渲染场景物体，但这种方式的渲染速度也最慢。

3. 隐藏或冻结不需要的物体以加快视口渲染刷新

除对场景的渲染方式进行设置以达到加快场景渲染的目的以外，还可以隐藏不需要的物体或冻结不编辑的物体来加快渲染刷新。如何隐藏或冻结将在后文详细介绍。

4. 设置自适应降级显示

除以上 3 种加速方法外，用户也可以设置自适应降级显示来加速场景渲染。打开【视图】→【适应降级显示】会在视图操作时以边界框进行显示，而在对象编辑时以平滑高光或其余渲染方式来显示。

2.5.6　缩放、平移及旋转视口

当编辑场景时用户经常需要对视图进行缩放、平移及旋转视口以便观察场景的各个角度。这时需要使用视口导航控制区的有关工具，如图 2-32 所示。

图 2-32　视图控制工具

- 视图缩放工具：用来控制视图的放大和缩小。
- 视图平移工具：用来平移视图。
- 视图旋转工具：控制向任何方向的旋转。如图 2-33 所示，分别为缩放视口、平移视口和旋转视口的前后对比。

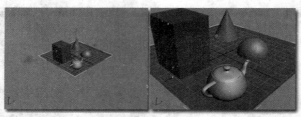

缩放视口的前后对比

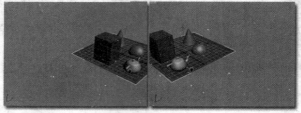

平移视口的前后对比

旋转视口的前后对比

图 2-33　缩放、平移和旋转视口的前后对比

以上是 3 种标准的视图控制按钮，在整个视口导航控制区中还有其他工具，并且在拥有右下角箭头的按钮上按住片刻会弹出更多的工具选项以便选择使用，如图 2-34 所示。

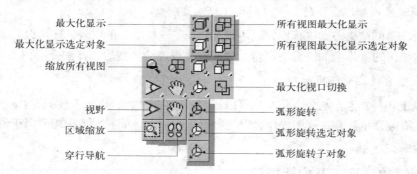

图 2-34　工具名称

- 最大化显示：缩放活动视口到场景中所有可见对象的范围。
- 最大化显示选定对象：缩放活动视口到场景中所有选择对象的范围。
- 缩放所有视图：可以同时更改所有非摄影机视图。
- 视野：更改视野与更改摄影机镜头效果相似。视野越大，场景中可看到的部分越多，但扭曲越严重；视野越小，场景中可看到的部分越少，而且透视图会展平。
- 区域缩放：在活动视口中拖动出一个矩形区域，并且放大此区域以填充视口。
- 穿行导航：使用穿行导航控制场景显示，就类似于控制游戏角色一样。当单击【穿行导航】按钮后需要按键盘的上下左右键来执行。

- 所有视图最大化显示：缩放所有视口到场景中所有可见对象的范围。
- 所有视图最大化显示选定对象：缩放所有视口到场景中所有选择对象的范围。
- 最大化视口切换：当使用最大化视口切换时，可以将四视口显示切换为单视口最大化显示，同时再次单击后还原四视口显示。
- 弧形旋转：围绕视图中心旋转视图。
- 弧形旋转选定对象：围绕选定的对象旋转视图。
- 弧形旋转子对象：围绕当前选定的子对象旋转视图。

2.5.7　控制摄影机视图与灯光视图

1. 摄影机视图控制

当场景中创建了摄影机并且将当前任意视图转换为摄影机视图后，视口导航控制区的某些按钮会发生变化，如图 2-35 所示。

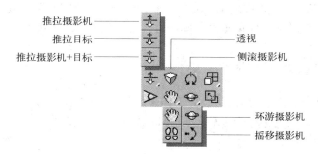

图 2-35　摄影机控制工具

- 推拉摄影机：沿视线推拉移动摄影机，目标点不变化。
- 推拉目标：沿视线推拉移动摄影机目标点，摄影机不变化。
- 推拉摄影机＋目标：沿视线推拉移动摄影机和摄影机目标点。
- 透视：使用透视工具，然后在摄影机视口中拖动来更改视野。其效果是在维持此视图构图的同时改变透视张角量，也就是增加或减少视野值。
- 侧滚摄影机：使用侧滚工具，然后在摄影机视口中进行拖动，使摄影机围绕其视线旋转。
- 环游摄影机：环游在围绕目标的圆形区域中移动摄影机。效果与透视视口的"弧形旋转"相似。
- 摇移摄影机：围绕摄影机的圆形区域中移动目标。它与真实世界使用摄影机的效果极为相似。

2. 灯光视图控制

当场景中创建了目标聚光灯、自由聚光等、目标平行光、自由平行光和 mr 区域聚光灯中任意一种时，并且将当前任意视图转换为灯光视图，视口导航控制区的某些按钮会发生变化，如图 2-36 所示。

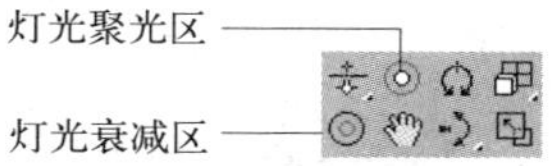

图 2-36　灯光控制工具

- 灯光聚光区：使用【灯光聚光区】按钮在灯光视图中拖动会控制灯光聚光区的大小。
- 灯光衰减区：使用【灯光衰减区】按钮在灯光视图中拖动会控制灯光衰减区的范围。

2.5.8 使用穿行视图操作方式

使用穿行导航，可按下包括方向键在内的一组快捷键在视口中移动，类似在 3D 游戏中一样。进入穿行导航模式后，光标将变成中空圆环，在按下某个方向键时显示方向箭头。穿行导航可用在透视图和摄影机视图。

- 前进：按键盘的"W"键或向上键，则向前移动摄影机或透视视口。
- 后退：按键盘的"S"或向下键，则向后移动摄影机或透视视口。
- 左：按键盘的"A"或向左键，则向左移动摄影机或透视视口。
- 右：按键盘的"D"或向右键，则向右移动摄影机或透视视口。
- 上：按键盘的"E"或"Shift"+向上键，则向上移动摄影机或透视视口。
- 下：按键盘的"C"或"Shift"+向下键，则向下移动摄影机或透视视口。
- 加速和减速：按键盘的"Q"键加速前进或后退等操作，按键盘的"Z"键减慢前进或后退等操作。
- 调整步长大小：按键盘的"{"和"}"键增加步长或减小步长，效果看上去像加速/减速，但实际上步长与加速/减速无关。按键盘快捷键"ALT+["恢复默认步长大小。
- 旋转：旋转需要通过鼠标来操作，操作方式类似控制 3D 游戏中鼠标的操作方式。

2.6 使用【创建】面板

在【命令】面板中，【创建】面板是设计工作中最常用到的【命令】面板，其中包含了所有对象的创建命令，是 3ds Max 软件中非常重要的组成部分，如图 2-37 所示。

图 2-37 【命令】面板

【创建】面板有 7 大类别，包括：几何体、图形、灯光、摄影机、辅助对象、空间扭曲和系统，而在这 7 大类别中又包括了更为详细的分类。

几何体中默认有 11 个类型（如图 2-38 所示），图形中默认有 3 个类型（如图 2-39 所示），灯光中默认有 2 个类型（如图 2-40 所示），摄影机默认有 1 个分类，辅助对象默认有 8 个类型（如图 2-41 所示），空间扭曲中默认有 6 个类型（如图 2-42 所示），系统中默认有 1 个类型。如果安装了某些外接插件，会在各个类型的最下端增加对应的类型，如图 2-38 和图 2-40 所示。

而在每种类型中还有自身更多的创建工具，例如标准基本体中还有 10 个基本体类型，如图 2-43 所示。用户可以单击其中任意一个工具，然后到视口中拖动创建。

图 2-38 几何体的类型

图 2-39 图形的类型

图 2-40 灯光的类型

图 2-41 辅助对象的类型

图 2-42 空间扭曲的类型

图 2-43 对象类型

2.7 使用材质编辑器

材质编辑器是用于创建、编辑场景物体的纹理、反射、折射和其他效果的对话框。其中贴图也可以控制环境效果的外观。

打开材质编辑器的方法是：单击【渲染】菜单→【材质编辑器】命令。打开的对话框如图 2-44 所示。

在材质编辑器中用户可以编辑基本材质属性和使用贴图等内容。用户可以设置基本材质属性来控制曲面特性。例如，默认颜色、反光度和不透明度级别等。也可以搭配贴图来控制曲面属性，例如纹理、凹凸、不透明度、反射、折射和置换等。大多数基本属性都可以使用贴图来增强真实感，图 2-45 是未赋材质和赋予材质的效果。材质编辑器的详细讲解见第 9 章。

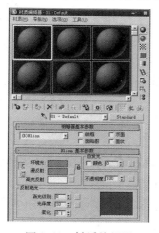

图 2-44 材质编辑器

图 2-45 赋予材质的前后对比

2.8 灯光、摄影机的放置

本节简要介绍灯光及摄影机的放置，在第 10 章会详细讲解灯光和摄影机的使用。

- 灯光的放置：3ds Max 中有很多灯光类型，包括标准灯光、光度学灯光和日光系统。
- 标准灯光：可以从【创建】面板→【灯光】类别→【标准】灯光类型中选择创建和放置灯光。其中包含的灯光类型有泛光灯、聚光灯和平行光等。用户可以为灯光设置任意颜色，甚至可以设置灯光的颜色动画。所有这些灯光都能投射阴影和使用体积效果。
- 光度学灯光：可以从【创建】面板→【灯光】类别→【光度学灯光】中放置灯光。它拥有真实的照明单位精确照明。光度学灯光支持各种光度学文件格式，如 IES、CIBSE 和 LTLI。将光度学灯光与 3ds Max 光能传递渲染方法搭配使用，可以得到更真实的表现场景照明效果。
- 日光系统：可以从【创建】面板→【系统】类别中创建日光或太阳光。该灯光类型遵循太阳在地球上某一给定位置的符合地理学角度的运动。用户可以选择位置、日期、时间和指南针方向。也可以设置日期和时间的动画。
- 摄影机的放置：可以从【创建】面板→【摄影机】类别中创建和放置摄影机。摄影机用来规定渲染的视口，也可以设置摄影机运动来产生动画效果。

● 从视图创建摄影机：选择透视图，打开【视图】菜单→【从视图创建摄影机】，会以当前透视图的角度和视野值来创建一架摄影机。这样做的好处是可以先灵活地设置拍摄角度及视野，然后再依据相应信息来创建合适的摄影机。

2.9 物体的移动、旋转和缩放

要改变物体的位置、方向或比例，需要使用主工具栏上的 3 个变换按钮：❖（选择并移动）、↻（选择并旋转）、▫（选择并缩放），然后使用鼠标操作将变换应用到选定对象。

当激活主工具栏上的 3 个变换按钮后，将会在选择的对象上显示出不同状态的 Gizmo 图标，如图 2-46 所示。

移动 Gizmo   旋转 Gizmo   缩放 Gizmo

图 2-46　变换图标

1. 移动

用户可以选择 X、Y、Z 任一个轴向控制柄将物体移动约束到此轴向，也可以使用平面控制柄将移动约束到 XY、YZ 或 XZ 平面，如图 2-47 所示。

约束 YZ 轴向 Gizmo   约束 XY 轴向 Gizmo   约束 XZ 轴向 Gizmo

图 2-47　移动图标

2. 旋转

用户可以围绕 X、Y、Z 轴或垂直于视口的轴自由旋转对象。轴向控制柄是围绕轨迹球的圆圈。在任一轴控制柄的任意位置拖动鼠标，可以围绕该轴旋转对象。当围绕 X、Y 或 Z 轴旋转时，会产生一个透明切片，表示旋转方向以及旋转的角度。如果旋转角度大于 360°，则该切片会重叠显示，重叠的次数越多透明度越弱。在旋转 Gizmo 的顶部还显示精确的旋转角度数值，如图 2-48 所示。

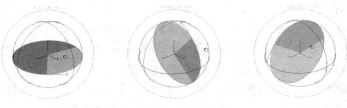

图 2-48　旋转图标

另外，将鼠标移动至旋转 Gizmo 的内部时，可以同时向 3 个轴向进行旋转操作。如果将鼠标放置到旋转 Gizmo 的最外边线上，可以沿着屏幕垂直方向旋转，如图 2-49 所示。

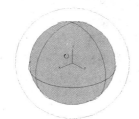 

向任意方向旋转选择对象　　　　　沿屏幕垂直方向旋转选择对象

图 2-49　旋转图标

3. 缩放

按住缩放工具片刻会弹出下拉按钮，其中除 ▣（均匀缩放）以外，还有 ▣（非均匀缩放）和 ▣（积压）工具。

当使用 ▣（均匀缩放）和 ▣（非均匀缩放）工具时，用户可以同时沿着 X、Y、Z 轴向等比例缩放选定对象，也可以分别沿着 X、Y、Z 各自轴向不等比缩放选定对象，还可以分别使用平面控制约束到 XY、YZ 或 XZ 平面进行不等比缩放，如图 2-50 所示。

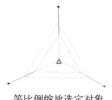  

等比例缩放选定对象　　　沿各自轴不等比缩放对象　　　约束 XZ 平面不等比缩放

图 2-50　缩放图标

3 种缩放工具中 ▣（挤压）工具相对比较特殊。使用选择并挤压工具，可以保持对象的体积不变，产生对象被挤压的模型效果。挤压对象会在一个轴上按比例缩小，但同时在另两个轴上均匀增大，反之亦然。使用挤压工具操作对象时的模型挤压效果如图 2-51 所示。

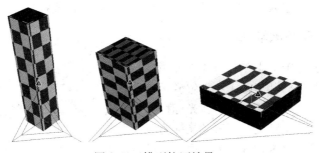

图 2-51　模型挤压效果

2.10　特殊控制

在 3ds Max 软件操作过程中，有许多界面的特殊控制方式。熟练掌握这些特殊控制方式可以加快场景制作。本节将详细讲解这些特殊控制方法。

2.10.1 右键单击菜单

在 3ds Max 中有很多位置支持右键单击操作，当对这些支持右键单击的位置进行右击时会弹出各种快捷菜单。最常用的是在活动视口任意位置或对视口中任意对象右击，会打开快捷四元菜单。右击视口标签（活动视口左上角）会打开设置视口显示的快捷菜单。在【命令】面板和【材质编辑器】上也有右键单击菜单，从中可以管理卷展栏和快速导航面板。其他大多数窗口也有右键单击菜单，从中可以快速访问常用功能。用户可以尝试对不同位置右键单击操作，以查看其是否支持右键单击操作。

2.10.2 弹出按钮

弹出按钮是将一类工具放置到同一位置，方便快速开启使用，如图 2-52 所示。弹出按钮的效果类似下拉菜单，在按钮的右下角用小箭头表示。用户如果希望使用弹出按钮的其他按钮，可以单击按住这个按钮片刻，会弹出其他按钮，然后拖动鼠标到希望使用的那个按钮上释放。

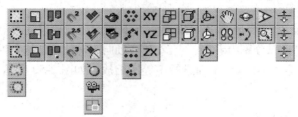

图 2-52　弹出式按钮

2.10.3 卷展栏

卷展栏是在【命令】面板或对话框中为节省空间而设计的功能。用户可以卷起或展开一类参数集合，如图 2-53 所示。其中在卷展栏中用"＋"表示卷展栏未展开，用"－"表示卷展栏已展开。

图 2-53　卷展栏

要展开或卷起卷展栏需要单击卷展栏的标题栏，重复单击会在展开和卷起之间切换。

移动卷展栏在卷起和展开状态下都可以进行。按住标题栏并向上或向下拖曳到其他卷展栏之间，在拖曳的过程中卷展栏的标题栏会以半透明显示，当拖曳到合适的位置松开鼠标。

2.10.4 滚动面板和滚动工具栏

在使用 3ds Max 制作作品时，经常在使用【命令】面板、对话框或工具栏时其屏幕大小不够显示所有的卷展栏、参数或工具。在这种情况下，将光标移动到面板的非活动部分会显示出平移光标。移动光标为一个手型光标效果，这时可沿主轴拖动【命令】面板、对话框或工具栏，如图 2-54 所示。

图 2-54　滚动图标

1. 滚动面板的操作方式

将指针放在面板的空白区域显示手型平移光标，然后将面板向上或向下拖动。滚动面板的右边也会显示一个细小的滚动栏，也可以使用鼠标来拖动这个细小的滚动栏。如果用户使用的是 3D 鼠标或 3 键鼠标，也可以使用中键对其拖动。

2. 滚动工具栏的操作方式

当某些工具按钮不可见时，用户可以对工具栏进行滚动操作。将光标移至工具栏的空白区域以显示手型平移光标然后平移拖曳，或将光标移至工具栏的任意部位，然后单击并按住鼠标中键将其拖动。

2.10.5　微调器

图 2-55　控制微调器

微调器是 3ds Max 中最常见的数值调节工具。用户可以单击或拖动微调器箭头来更改文本框中的数值。

单击微调器的向上箭头即可增加数值，单击向下箭头即可减小数值。单击并按住箭头向上或向下拖曳可以连续改变值，向上拖曳增加数值，向下拖曳减小数值，如图 2-55 所示。

2.10.6　输入数值与数值表达式求值

1. 输入数值

在 3ds Max 中经常需要对各种文本框输入数值，而且输入数值是所有使用过计算机的用户都会的操作。但在 3ds Max 中还有一些特殊的输入方法，相信很多用户没有接触过。

用户可以用相对偏移的方法更改数值，方法是在高亮显示数值字段内键入 R 或 r，后跟偏移量。例如，【长度】字段显示为 150，双击字段将其高亮显示，然后键入 R50，表示长度会增加 50，其结果会显示为 200。如果输入 R-50，表示长度会减少 50，其结果为 100。

2. 数值表达式求值

当数值字段处于活动状态时，用户可以使用【数值表达式求值器】来计算数值，如图 2-56 所示。

图 2-56　【数值表达式求值器】对话框

当用户输入公式后，结果会显示到【结果】右侧的文本框中，单击【粘贴】按钮会将当前结果输入到用户之前选择的文本框中。

【表达式求值器】中不可使用变量，可以输入常量。例如，e（自然对数底）、pi（圆周率）等。这些常量是区分大小写的，所以求值器无法识别 E 或 PI。【表达式求值器】中也可以输入向量表达式或函数，但表达式或函数的结果必须是标量值，否则不会进行计算。

2.10.7　撤销操作

3ds Max 用户在制作过程中经常会发生错误操作，这时需要有些特殊工具对其进行撤销操作，如果发现撤销的步骤过多，也可以使用这些特殊工具进行恢复撤销操作。

1. 对操作步骤进行撤销或重做

使用工具栏的【撤销】和【重做】按钮或者【编辑】菜单 →【撤销】和【重做】命令来恢复场景编辑的操作步骤。也可以使用"Ctrl+Z"或"Ctrl+Y"来执行【撤销】或【重做】。

2. 对视口变换进行撤销或重做

使用【视图】菜单 →【撤销】和【重做】命令来恢复视口变换步骤。或使用"Shift+Z"和"Shift+Y"来执行撤销或重做视图更改。

在制作过程中也可以对正确的操作步骤进行暂存。选择【编辑】菜单 → 【暂存】可将场景的副本保存到临时文件中。当希望恢复到保存的正确操作时，选择【编辑】菜单 → 【取回】会放弃当前场景的更改。

2.11 常用工具

在 3ds Max 主工具栏中有许多常用工具。如果熟练掌握这些常用工具的使用方法，会对设计工作带来很大的方便。先简单介绍主工具栏的部分工具。

- 选择并链接：可以将一个或多个物体拖动链接到一个物体上，这个被链接的物体为父物体，其余发起链接的一个或多个物体为子物体。移动父物体时子物体将跟随父物体移动，而移动子物体时将不影响父物体。
- 断开当前选择链接：当不需要父子链接操作时，选择子物体并单击断开当前选择链接，会将当前选择的物体脱离父子关系。
- 绑定到空间扭曲：用于将几何体绑定到空间扭曲物体上，以产生空间扭曲效果。
- 选择对象：单独选择操作。
- 按名称选择：单击后会打开【按名称选择】对话框，然后根据需要的名称进行选择操作。
- 矩形选择区域：用于在视口中框选操作，当使用【矩形选择区域】工具时可以在视口中拉出一个矩形的选框。
- 窗口/交叉：用于定义框选物体选中方式。窗口方式会选中完全在选框内的所有物体，交叉方式会选中选框接触到的所有物体。
- 选择并移动：在选择的基础上可以对各种对象进行移动操作。
- 选择并旋转：在选择的基础上可以对各种对象进行旋转操作。
- 选择并均匀缩放：在选择的基础上可以对各种对象进行缩放操作。
- 使用轴点中心：可定义多个选择物体的轴心，使用各自轴心进行移动、旋转或缩放。
- 选择并操纵：在选择的基础上，可以在视口中对参数化物体进行简单的参数操作。
- 捕捉开关：用于捕捉各种点、线和面，方便各种图形的绘制和三维实体的创建。
- 角度捕捉切换：用于对角度的捕捉，以便用设置过的角度进行旋转操作。
- 百分比捕捉切换：用于涉及百分比的任何操作，如缩放或挤压。默认以 10%的增量捕捉。
- 微调器捕捉切换：用于对微调器进行捕捉，默认的捕捉增量为 1。当单击微调器捕捉后再单击微调器的上箭头或下箭头，会以数值 1 进行增减。
- 编辑命名选择集：当单击这个工具后，会打开【命名选择集】对话框，方便对大场景的物体进行分类命名集合，从而方便选择操作。
- 镜像：可以对各种物体进行镜像位移或镜像复制等操作。
- 对齐：用以对两个或两个以上物体进行对齐操作。
- 层管理器：单击该工具可以打开【层管理器】对话框。【层管理器】中可以查看和编辑场景中所有层的设置，也可以指定光能传递的名称、可见性、渲染性和颜色等内容。
- 曲线编辑器：单击该按钮后会打开【曲线编辑器】对话框，方便对场景动画和各种物体参数的设置。
- 图解视图：单击该按钮后会打开【图解视图】对话框，方便对场景各种物体进行图解方式的选择操作。

- ● 材质编辑器：单击该按钮后会打开【材质编辑器】对话框，可以用来对场景的各种物体编辑材质效果。
- ● 渲染场景：单击该按钮会打开【渲染场景】对话框，方便设置渲染属性。
- ● 快速渲染：单击该按钮后会以设置过的渲染属性进行快速渲染操作。

2.11.1　选择工具

3ds Max 中大多数操作都是针对场景物体被选定后执行的。是指必须在视口中选择对象后才能应用各种命令。因此，选择操作是建模和设置动画过程的基础。

除使用鼠标和键盘选择单个和多个对象的基本技术以外，以下介绍与选择有关的各种工具。

1. 对象选择的基本知识

3ds Max 是面向对象的程序。即在三维场景中的每种物体都拥有某些指令，这些指令可以将用户的操作传达给程序。这些指令根据不同的物体会有不同的效果和作用，所以需要先选择不同的对象然后再应用各种指令。

在 3ds Max 软件界面中的选择命令分别在：主工具栏、【编辑】菜单、四元菜单、【工具】菜单、轨迹视图、显示面板和图解视图中。

在视图中以不同的显示效果来区分场景中有哪些物体被选择。视图以线框形式显示时，被选择的物体以白色线框显示，如图 2-57 所示，而平滑和着色视图中会在被选择的物体外边界显示边界框，如图 2-58 所示。

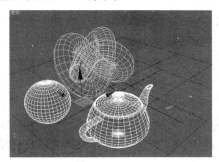
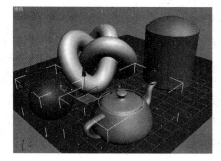

图 2-57　线框视图中的选择效果　　　　图 2-58　光滑高光显示时选择效果

物体选择步骤：单击工具栏上任意一个选择工具按钮（选择对象、按名称选择、选择并移动、选择并旋转、选择并缩放或选择并操纵），到任意视口中将光标移动到希望选择的对象上。当光标显示为十字光标时，单击当前物体以完成选择操作。

要选择所有物体，单击【编辑】菜单→【全选】命令，或按快捷键"Ctrl＋A"完成全选。

- ● 要反向当前选择，单击【编辑】菜单→【反选】命令，或按快捷键"Ctrl＋I"可以将当前选择的物体取消选择而选取当前未选择的所有对象。
- ● 在选择了一个或多个物体时，经常还需要增加选择其他物体，或取消已选定的某些物体，这时可以在选择了单个或多个物体时，配合 Ctrl 键单击选择需要增加的物体，配合"Alt"键单击需要取消选择的物体。
- ● 如果想取消选择，在视图空白处单击或打开【编辑】菜单→【全部不选】命令取消选择。

2. 区域选择

在选择操作时可以借助区域选择工具对场景的多个物体或单个物体的子对象进行框选。在默认下，拖动鼠标时创建的选框是矩形选框。而通过图 2-59 所示的区域选择工具按钮，可以选择使用其他类型的选框，如图 2-60 所示。

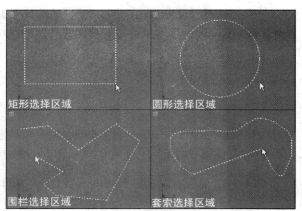

图 2-59 区域选择工具按钮　　　　　　图 2-60 各种选择区域的样式

在框选时配合"Ctrl"键可以增加框选，配合"Alt"键可以将已选择的物体从中取消选择。

在区域选择按钮中有 5 种工具：矩形区域工具、圆形区域工具、围栏区域工具、套索区域工具和绘制区域工具。

- 矩形区域工具：拖动鼠标选择矩形的选择区域。
- 圆形区域工具：拖动鼠标选择圆形的选择区域。
- 围栏区域工具：通过交替使用鼠标移动和单击操作，可以画出一个不规则的多边形选择区域。
- 套索区域工具：拖动鼠标创建一个不规则的选择区域。
- 绘制区域工具：在对象或子对象之上拖动鼠标，以笔刷的形式绘制选择区域。

在使用区域选择时，需要配置以窗口  方式或以交叉 方式进行区域选择。

- 窗口：当单击使用【窗口】按钮后，选框工具只选择完全位于区域之内的所有对象。
- 交叉：当单击使用【交叉】按钮后，选择位于区域内并与区域边界交叉的所有对象。

3. 名称选择

在场景比较复杂时，用鼠标点选或框选都比较困难时，可以使用【按名称选择】工具在【选择对象】对话框中以物体的名称进行选择操作。

单击主工具栏上的【按名称选择】工具按钮，会打开【选择对象】对话框，如图 2-61 所示。

在【选择对象】对话框中，单选或配合"Ctrl"键多选或减选物体名称，也可以拖动选择多个物体名称。在对象列表下面有【全部】、【无】和【反转】按钮，用来全选操作、反向选择或是取消选择。在【列出类型】中可以选择在列表中显示哪种类型的对象。当在列表中选中合适的对象后，单击对话框中【选择】按钮，完成选择操作。

图 2-61 【选择对象】对话框

4. 命名选择集合

在 3ds Max 使用过程中，当用户选择了一组较难选择的对象后，发现需要取消这组选择，在完成其他操作后，才能继续对这组已选择的对象进行操作时，可以进行命名选择集合的操作。随后在【通过命名选择】列表中选择这个集合名称来重新选择这些对象。

也可以通过【命名选择集】对话框编辑命名集合的内容。

操作方法如下：首先对多个物体完成选择操作，然后将光标定位到命名选择列表中，如图 2-62 所示。在列表的文本框中输入合适的名称，然后按 "Enter" 键，完成命名集合。

当需要取回选择集合时，单击下拉列表从中选择已定义的选择集名称，以完成快速选择。

单击下拉列表左端的【命名选择集】按钮，打开【命名选择集】对话框，如图 2-63 所示。

图 2-62　命名选择集下拉列表　　　　图 2-63　【命名选择集】对话框

在【命名选择集】对话框中，会显示所有的命名选择集合。单击 "＋" 或 "－" 可以展开和折叠命名选择集列表。在【命名选择集】对话框上端有一排用于创建或删除集、在集中添加或删除对象等工具。

- 创建新集：创建新的选择集，如果在场景中选择了对象，将会在新的选择集里面增加场景选择的对象名称。如果没有选定对象，将创建空集。
- 移除：移除选定对象或选择集。
- 添加选定对象：在场景中选择一个或多个物体后，向选定的命名选择集中添加当前选定对象。
- 减去选定对象：在场景中选择一个或多个物体后，从选定的命名选择集中移除当前选定对象。
- 选择集中对象：选择当前命名选择中的所有对象。
- 按名称选择对象：单击这个按钮后会打开【选择对象】对话框，可以从中按名称进行选择操作。
- 高亮显示选定对象：高亮显示场景中选择的对象。

5. 选择过滤器

如图 2-64 所示，使用【选择过滤器】列表，可以限制选择工具选择的对象类型。例如，在【选择过滤器】列表中选择了【L-灯光】后，场景中除灯光类型以外的所有类型将不被选择。

单击下拉列表中的【组合】后会打开【过滤器组合】对话框，如图 2-65 所示。使用这个对话框可以组合用户常用的过滤类型。例如，针对特殊场景，只需要选择几何体和图形类型，这时可以在【创建组合】中勾选【几何体】和【图形】复选框，然后单击【添加】按钮。单击【确定】按钮关闭【过滤器组合】对话框。这时在【选择过滤器】列表中多了一项名为 "GS" 的过滤类型，如图 2-66 所示。当使用这个过滤类型后，用户只能选择场景中的几何体和图形对象。

图 2-64 【选择过滤器】列表

图 2-65 组合对话框

图 2-66 添加过滤器

6. 轨迹视图选择

轨迹视图是 3ds Max 中用于编辑动画轨迹的高级工具。轨迹编辑器也可以用于选择操作。在轨迹视图的层次列表中以层次的形式将场景中所有对象进行依此排列，如图 2-67 所示。当单击【对象】左端的【+】会展开所有对象的名称和图标，单击列表中的【对象】图标⬡，可选择场景中的任一对象。

打开【图表编辑器】→【轨迹视图-曲线编辑器】或【轨迹视图-摄影表】，可以打开轨迹视图中的层次列表，或者单击主工具栏的▦【轨迹视图编辑器】按钮，同样可以打开【轨迹视图编辑器】对话框。

7. 图解视图选择

图解视图以图标的形似显示场景中的对象。该视图提供了在场景中选取和选择对象另外一种方式，可以选择基层对象也可以选择修改器、材质和控制器等，如图 2-68 所示。

图 2-67 轨迹视图

图 2-68 图解视图

打开【图表编辑器】→【新建图解视图】，可以打开【图解视图】对话框，或者单击主工具栏的▦【图解视图】按钮，同样可以打开【图解视图】对话框。

2.11.2 隐藏与冻结

隐藏和冻结命令都是为场景制作时，方便视图观察和加快显示刷新而设计的功能。标准的隐藏和冻结命令在【显示】面板中。单击【显示面板】按钮▣后，打开【隐藏与冻结】卷展栏，如图 2-69 所示。

图 2-69 【隐藏与冻结】卷展栏

1. 隐藏

隐藏场景中的一个或多个对象，这些对象将从视图中消失，方便选择其他对象和加快显示刷新。也可以同时取消隐藏所有对象，或按名词取消隐藏操作。还可以按类别隐藏对象。

隐藏对象的方法：

方法 1　选择要隐藏的一个或多个对象，打开【显示】面板中的【隐藏】卷展栏，单击【隐藏选定对象】按钮，会将当前物体进行隐藏，如图 2-70 所示。

方法 2　选择场景中的一个或多个物体，右键单击会打开四元菜单，如图 2-71 所示，单击【隐藏当前选择】，同样会将当前物体进行隐藏。

图 2-70　【隐藏】卷展栏

取消隐藏的方法：

方法 1　单击【显示】面板中【隐藏】卷展栏的【全部取消隐藏】或【按名称取消隐藏】，可对场景中需要取消隐藏的物体进行显示操作。

方法 2　右击场景任意区域，在弹出的四元菜单中单击【全部取消隐藏】命令。

图 2-71　四元菜单

2. 冻结

当场景中对象较多时，有些对象不能使用【隐藏】命令来简化视图显示，但在操作时又不能选中这些对象，这时用户可以使用【冻结】命令。当对某些对象进行冻结时也会加快视图刷新速度。当这些对象被冻结后，在视图中将以灰色显示并且不可进行选择操作。

冻结对象的方法：

选择要冻结的一个或多个对象，打开【显示】面板中的【冻结】卷展栏，单击【冻结选定对象】按钮，会将当前物体进行冻结，如图 2-72 所示。

取消冻结的方法：

方法 1　单击【显示】面板中【隐藏】卷展栏的【全部解冻】或【按名称解冻】，对场景中需要解冻的物体进行操作。

方法 2　右击场景任意区域，在弹出的"四元菜单"中单击【全部结冻】命令。

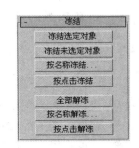

图 2-72　【冻结】卷展栏

2.12　场景渲染输出

在 3ds Max 9 中创建的场景以三角面的形式存在，要对当前场景以位图格式或动画格式查看时，需要对场景进行渲染操作。

2.12.1　渲染工具

在主工具栏中，3ds Max 提供了两个用于渲染的工具按钮，分别为【渲染场景对话框】按钮和【快速渲染】按钮。

在【快速渲染】按钮的下拉按钮中还有另外一个【快速渲染】按钮，两个渲染工具的不同是第一个为产品级渲染的快速按钮，而第二个是活动着色的快速渲染按钮。

- 【渲染场景对话框】按钮：单击此按钮，会弹出【渲染场景】对话框，在设置好渲染参数后，单击【渲染】按钮，会进行最终渲染输出。
- 产品级【快速渲染】按钮：单击此按钮，可以按照【渲染场景】对话框中的参数快速渲染当前场景，快捷键为"Shift＋Q"。
- 活动着色【快速渲染】按钮：单击此按钮，会快速以简单着色的方式渲染场景。

2.12.2　渲染设置

单击【渲染场景对话框】按钮，或者执行【渲染】菜单→【渲染】命令，会打开【渲染场景】对话框以便设置渲染参数。其中可以设置时间输出、大小输出、渲染输出格式等内容，如图 2-73 所示。

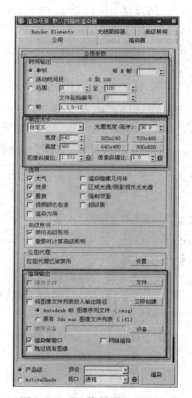

1. 时间输出

在【时间输出】选项栏中用于决定最终渲染是单帧还是时间段渲染。

- 单帧：渲染在轨迹栏中设置的一个特定时间，并且仅渲染当前一帧图像。
- 活动时间段：选择此选项，可以对轨迹栏中设置的时间范围进行逐帧渲染，并且最终渲染为动画格式。
- 范围：用于手动设置渲染的时间段，例如在【范围】后面的两个文本框中输入 3 至 60，那么将渲染第 3 帧到第 60 帧的所有帧。
- 帧：选择此选项可以对指定的连续或非连续帧进行渲染。单帧间用"，"隔开。

2. 输出大小

【输出大小】选项栏对渲染图像的尺寸进行设置。

- 宽度：用于指定渲染输出图像的宽度，单位是像素。
- 高度：用于指定渲染输出图像的高度。

图 2-73　【渲染场景】对话框

- 【320×240】【720×486】【640×480】【800×600】：是系统设置的 4 个固定尺寸。例如，【320×240】表示渲染图像尺寸宽度为 320 像素，高度为 240 像素。
- 图像纵横比：此选项可以以比例的方式设置渲染图像的长宽比例，当单击【锁定】按钮后，改变【宽度】或【高度】任意一项后为保持固定图像比例，另外一项尺寸会发生变化。

3. 渲染输出

【渲染输出】选项栏中主要用于设置图像保持的路径、名称及格式。单击【文件】按钮会打开【渲染输出文件】对话框，如图 2-74 所示。可以在【保存在】下拉列表中选择合适的保存路径；在【文件名】后面的文本框中输入文件名；在【保存类型】后面的下拉列表中选择要保存的图像格式，其中可以显示 3ds Max 支持保存的所有文件格式。

图 2-74　【渲染输出文件】对话框

2.12.3　渲染输出格式

3ds Max 9 中文版支持多种图像输出格式，最常见的有以下几种。

- AVI：音频—视频隔行插入文件，是标准的 Windows 电影文件。可以利用各种视频压缩编码器得到较好的动画压缩品质和较小的文件大小。
- MOV：是由 Apple 公司创建的标准 QuickTime 文件，可以是图像文件也可以是动画文件，还可以是音频文件。MOV 文件最大的特点就是图像品质高，并且压缩比率非常大。

　如果要输出为 MOV 文件，必须首先安装 QuickTime，并且激活 QuickTime 播放软件。

- BMP：标准的 Windows 位图文件，可以选择保存为 8 位图像或 24 位图像。
- CIN：可以存储单帧运动图片或视频数据流的文件格式。此文件格式支持 10 位日志，以及每像素三色，但不支持 Alpha 通道。
- TGA：Truevision 为其视频版而开发的图像格式。该格式支持 32 位真彩色；即 24 位彩色和一个 Alpha 通道，通常用做真彩色格式。此格式兼容性很强，在很多三维软件、平面软件或非线性视频编辑软件中都可以使用。
- JPEG：是一种有损压缩格式文件，在高压缩设置下会产生图像数据损失。不过，JPEG 压缩方案非常好，在不严重损失图像质量的情况下，可以将文件压缩高达 200∶1。因此，JPEG 格式适用于网络传输。

2.13　本章小结

　　本章对 3ds Max 9 中文版的基础知识进行了详细讲解，包括项目工作流程、场景设置、视图操作方法、创建面板和材质编辑器、灯光及摄影机的基本知识、特殊控制、隐藏与冻结和场景的渲染输出等内容。要求熟练掌握这些基础知识，为以后学习打下坚实的基础。

2.14 本章习题

1. 填空题

（1）3ds Max 软件是由_____公司设计推出的，它是集_____、_____、_____、_____、_____和_____为一体的大型三维软件。

（2）3ds Max 可以完成_____、_____、_____、_____、_____及_____的制作。

（3）隐藏和冻结命令都是为场景制作时，方便_____和_____而设计的功能。

（4）执行【渲染】菜单→【渲染】，打开渲染场景对话框以便设置渲染参数。其中可以设置_____、_____、_____等内容。

2. 选择题

（1）视图缩放工具🔍用来控制视图的（　　）。

　　A）平移操作　　　　B）旋转和缩放　　　C）放大和缩小　　　D）变焦操作

（2）在命令面板中，创建面板是设计工作中最常用到的命令面板，其中包含了所有对象的（　　），是 3ds Max 软件中非常重要的组成部分。

　　A）创建命令　　　　B）修改命令　　　　C）显示命令　　　　D）运动命令

（3）在创建面板中有七大类别，包括几何体、图形、灯光、摄影机、辅助对象、空间扭曲和系统。其中（　　）是用于创建场景模型的工具。

　　A）图形　　　　　　B）摄影机　　　　　C）辅助对象　　　　D）几何体

（4）要改变物体的位置需使用（　　）。

　　A）⟳（选择并旋转）　　　　　　　B）✛（选择并移动）

　　C）▫（选择并缩放）　　　　　　　D）🖑（视图平移）

3. 思考题

（1）如何设置系统单位？

（2）怎样改变视图的大小？

（3）隐藏一个或多个对象有几种方法，分别是什么？

（4）如何增加选择？

第 3 章　标准/扩展基本体

教学目标

熟练掌握各种标准基本体和扩展基本体的创建方法和参数设置方法，通过简单实例制作掌握简单模型的制作方法

教学重点与难点

➢ 标准基本体的创建方法以及参数设置
➢ 扩展基本体的创建方法以及参数设置

3.1　标准基本体

标准基本体是 3ds Max 9 中文版中最简单的三维模型，如图 3-1 所示。用户熟悉标准基本体在现实世界中就像砖块、皮球、水管、纸张、金字塔、轮胎和茶壶等物体的形状。在 3ds Max 9 中可以使用单个标准基本体对现实世界中的各种物体进行模拟，也可以通过各种修改器将基本体用于模拟复杂的物体外观。

图 3-1　标准基本体

3.1.1　长方体

如图 3-2 所示，长方体是最简单的基本体。可以改变长度、宽度和高度来制作不同的长方体模型，如砖块、箱子等。

创建长方体的方法如下：

方法 1　执行【创建】面板→【几何体】按钮→【标准几何体】→【长方体】按钮，如图 3-3 所示。

方法 2　执行【创建】菜单→【标准几何体】菜单→【长方体】创建命令，如图 3-4 所示。

图 3-2　立方体

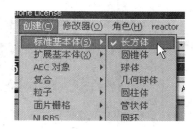

图 3-3　执行【长方体】命令　　　图 3-4　用菜单命令创建长方体

动手做 3-1　如何创建长方体

1 在【对象类型】卷展栏上，单击【长方体】。

2 在任意视口中拖曳可定义矩形底部的长度和宽度，如图 3-5 所示。

3 当拖曳到合适位置时，松开鼠标，上下移动鼠标以定义长方体高度，如图 3-6 所示。

4 单击即可完成高度设置，并完成长方体创建。

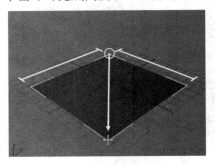
图 3-5　创建长度和宽度

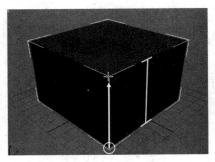
图 3-6　创建高度

动手做 3-2　如何创建立方体

1 在【创建方法】卷展栏上，选择【立方体】。

2 在任意视口中拖动可定义立方体的大小。

3 松开鼠标完成立方体创建。

动手做 3-3　如何创建正方形底面的长方体

1 按住 Ctrl 键拖动长方体底部时，这将保持长度和宽度一致。

2 松开鼠标创建长方体高度，按住 Ctrl 键对高度没有任何影响。

3 当单击 长方体 按钮后，会在【创建】面板的下端显示出长方体的所有参数卷展栏，如图 3-7 所示。

图 3-7　长方体参数

其中包括 4 个卷展栏，分别为【名称和颜色】、【创建方法】、【键盘输入】和【参数】卷展栏。

图 3-8　名称和颜色

● 名称和颜色：定义长方体在视口中的显示颜色和使用名称，如图 3-8 所示。在名称文本框中可以输入中文、英文、数字和符号组成的名称。名称文本框的右端有一个方形的颜色显示块，当单击这个颜色块后会打开【对象颜色】对话框，如图 3-9 所示。其中包含两种调色板，一种是【3ds Max 调色板】，另一种是【AutoCAD ACI 调色板】，如图 3-10 所示。单击对话框下端的【当前颜色】色块，会打开一个包含更多颜色的【颜色选择器】，可以从中自定义所需的颜色，如图 3-11 所示。

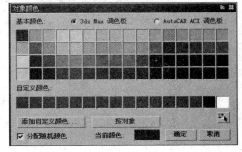
图 3-9　3ds Max 调色板

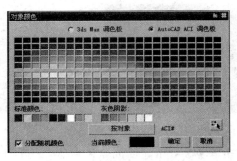
图 3-10　AutoCAD ACI 调色板

- 创建方法：用来定义创建的是正方体或是长方体。当单击【立方体】时，将以正方体的方式进行创建，选择【长方体】时可以分别设置长宽高的不同数值来创建长方体，如图3-12 所示。

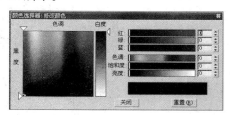

图 3-11　颜色选择器

图 3-12　设置创建方法

- 键盘输入：以参数的方式在视口中创建立方体，使用【键盘输入】可以避免使用鼠标在视口中绘制，如图3-13 所示。
    - X：用来设置长方体在世界空间中的 X 轴向位置。
    - Y：用来设置长方体在世界空间中的 Y 轴向位置。
    - Z：用来设置长方体在世界空间中的 Z 轴向位置。
    - 长度：用来精确设置长方体的长度。
    - 宽度：用来精确设置长方体的宽度。
    - 高度：用来精确设置长方体的高度。

图 3-13　键盘输入

- 创建：当设置好以上参数时，单击【创建】按钮会按设置的参数精确创建长方体。
- 参数：用来设置长方体的各种参数，如图3-14 所示。
    - 长度、宽度和高度：同样用来精确设置物体的长、宽和高度数值。
- 长度分段：用来设置长方体长度上片段数的精细程度。
- 宽度分段：用来设置长方体宽度上片段数的精细程度。
- 高度分段：用来设置长方体高度上片段数的精细程度，如图3-15 所示。
- 生成贴图坐标：生成将贴图材质应用于长方体的坐标。
- 真实世界贴图大小：控制应用于该对象的纹理贴图的缩放方法。当勾选此选项后，贴图纹理的缩放大小将基于真实世界的单位进行缩放。

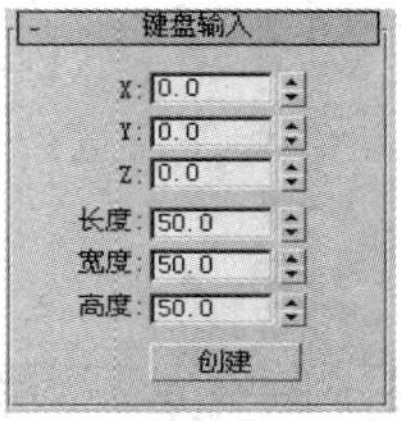

图 3-14　【参数】

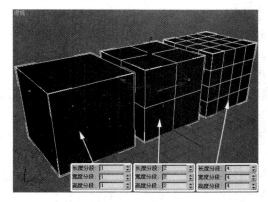

图 3-15　长度、宽度、高度分段分别为 1、2、4 时的效果

　　当长方体创建完成并且失去选择后，再次选择长方体时在【创建】面板中将不会再次显示出各种参数。这时如果再次调节长方体的所有参数，需要在长方体选中的情况下单击【修改面

板】按钮 ，这时会再次打开长方体的修改参数。

3.1.2 圆锥体

圆锥体是标准基本体中的一种。可以用来创建圆锥体、棱锥体和局部圆锥体等模型，如图 3-16 所示。

创建圆锥体的方法如下：

方法 1 执行【创建】面板→【几何体】按钮→【标准几何体】→【圆锥体】按钮。

方法 2 执行【创建】菜单→【标准几何体】菜单→【圆锥体】创建命令。

图 3-16 各种圆锥体

动手做 3-4 如何创建圆锥体

1 单击【创建】面板中【标准几何体】中的 圆锥体 按钮。

2 在任意视口中拖动以定义圆锥体底部的半径，然后释放即可设置半径，如图 3-17 所示。

3 上下移动可定义高度，正数或负数均可，然后单击可设置高度，如图 3-18 所示。

4 移动以定义圆锥体另一端的半径，如图 3-19 所示。

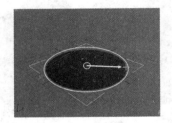　　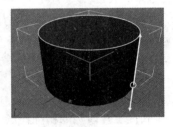　　

图 3-17　创建半径 1　　　　图 3-18　创建高度　　　　图 3-19　创建半径 2

5 单击即可设置第 2 个半径，并完成创建圆锥体。

当单击 圆锥体 按钮后，会在【创建】面板的下端显示出圆柱体的所有参数卷展栏。其中包括 4 个卷展栏，分别为【名称和颜色】、【创建方法】、【键盘输入】和【参数】卷展栏。

- 名称和颜色：与长方体的对应参数完全相同，用来定义物体的颜色及名称。

- 创建方法：用来定义使用半径方式或使用直径的方式来创建圆锥体，如图 3-20 所示。勾选【边】选项，使用绘制直径的方式创建圆锥体，勾选【中心】选项，使用绘制半径的方式创建圆锥体。

图 3-20　设置创建方法

- 键盘输入：以参数的方式创建圆锥体，使用【键盘输入】可以避免使用鼠标在视口中绘制，如图 3-21 所示。

  ➢ X、Y、Z：用来设置圆锥体在空间中的 X、Y、Z 轴向位置。

  ➢ 半径 1：可以精确设置圆锥体底面的半径尺寸。

  ➢ 半径 2：可以精确设置圆锥体的第二个半径尺寸。

图 3-21　键盘输入

  ➢ 高度：用来设置圆锥体的高度。

  ➢ 创建：当设置好以上参数时，单击【创建】按钮，即可在场景中创建一个完全由参数设置成的圆锥体。

- 参数：用来设置圆锥体的各种参数，如图 3-22 所示。
  - ➤ 半径 1、半径 2、高度：用来设置圆锥体的底面半径、顶面半径和高度。
  - ➤ 高度分段、端面分段和边数：用来控制圆锥体高度的片段数、圆锥端面的片段数和边数的精细程度，如图 3-23 所示。

图 3-22 【参数】

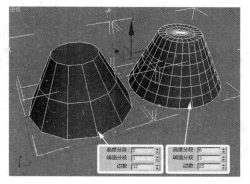

图 3-23 分段数对比效果

  - ➤ 平滑：混合圆锥体的面，从而在渲染视图中创建平滑的外观。
  - ➤ 切片启用：当勾选这个复选框后，启用"切片"功能。
  - ➤ 切片从、切片到：设置切片的大小。这两个设置的先后顺序无关紧要。正数值将按逆时针移动切片的末端；负数值将按顺时针移动它。端点重合时，将重新显示整个圆锥体。

当圆锥体创建完成并且失去选择后，再次选择圆锥体时在【创建】面板中将不会再次显示出各种参数。这时如果要再次调节圆锥体的所有参数，需要在圆锥体选中的情况下单击【修改面板】按钮 ✐，这时会再次打开圆锥体的修改参数。

3.1.3 球体

球体可以用来创建球形、半球形以及局部球形的模型，如星球、皮球等物体，如图 3-24 所示。

动手做 3-5 如何创建球体

1 单击【创建】面板中的 ▭球体▭ 按钮后，进行拖曳并到合适位置释放鼠标左键完成球体创建。

2 当单击 ▭球体▭ 按钮后，会在【创建】面板下端显示其所有参数，同样拥有 4 个卷展栏【名称和颜色】、【创建方法】、【键盘输入】和【参数】卷展栏。其中【名称和颜色】

图 3-24 各种球体

卷展栏与长方体和圆锥体的【名称和颜色】卷展栏完全相同，而【创建方法】和【键盘输入】卷展栏与长方体和圆锥体的对应卷展栏也非常相似，相对比较简单。唯独【参数】卷展栏需要详细解释，如图 3-25 所示。

- 半径：此选项用于指定球体的半径大小。
- 分段：此选项用于设置球体多边形分段的数目。
- 平滑：混合球体的面，从而在渲染视图中创建平滑的外观。
- 半球：此选项用于设置球体的完整程度，设置不同的数值使球体看起来是不同大小的半球状态。值的范围可以从 0.0 至 1.0。默认值是 0.0，可以生成完整的球体。设置为 0.5 可以生成半球，设置为 1.0 会使球体消失，如图 3-26 所示。

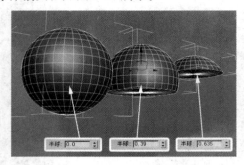

图 3-25 【参数】卷展栏　　　　　　图 3-26 半球值不同时的对比

- 切除：通过在半球断开时将球体中的顶点数和面数切除来减少它们的数量。默认设置为启用。
- 挤压：保持原始球体中的顶点数和面数，将几何体向着球体的顶部挤压成为越来越小的体积。
- 切片启用：勾选这个选项可以开启切片功能。
- 切片从、切片到：设置起始和停止角度。
- 轴心在底部：将球体沿着其局部 Z 轴向上移动，以便轴点位于其底部。如果禁用此选项，轴点将位于球体的中心。

3.1.4 几何球体

几何球体可以创建以等边三角形构成的球体或半球体，如图 3-27 所示。

动手做 3-6　如何创建几何体

1 几何球体与球体的创建方法相同。单击 几何球体 按钮，在任意视图中拖曳到合适位置松开鼠标左键，即可完成几何球体的创建。

2 几何球体的【参数】卷展栏与球体的【参数】卷展栏有很多不同，参数相对较少，如图 3-28 所示。

图 3-27 用几何球体制作的模型　　　　图 3-28 几何球体参数卷展栏

- 半径：设置几何球体的大小。
- 分段：设置几何球体中的总面数。几何球体中的面数等于基础多面体的面数乘以分段的平方。
- 基本面类型：该选项组用于决定几何球体由哪种异面体组合而成。

> ➢ 四面体：基于四面的四面体。使用四面体方式球体可以划分为 4 个相等的分段。
> ➢ 八面体：基于八面的八面体。使用八面体方式球体可以划分为 8 个相等的分段。
> ➢ 二十面体：基于二十面的二十面体。根据与二十个面相乘和相除的结果，球体可以划分为任意数量的相等分段。

- 平滑：将平滑组应用于球体的曲面。
- 半球：创建一个半球体。

 这个【半球】选项没有参数控制，当勾选后直接形成一个标准的半球体。

3.1.5 圆柱体

单击 圆柱体 按钮可以创建圆柱、棱柱和其局部模型，如图 3-29 所示。

动手做 3-7 如何创建圆柱体

1 圆柱体的创建方法与长方体十分相似，单击 圆柱体 按钮，在视图中按住鼠标左键拖曳，拖出圆形为圆柱体的底面，在合适位置松开鼠标左键。

2 在视图中上下移动光标，并在合适的位置单击鼠标左键确定圆柱体的高度，即可完成圆柱体的创建。其【参数】卷展栏如图 3-30 所示。

图 3-29 圆柱图模型效果   图 3-30 【参数】卷展栏

- 半径：设置圆柱体的半径大小。
- 高度：设置圆柱体的高度。负数值将创建平面以下的圆柱体。
- 高度分段：设置沿着圆柱体主轴的片段数量。
- 端面分段：设置圆柱体顶部和底部的中心同心片段数量。
- 边数：设置圆柱体周围的边数。
- 平滑：将圆柱体除顶面和底面的各个面混合在一起，从而在渲染视图中创建平滑的外观。
- 切片启用：勾选这个选项后将开启"切片"功能。
- 切片从、切片到：设置圆柱体切片起始和停止角度。

3.1.6 管状体

单击 管状体 按钮可以创建各种管状体或切片的局部管状体如图 3-31 所示。

动手做 3-8 如何创建管状体

1 单击 管状体 按钮体按钮，在视图中按住鼠标左键拖曳，确定管状体的半径 1。

2 松开鼠标并在视图中移动光标，在合适的位置单击鼠标左键完成半径 2 的绘制，继续在视图中移动光标用来确定高度，当移动到适当位置单击鼠标左键完成管状体的创建。其参数如图 3-32 所示。

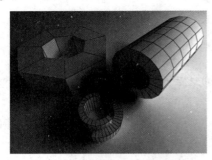

图 3-31　管状体模型效果　　　　　　　图 3-32　【参数】卷展栏

- 半径 1、半径 2：用来定义管状体的两个半径大小。较大的半径将指定管状体的外部半径，而较小的半径则指定内部半径。
- 高度：设置管状体的高度。负数值将创建平面以下的管状体。
- 高度分段：设置沿着管状体主轴的分段数量。
- 端面分段：设置围绕管状体顶部和底部的中心的同心分段数量。
- 边数：设置管状体周围边数。
- 平滑：勾选此选项后，将管状体除顶面和底面的各个面混合在一起，从而在渲染视图中创建平滑的外观。
- 切片启用：勾选这个选项后将开启"切片"功能。
- 切片从、切片到：设置管状体切片起始和停止角度。

3.1.7　圆环

圆环状物体和局部圆环状物体如图 3-33 所示。

动手做 3—9　如何创建圆环

1 单击 圆环 按钮，在视图中按住鼠标左键拖曳，在合适位置松开鼠标左键确定圆环半径 1 的大小。

2 继续在视图中上下移动光标，在适当位置单击鼠标左键确定圆环半径 2 的大小，即可完成圆环的创建。其【参数】卷展栏，如图 3-34 所示。

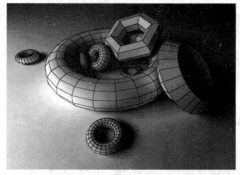

图 3-33　圆环物体模型　　　　　　　　图 3-34　【参数】卷展栏

- 半径 1：设置从环形的中心到截面圆形中心的距离。
- 半径 2：设置横截面圆形的半径。【半径 1】和【半径 2】的关系示意如图 3-35 所示。
- 旋转：设置圆环旋转的度数。
- 扭曲：设置圆环截面扭曲的角度，如图 3-36 所示。

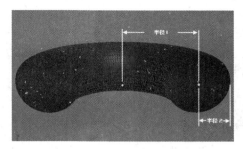

图 3-35 【半径 1】和【半径 2】的关系示意图

- 分段：设置围绕环形的分段数目。通过减小此数值，可以创建多边形环。
- 边数：设置环形横截面圆形的边数。通过减小此数值，可以创建类似于棱锥的横截面。
- 平滑：圆环的平滑方式与其他标准基本有所不同，其中有 4 种平滑方式。全部、侧面、无和分段：圆环的 4 种平滑方式，如图 3-37 所示。

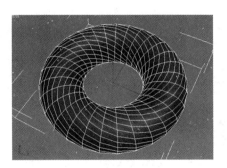

图 3-36 圆环扭曲效果

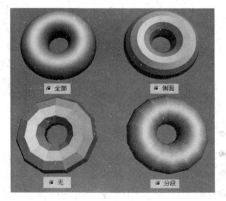

图 3-37 不同的平滑方式产生的效果

3.1.8 四棱锥

类似金字塔形状或四棱锥形状的模型，如图 3-38 所示。

动手做 3—10 如何创建四棱锥

1 单击 四棱锥 按钮，在视图中按住鼠标左键拖曳，当拖曳到合适大小后，释放鼠标左键确定四棱锥的底面。

2 继续在视图中移动光标，然后在适当位置再次单击鼠标左键，指定四棱锥的高度，即可创建出四棱锥模型。其参数如图 3-39 所示。

图 3-39 【参数】卷展栏

图 3-38 四棱锥模型效果

- 宽度、深度、高度：设置四棱锥对应面的大小。
- 宽度分段、深度分段、高度分段：设置四棱锥对应面的分段数。

3.1.9 茶壶

标准的茶壶模型如图 3-40 所示。茶壶模型在 3ds Max 中的真正作用是用来测试渲染。

🐭动手做 3-11　如何创建茶壶

1 茶壶的创建方法与球体的创建方法十分相似。单击 [　茶壶　] 按钮，然后在视图中按住鼠标左键拖曳，当拖曳到合适大小后松开鼠标，即可完成茶壶的创建。

2 其参数如图 3-41 所示。

图 3-40　茶壶模型效果

图 3-41　【参数】卷展栏

- 半径：设置茶壶的半径尺寸。
- 分段：设置茶壶或其单独部件的分段数。
- 平滑：混合茶壶的面，从而在渲染视图中创建平滑的外观。
- 茶壶部件：启用或禁用茶壶的各个部件。其中有 4 个复选框【壶体】、【壶把】、【壶嘴】和【壶盖】，用来分别控制显示茶壶的那些部分。

3.1.10　平面

高度为 0 的平面模型如图 3-42 所示。平面通常用来制作地面。

🐭动手做 3-12　如何创建平面

1 单击 [　平面　] 按钮，在视图中按住鼠标左键拖曳，当拖曳出适当大小的平面后松开鼠标左键，完成平面模型的创建。

2 其参数如图 3-43 所示。

图 3-42　平面模型

图 3-43　【参数】卷展栏

- 缩放：控制渲染场景时，创建模型的大小与渲染效果大小的比例。
- 密度：用来控制平面模型的渲染密度。平面模型渲染时的总面数等于【密度】的平方与【长度】和【宽度】乘积的二倍。

3.2　扩展基本体

扩展基本体是较标准体更为复杂的一类几何模型，如图 3-44 所示。对比标准基本体，在扩展基本体中增加了许多新特性和更多的参数。扩展基本体在【创建】面板→【几何体】下拉列表→【扩展几何体】类别中，如图 3-45 所示。

图 3-44　扩展几何体模型效果　　　　　　　图 3-45　几何体类型下拉列表

在扩展几何体中有更多类型的物体可供选择，包括【异面体】、【环形结】、【切角长方体】、【切角圆柱体】、【油罐】、【胶囊】、【纺锤】、【L-Ext】、【C-Ext】、【球棱柱】、【环形波】、【棱柱】和【软管】物体，虽然所有的物体都有多种变化形式，但操作并不复杂。

3.2.1　异面体

复杂的多面体或具有棱角的星形等异面体如图 3-46 所示。

动手做 3-13　如何创建异面体

1 单击 `异面体` 按钮，在视图中按住鼠标左键拖曳，当拖曳到合适大小时松开鼠标，即可完成异面体的创建。

2 单击 `异面体` 按钮后，会在【创建】面板下端出现异面体的参数，如图 3-47 所示。

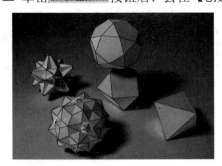

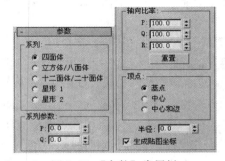

图 3-46　异面体模型效果　　　　　　　图 3-47　【参数】卷展栏

- 系列：使用该选项组可选择要创建的异面体类型。
  - ➢ 四面体：选择此选项可以创建一个四面体。

> 立方体／八面体：根据不同的参数创建一个立方体或八面多面体。

> 十二面体／二十面体：根据不同参数创建一个十二面体或二十面体。

> 星形1／星形2：创建两个不同类形的星形多面体。

● 系列参数：在该参数栏中设置不同【P】和【Q】的数值，对异面体的定点和线进行双向设置，从而生成不同的异面体形状。【P】和【Q】的范围从0.0到1.0。P值和Q值的组合总计可以等于或小于1.0，如果将【P】或【Q】设置为1.0，则会超出范围限制，而另外一个值将自动设置为 0.0。

● 轴向比率：此参数栏通过【P】、【Q】和【R】来控制异面体组成异面体表面的三角形、矩形和五边形的混合比例。

> 【P】、【Q】和【R】：控制多面体每一个面的反射轴。实际效果是每个面中心点的推拉效果。默认值为100。

> 重置：当设置了不同的【P】、【Q】和【R】后，单击【重置】按钮，会恢复到默认的【P】、【Q】和【R】值。

● 顶点：此选项组中的选项决定多面体每个面的内部几何体。【中心】和【中心和边】选项会增加物体顶点数，因此增加物体面数。

【基点】、【中心】和【中心和边】是3种不同的细分方式。【基点】方式控制面的细分不能超过最小值，而【中心】和【中心和边】通过在中心放置另一个顶点来细分每个面。但与【中心】相比，【中心和边】会使多面体中的面数加倍。

● 半径：用来设置任何异面体的半径。

● 生成贴图坐标：随物体生成将贴图材质用于异面体的坐标。

3.2.2 环形结

特殊的管状物体可以是环形，也可以是环形结，如图3-48所示。

图3-48 环形结模型效果

动手做3-14 如何创建环形结

1 单击 环形结 按钮后，在视图中拖动鼠标，松开鼠标定义环形结的大小。

2 再拖动鼠标定义环形结的截面半径大小，单击鼠标确定截面半径尺寸后完成环形结的创建。

环形结的参数分为4个部分：【基础曲线】、【横截面】、【平滑】和【贴图坐标】参数组。

● 基础曲线：该参数组主要用于控制环绕曲线的相关参数，主要通过控制3D环绕曲线来决定环形结的形状，如图3-49所示。

> 结：选择此单选项，可以生成环形交织的环形结模型。

> 圆：选择此单选项，可以生成环形扭曲的环形结模型。

> 半径：设置基础曲线的半径。

> 分段：设置围绕环形边界的分段数。

> P：此参数用于控制Z轴向上缠绕的圈数。

> Q：此参数用于控制路径轴向上缠绕的圈数。

只有选择【结】选项时，【P】和【Q】值才可以控制使用。【P】和【Q】值不同时的效果如图 3-50 所示。

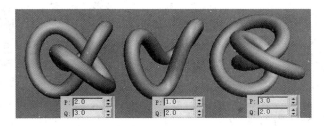

图 3-49 【基础曲线】参数　　图 3-50 当设置不同的【P】、【Q】值产生的不同效果

> 扭曲数：设置曲线周期的扭曲数量。

 不指定【扭曲高度】，将不显示【扭曲数】 效果。

> 扭曲高度：设置指定为基础曲线的扭曲数高度。

 只有选择【圆】选项时，【扭曲数】和【扭曲高度】值才可以控制使用。

● 横截面：用来控制环形结的截面效果，包括半径、偏心率和结块等，如图 3-51 所示。
> 半径：设置环形节横截面的半径尺寸。
> 边数：设置横截面周围的片段数。
> 偏心率：设置横截面主轴与副轴的比率。值为 1 将提供圆形横截面，其他值将创建椭圆形横截面，如图 3-52 所示。

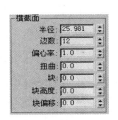

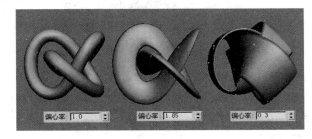

图 3-51 【横截面】参数　　图 3-52 设置不同偏心率的数值产生不同的效果

> 扭曲：设置横截面围绕基础曲线扭曲的次数。
> 块：设置环形结中的凸出块的数量。

 想看到【块】的效果必须将【块高度】值设置为大于 0。

> 块高度：设置环形结中块的高度。
> 块偏移：设置块起点的偏移度。该值的作用是设置块的流动动画。
● 平滑和贴图坐标：用于控制环形结的光滑属性以及控制环形结贴图坐标偏移和平铺的数量，以控制环形结的贴图纹理效果，如图 3-53 所示。
> 全部：对整个环形结进行平滑处理。
> 侧面：只对环形结的相邻面进行平滑处理。

> 无：环形结为面状效果，如图 3-54 所示。

图 3-53 平滑和贴图坐标【参数】

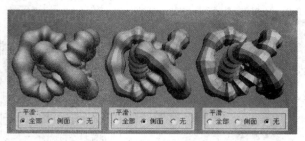

图 3-54 不同平滑方式产生的不同效果

> 【生成贴图坐标】默认勾选基于环形结的几何体指定贴图坐标。
> 偏移：沿着 U 向和 V 向偏移贴图坐标。
> 平铺：沿着 U 向和 V 向平铺贴图坐标。

3.2.3 切角长方体

切角长方体是在长方体基础上设计改进的几何体类型，如图 3-55 所示。当单击 切角长方体 按钮后，在【创建】面板下端会显示切角长方体的各种参数，如图 3-56 所示。

图 3-55 切角长方体模型效果

图 3-56 【参数】卷展栏

动手做 3-15 如何创建切角长方体

1 单击 切角长方体 按钮，在视图中按住鼠标左键拖曳，松开鼠标后确定切角长方体的长和宽。

2 继续在视图中上下拖曳鼠标，当拖曳到合适位置时单击鼠标左键，确定切角长方体的高度。

3 继续在视图中上下拖曳鼠标，用来设定切角长方体的切角大小，拖曳到合适位置时，单击鼠标结束切角长方体的创建。

● 长度、宽度、高度、长度分段、宽度分段、高度分段、平滑、生成贴图坐标和真实世界贴图大小等参数与长方体的参数完全相同，唯独【圆角】和【圆角分段】是切角长方体独特的参数。

● 圆角：此参数用来设置切角长方体的切角大小。

● 圆角分段：此参数用来控制圆角的分段数，分段数越多切角越圆滑。

3.2.4 切角圆柱体

带有切角的圆柱体，如图 3-57 所示。

动手做 3—16　如何创建切换圆柱体

1 单击 切角圆柱体 按钮，在视图中按住鼠标左键拖曳，松开鼠标后确定切角圆柱体的半径大小。

2 继续在视图中上下拖曳鼠标，当拖曳到合适位置单击鼠标左键确定切角圆柱体的高度。

3 继续在视图中上下拖曳鼠标，用来设定切角圆柱体的切角大小，当拖曳到合适位置单击鼠标结束切角圆柱体的创建。

4 其参数如图 3-58 所示，与圆柱体的参数十分相似，其中【圆角】和【圆角分段】与【切角长方体】中的对应参数相同。

图 3-57　切角圆柱体模型效果　　　　　　图 3-58　【参数】卷展栏

3.2.5　油罐

油桶、药片和具有球状凸顶的柱体模型或部分油桶的模型，其效果如图 3-59 所示。油罐的创建方法与切角长方体相似。当单击 油罐 按钮后显示的参数如图 3-60 所示。

图 3-59　油罐模型效果　　　　　　　图 3-60　【参数】卷展栏

动手做 3—17　如何创建油罐

1 单击 油罐 按钮，在视图中按住鼠标左键拖曳，松开鼠标后确定油罐的半径大小。

2 继续在视图中上下拖曳鼠标，当拖曳到合适位置单击鼠标左键确定油罐物体高度。

3 继续在视图中上下拖曳鼠标，用来设定油罐的封口高度，当拖曳到合适位置时，单击鼠标结束油罐物体的创建。

● 封口高度：用来设置凸面封口的高度。

● 总体：当选择此选项后，【高度】参数设置对象的总体高度。

● 高度：当选择此选项后，【高度】参数设置圆柱体中部的高度。

　此高度不包括其凸面封口。

● 混合：此参数大于 0 时，将在封口的边缘创建倒角。

3.2.6 胶囊

胶囊形状或局部胶囊的模型如图 3-61 所示。单击 胶囊 按钮，其【参数】卷展栏如图 3-62 所示。

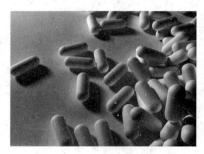

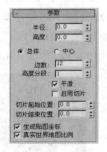

图 3-61 胶囊模型效果　　　　　　　图 3-62 【参数】卷展栏

动手做 3-18　如何创建胶囊

1 单击 胶囊 按钮后，在视图中拖曳到合适位置时松开鼠标确定胶囊物体的半径。

2 继续在视图中上下拖动鼠标到合适位置时单击鼠标左键，结束胶囊的创建。

3.2.7 纺锤

两端锥形凸起的圆柱模型及局部模型如图 3-63 所示。

单击 纺锤 按钮，出现的纺锤体参数栏如图 3-64 所示。

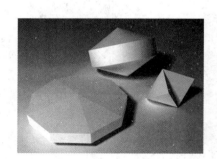

图 3-63 纺锤模型效果　　　　　　　图 3-64 【参数】卷展栏

动手做 3-19　如何创建纺锤

1 纺锤体的创建方法与油罐物体十分形似，单击 纺锤 按钮，在视图中按住鼠标左键拖曳，松开鼠标后确定纺锤体的半径大小。

2 继续在视图中上下拖动鼠标，当拖曳到合适位置，单击鼠标左键确定纺锤物体高度。

3 继续在视图中上下拖曳鼠标，用来设定纺锤体的封口高度，当拖曳到合适位置时，单击鼠标结束纺锤物体的创建。

3.2.8 L-Ext（L形延伸体）

L形延伸模型如图 3-65 所示，其参数如图 3-66 所示。

图 3-65　L-Ext 模型效果

图 3-66　【参数】卷展栏

动手做 3-20　如何创建 L-Ext（L 形延伸体）

1 单击 L-Ext 按钮，在视图中按住鼠标左键拖曳，拖出 L 形底面，松开鼠标在视图中上下移动鼠标光标，并在合适位置单击鼠标左键确定 L 形延伸体的高度。

2 继续移动光标，在合适位置再次单击鼠标左键，确定 L 形延伸体的厚度，即可完成 L 形延伸体的创建。

● 侧面长度、前面长度：用于设置 L 形延伸体的底面两边长度。

● 侧面宽度、前面宽度：用于设置 L 形延伸体的两边宽度。

3.2.9　C-Ext（C 形延伸体）

C-Ext（C 形延伸体）与 L-Ext（L 形延伸体）十分相似，在快速构造建筑模型时，利用 C-Ext 可以创建 C 形延伸模型，如图 3-67 所示。

单击 C-Ext 按钮后，C 形延伸体的参数栏如图 3-68 所示。

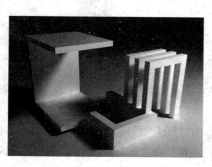

图 3-67　C-Ext 模型效果

图 3-68　【参数】卷展栏

动手做 3-21　如何创建 C-Ext（C 形延伸体）

1 单击 C-Ext 按钮，在视图中按住鼠标左键拖曳，拖出 C 形底面，松开鼠标在视图中上下移动鼠标光标，并在合适位置单击鼠标左键确定 C 形延伸体的高度。

2 继续移动光标，在合适位置再次单击鼠标左键，确定 C 形延伸体的厚度，即可完成 C 形延伸体的创建。

3.2.10　球棱柱

带有切角的棱柱模型如图 3-69 所示，其参数栏如图 3-70 所示。

图 3-69　球棱柱模型效果

图 3-70　【参数】卷展栏

动手做 3-22　如何创建球棱柱

1 单击 [球棱柱] 按钮，在视图中按住鼠标左键拖曳，拖出球棱柱底面，松开鼠标在视图中上下移动鼠标光标，并在合适位置单击鼠标左键确定球棱柱体的高度。

2 继续移动光标，在合适位置再次单击鼠标左键，确定球棱柱的圆角值，即可结束创建过程。

3.2.11　棱柱

等边或者不等边的棱柱模型如图 3-71 所示，其参数栏如图 3-72 所示。

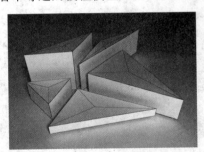

图 3-71　棱柱模型效果

图 3-72　【参数】卷展栏

动手做 3-23　如何创建棱柱

1 单击 [棱柱] 按钮，在视图中按住鼠标左键拖曳出三角形底面，在适当位置松开鼠标，确定棱柱一边的长度。

2 在视图中移动鼠标光标，并在适当位置单击鼠标左键，确定三角形底面的另外一边长度。

3 继续移动光标，在适当位置再次单击鼠标左键，确定棱柱的高度，最终完成棱柱的创建。

● 侧边 1 长度：用于设置棱柱底面三角形的第一条边长度。

● 侧边 2 长度、侧边 3 长度：分别用于设置棱柱底面的另外两条边的长度。

● 侧面 1 分段、侧面 2 分段、侧面 3 分段：分别用于控制棱柱沿各边方向的分段数。

3.2.12　环形波

内环或外环呈波状的模型如图 3-73 所示。例如，由星球爆炸产生的冲击波效果模型。

动手做 3-24　如何创建环形波

1 单击 [环形波] 按钮，在视图中按住鼠标左键拖曳出环形波的半径，松开鼠标左键后继续在视图中移动鼠标光标。

2 在合适位置单击鼠标左键确定环形波的宽度，即可完成创建高度为 0 的环形波。

3【环形波】的参数中包括 5 个参数组，分别为【环形波大小】、【环形波计时】、【外边波折】、【内边波折】和【曲面参数】。

● 环形波大小：该选项组主要用于设置环形波基本参数，如图 3-74 所示。

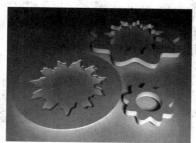

图 3-73 环形波模型效果

图 3-74 环形波大小

➢ 半径：用来设置环形波的外半径大小。

➢ 径向分段：控制沿半径方向设置内外曲面之间的分段数。

➢ 环形宽度：此参数设置环形宽度，从外半径向内计算。

➢ 边数：此参数用来设置沿圆周方向设置分段数目。

➢ 高度：用来设置环形波的高度。默认为 0，表示产生片状的环形波模型。

➢ 高度分段：设置沿高度方向的分段数目。

● 环形波计时：该参数组用于设置环形波的动画效果，如图 3-75 所示。

➢ 无增长：设置一个固定大小的环形波动画。

➢ 增长并保持】设置单个由小到大的增长周期。环形波在开始时间增长，在增长时间达到最大尺寸，并在增长时间到结束时间保持最大尺寸。

图 3-75 环形波计时

➢ 循环增长：设置一个由小到大重复增长的环形波动画。

➢ 开始时间：当勾选【增长并保持】或【循环增长】，则设置环形波出现的帧数并开始增长。

➢ 增长时间：设置环形波达到最大尺寸的帧数。

➢ 结束时间：设置环形波消失的帧数。

● 外边波折：此参数组用来设置更改环形波外部边的形状，默认为不启用，如图 3-76 所示。

➢ 启用：启用外部边上的波形。默认设置为禁用状态。

➢ 主周期数：设置围绕外部边的主波数目。

➢ 宽度波动：通过调整宽度的百分比设置主波的大小。

➢ 爬行时间：设置每一主波移动一周所需帧数。

➢ 次周期数：在每一主周期中设置随机尺寸小波的数目。

图 3-76 外边波折

➢ 宽度波动：通过调整宽度的百分比设置小波的平均大小。

➢ 爬行时间：设置每一小波绕主波移动一周所需帧数。

● 内边波折：此参数组用来设置更改环形波内部边的形状，默认为启用，如图 3 -77 所示。

➢ 启用：启用内部边上的波形。默认设置为开启状态。

➢ 主周期数：设置围绕内部边的主波数目。

➢ 宽度波动：以调整宽度的百分比设置主波的大小。

➢ 爬行时间：设置每一主波移动一周所需帧数。

➢ 次周期数：在每一主周期中设置随机尺寸小波的数目。

➢ 宽度波动：以调整宽度的百分比设置小波的平均大小。

➢ 爬行时间：设置每一小波绕主波移动一周所需帧数。

图 3-77　内边波折

● 曲面参数：该参数组用于设置环形波的纹理坐标和平滑选项，如图 3-78 所示。

➢ 纹理坐标：设置将贴图材质应用于对象时所需的坐标。

➢ 平滑：勾选此选项，将所有多边形设置为平滑组并将平滑组用于环形波表面上。

图 3-78　曲面参数

3.2.13　软管

有弹力的软性管状物体如图 3-79 所示。

动手做 3—25　如何创建软管

1 单击【软管】按钮在视图中单击并拖曳出底面半径，松开鼠标后确认半径大小。

2 继续向上移动鼠标，当移动到合适位置单击鼠标，确认软管高度，并完成软管创建。

软管模型有 5 个参数栏，相对与环形波有更多的参数可设。其中包括【端点方法】、【绑定对象】、【自由软管参数】、【公用软管参数】和【软管形状】。

图 3-79　软管模型效果

● 端点方法：该参数组用于控制软管的类型，如图 3-80 所示。

➢ 自由软管：用于创建两端不受约束的软管模型。系统默认启用类型。

➢ 绑定到对象轴：用于将软管的两端分别绑定到不同的目标物体上，从而连接两个物体创建可以弯曲变形的软管类型。创建的自由软管和绑定对象的软管，如图 3-81 所示。

● 绑定对象：用于指定软管两端的绑定物体和控制软管张力，如图 3-82 所示。

图 3-80　端点方法　　　图 3-81　创建的自由软管和绑定到对象轴的软管　　　图 3-82　绑定对象

　该参数组只有在【端点方法】中选择了【绑定到对象轴】时才能使用。

➢ 顶部、底部：用于显示已绑定的对象名称。如果软管还未指定对象，则显示【无】。

- ➢ 拾取顶部对象：单击此按钮后可以在视图中选取一个要绑定的对象，被选取的对象为顶部对象。
- ➢ 拾取底部对象：单击此按钮可以选取一个作为底部对象的绑定物体。
- ➢ 张力：用于控制软管模型顶部和底部被拉长的程度。
- 自由软管参数：该参数组用于设置当【端点方法】为【自由软管】时，软管物体的高度，如图 3-83 所示。
- 公用软管参数：该参数组用于控制软管高度方向的分段数、是否应用柔体截面及软管物体表面的光滑方式，如图 3-83 所示。
  - ➢ 分段：设置软管长度的总分段数。当软管弯曲时，增大参数的值可使表面更平滑。
  - ➢ 启用柔体截面：默认启用，可以为软管的中心柔体截面设置【起始位置】、【结束位置】、【周期数】和【直径】。
  - ➢ 起始位置：从软管的起始端到柔体截面开始位置占软管长度的百分比。
  - ➢ 结束位置：从软管的末端到柔体截面结束处占软管长度的百分比。

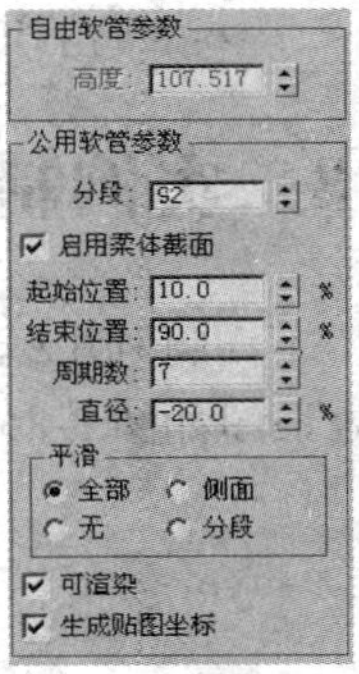

图 3-83 自由和公用软管参数

  - ➢ 周期数：设置柔体截面中的起伏数。

周期数目受限于分段的数目。如果分段值过小，就不会显示所有的周期。

  - ➢ 直径：设置软管截面伸缩的程度。此值小于 0 时截面被收缩，大于 0 时截面被伸展。
  - ➢ 平滑：用来定义如何处理几何体的平滑方式：【全部】对整个软管进行平滑处理；【侧面】沿软管的轴向进行平滑；【无】不应用平滑；【分段】仅对软管的内截面进行平滑处理。
  - ➢ 可渲染：如果启用，对软管进行渲染显示；如果禁用，则仅在视图中显示软管，不对软管进行最终渲染显示。
  - ➢ 生成贴图坐标：勾选此选项对软管应用软管的贴图坐标。
- 软管形状：该参数组用于控制软管截面的相关参数，如图 3-84 所示。
  - ➢ 圆形软管：为软管设置为圆形的横截面。
  - ➢ 直径：设置软管的粗细程度。
  - ➢ 边数：设置软管边的数目。设置为 3 表示为三角形的横截面；设置 5 表示为五边形的横截面。
  - ➢ 长方形软管：可为软管指定不同的宽度和深度。
  - ➢ 宽度：设置软管的宽度。
  - ➢ 深度：设置软管的高度。
  - ➢ 圆角：将横截面的角设置为圆角的数值。
  - ➢ 圆角分段：设置圆角的分段数目。如果设置为 1，则显示为切角；设置为更大的值，可将角设置为圆形。
  - ➢ 旋转：设置软管沿自身轴旋转的角度。

图 3-84 软管形状

> ➤ D 截面软管：选中此选项后，软管的截面呈现一边为圆形，另一边为长方形的 D 字形软管截面。
> ➤ 宽度：设置软管的宽度。
> ➤ 深度：设置软管的高度。
> ➤ 圆形侧面：设置圆形侧面上的分段数目。该值越大，边越平滑。
> ➤ 圆角：将横截面上两个角倒为圆角的数值。
> ➤ 圆角分段：设置软管截面角上的分段数目。数值越大，圆角越光滑。

3.3 实例制作——创建玩具积木模型

下面将利用标准/扩展基本体的部分几何体，制作一个玩具积木场景，并将其渲染输出，最终效果图如图 3-85 所示。

图 3-85 玩具积木渲染最终效果

本范例的详细制作步骤见配套光盘的视频教学，场景文件见配套光盘\场景文件\第 3 章\玩具场景.max 文件。

制作流程图（见下图）

单击标准基本体中 平面 按钮，在视口中创建一个平面模型。 | 单击标准基本体中 长方体 按钮，在平面模型之上创建一个立方体。 | 单击 圆锥体 按钮，在视口中创建连接地面和立方体的梯子模型。 | 单击 球体 按钮，在立方体上创建多个球体模型。

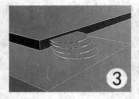
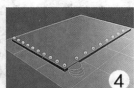

利用 长方体 几何球体 等工具搭建部分场景模型。 | 最后使用 L-Ext 异面体 等工具完成场景所需的所有模型物体。 | 单击工具栏中 材质编辑按钮，打开材质编辑对话框，并为场景制作简单材质。 | 创建场景灯光后，单击工具栏中 快速渲染按钮，渲染最终图像。

玩具积木制作流程图

3.3.1　制作玩具积木模型

本节将利用【长方体】、【圆柱体】、【四棱锥】、【C-Ext】、【L-Ext】、【圆环】和【圆管】等几何体模型以及✥（选择并移动）、🔄（选择并旋转）、🔲（选择并缩放）、🔳（对齐）和🔳（镜像）等工具完成积木的搭建。

🖉**具体操作步骤：**

1　执行【文件】菜单→【重置】命令，重新设置系统。

2　单击【几何体】→【标准基本体】→【平面】按钮。在视图中创建一个长度为 140，宽度为 140 的平面物体，并将【渲染倍增】中【缩放】设置为 60。

3　单击【几何体】→【标准基本体】→【长方体】按钮，创建一个长度为 80，宽度为 116，高度为 3 的长方体。并使用移动工具将长方体稍稍向上移动。

4　单击【圆锥体】按钮，在长方体左下角创建一个半径 1 为 5，半径 2 为 6，高度为 0.8 的圆锥体。

5　继续创建圆锥体，并将其放置在第一个圆柱体之上，依次创建为建筑模型的台阶模型。模型状态查看配套光盘\场景文件\第 3 章\玩具积木.max 文件。

6　单击【球体】按钮，在立方体之上创建半径为 1.25 的球体。并配合键盘"Shift"键复制出另外的球体。

7　使用【圆锥体】命令创建一个高度为 23，半径为 10 的圆柱体，将其放置在立方体右侧。

8　创建半径为 10 的几何球体，并将分段数设置为 2。将其放置到立方体右下角，以作为建筑模型的球形建筑。

9　使用【圆环】命令，并勾选【自动栅格】复选框，将其在圆柱体上进行随机创建，作为建筑模型的窗体造型。

10　使用【四棱锥】命令，创建宽带为 20，深度为 20，高度为 10 的金字塔模型。

11　单击【扩展基本体】中【异面体】按钮，创建一个半径为 8 的异面体，将其摆放到金字塔模型旁边。

12　使用立方体为金字塔模型创建门庭以及台阶模型。

13　单击【环形结】按钮，在立方体右上角创建一个半径为 8，截面半径为 1，P 值为 4，Q 值为 3 的环形结作为城市雕塑模型。

14　使用【L-Ext】命令创建侧面长度为 −20，前面长度为 16，侧面宽带和前面宽度为 6，高度为 3 的 L 型墙，以及侧面长度为 −12，前面长度为 27，侧面宽带和前面宽度为 5，高度为 3 的 L 型墙，用其连接主楼体模型、金字塔模型和圆柱楼体模型。

15　创建长度为 16，宽度为 4，高度为 3 的立方体，用以连接圆柱楼体和球形楼体模型。

16　创建侧面 1、侧面 2、侧面 3 的长度分别为 16、7 和 11，高度为 8 的棱柱物体。将其放置到主楼体模型的左前方。

17　继续创建棱柱物体，并将其放置到主楼体模型正前方。

18　使用立方体为主楼体创建长度为 2，宽度为 7，高度为 3.5 的门庭模型。

19　使用【L-Ext】和【C-Ext】命令为主楼体创建楼体造型。

20　最终为场景创建摄影机和灯光并进行渲染操作。

3.3.2 渲染玩具积木模型

当模型制作完成后，需要将场景渲染为 Windows 能识别的二维图像文件，以方便用户观看。

具体操作步骤：

1 为场景添加合适角度的平行光，并应用灯光阴影。灯光参数会在"第 10 章 灯光和摄影机"中详细讲解。

2 执行【渲染】菜单→【环境】命令，弹出【环境和效果】对话框。

3 在【环境】→【公用参数】卷展栏中，单击【背景】的色块███，在弹出的【颜色选择器：背景色】对话框中将背景色设置为白色。

4 关闭【环境和效果】对话框，并激活透视图为当前工作视图。

5 单击工具栏中的██（渲染场景对话框）按钮，弹出【渲染场景】对话框。单击【公用】→【公用参数】→【渲染输出】中的███文件███按钮，弹出【渲染输出文件】对话框。

6 在【保持在】右侧的下拉列表中选择文件保存路径，然后在【保持类型】下拉列表中选择【TIF 图像文件】，并在【文件名】文本框中输入要保存的文件名。

7 选项设置完毕后，单击██保存(S)██按钮。

8 单击【确定】按钮关闭对话框，然后单击【渲染场景】对话框底部的███渲染███按钮渲染场景，效果如图 3-85 所示

当在【渲染场景】对话框中设置渲染图像的保存路径、文件名及格式后，渲染场景时系统自动根据设置将渲染图像进行保存。如果仅观看渲染效果，可以直接单击工具栏中的██（快速渲染）按钮即可渲染场景；如果希望保存也可以单击渲染图像窗口左上角的██（保存）按钮，将弹出【浏览图像供输出】对话框，用于指定图像的保存位置、文件名称及文件格式，单击【保存】按钮，将图像进行保存。

3.4　本章小结

本章介绍了标准基本体和扩展基本体的各种几何体类型，在讲解过程中对每种几何体都给出图示和操作方法，使读者印象更加深刻。标准基本体和扩展基本体是学习 3ds Max 中三维建模的基础，希望读者熟练掌握。

在本章最后制作了一个玩具积木模型，通过这个简单实例，巩固了视图的操作方法和物体摆放方法，并练习基本体的创建。只有学习与实践相结合，才能提高自己的软件使用水平。

3.5　本章习题

1. 填空题

（1）在设置异面体参数时，【系列参数】栏中的【P】和【Q】的取值范围是＿＿＿＿＿，并且它们参数之和不大于＿＿＿＿＿。

（2）几何球体中基点面类型有＿＿＿＿＿、＿＿＿＿＿和＿＿＿＿＿。

（3）【色彩调节】对话框包含两种调色板：一种是＿＿＿＿＿，另一种是＿＿＿＿＿。

（4）在 3ds Max 9 中，常用公制单位有＿＿＿＿＿、＿＿＿＿＿、＿＿＿＿＿、和＿＿＿＿＿。

（5）软管的截面类型有＿＿＿＿、＿＿＿＿和＿＿＿＿。

2. 选择题

（1）圆锥体是（   ）中的一种。可以用来创建圆锥体、棱锥体和局部圆锥体等模型。

　　A）标准基本体　　　　B）扩展基本体　　　C）动力学对象　　　D）复合对象

（2）（   ）用于创建许多复杂的多面体或具有棱角的星形。

　　A）环形结　　　　　　B）棱柱　　　　　　C）异面体　　　　　D）球棱柱

（3）异面体的创建参数中不具备的是（   ）。

　　A）四面体　　　　　　B）立方体/八面体　　C）十二面体　　　D）星形 1

（4）油罐创建参数中，（   ）是用于控制模型细分程度的参数。

　　A）高度　　　　　　　B）边数　　　　　　C）混合　　　　　D）平滑

3. 操作题

使用标准基本体和扩展基本体中的工具搭建一个玩具卡车模型。

操作提示：

1）利用长方体工具创建卡车底盘。

2）利用倒角长方体搭建卡车车头。

3）利用管状体创建卡车烟囱。

4）利用倒角圆柱体创建卡车车轮。

5）利用长方体创建卡车货箱。

第4章 布尔运算与放样建模

教学目标

掌握布尔运算和放样建模的基本过程和参数设置，了解布尔运算和放样建模过程中的常见问题及处理方法，通过实例制作掌握简单模型的制作方法。

教学重点与难点

➢ 布尔运算的建模方法
➢ 放样建模的制作过程

4.1 布尔运算

布尔运算是通过对两个几何模型进行并集运算、交集运算、差集运算或切割运算，创建复合模型的过程。其制作原理示意图，如图4-1所示。

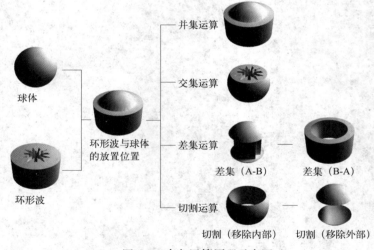

图 4-1 布尔运算原理示意图

4.1.1 布尔运算方法

本节将以环形结与球体之间的布尔运算为例，来演示布尔运算的建模过程。

本范例制作见配套光盘中视频教程。

🖱️**动手做 4-1 如何在环形结与球体间作布尔运算**

1 执行【文件】菜单→【重置】命令，重新设置系统。

2 创建一个半径为 100 的球体模型。

3 单击 标准基本体 ▾下拉列表，选择【扩展基本体】，创建一个半径为 110，高度为

100，环形宽度为 60 的环形波模型。创建的场景模型如图 4-2 所示。

4 选择球体模型，单击工具栏中 ![按钮] 按钮，然后继续单击创建的环形波模型，并在打开的【对齐当前选择】对话框中分别勾选 X、Y、Z 位置复选框，将【当前对象】和【目标对象】指定为【中心】方式。单击【确定】按钮，完成对齐操作。球体与环形波的位置关系如图 4-3 所示。

图 4-2 环形波和球体的形状

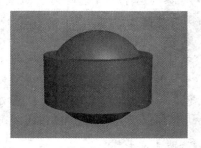

图 4-3 球体与环形波的位置关系

5 选中环形波模型，单击 标准基本体 下拉列表，选择【复合对象】，单击【布尔】命令，再单击【拾取操作对象 B】按钮，然后单击场景球体，完成的布尔运算模型如图 4-4 所示。

6 单击 ![按钮] 按钮，在【参数】卷展栏中选择【操作】栏中的【差集（B-A）】选项。修改后的布尔运算如图 4-5 所示。

图 4-4 差集（A-B）

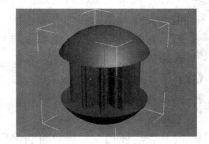

图 4-5 差集（B-A）

7 尝试其他操作，单击【参数】卷展栏中的【交集】运算方式。当单击【交集】运算后，得出的结果为两个物体交叉的部分，其余部分被删除，效果如图 4-6 所示。

8 单击【参数】卷展栏中的【切割】，并选择其中【移除内部】单选项。当使用【移除内部】进行布尔运算时，将产生一个面片状的复合物体，效果如图 4-7 所示。

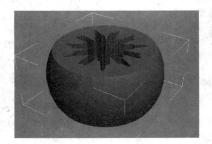

图 4-6 交集运算

图 4-7 切割预算中的移除内部

4.1.2 布尔运算参数解析

布尔运算的【修改】面板中，有 3 个卷展栏，分别为【拾取布尔】、【参数】和【显示更新】，下面对这 3 个卷展栏分别详细讲解。

1.【拾取布尔】卷展栏

【拾取对象】卷展栏中的按钮和单选项主要用于选择参与计算的对象以及对象参与运算时的复制形式。此卷展栏中的参数如图 4-8 所示。

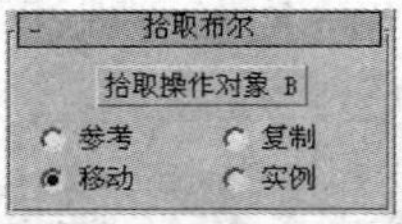

图 4-8 拾取布尔

- 拾取操作对象 B：此按钮用于选择已完成布尔操作的第 2 个对象。
- 参考、复制、移动和实例：用于指定将操作对象 B 转换为布尔对象的方式。使用【参考】可使对原始对象所做的更改与操作对象 B 同步。如果出于其他目的，希望在场景中重复使用操作对象 B 几何体，则可使用【复制】。使用【实例】可使布尔对象的动画与对原始对象 B 所做的动画更加同步。如果创建操作对象 B 几何体仅仅为了创建布尔对象，再没有其他用途，则可使用【移动】。

2.【参数】卷展栏

【参数】卷展栏用于控制布尔运算的运算方式，其中仅有两个参数组【操作对象】和【操作】，如图 4-9 所示。

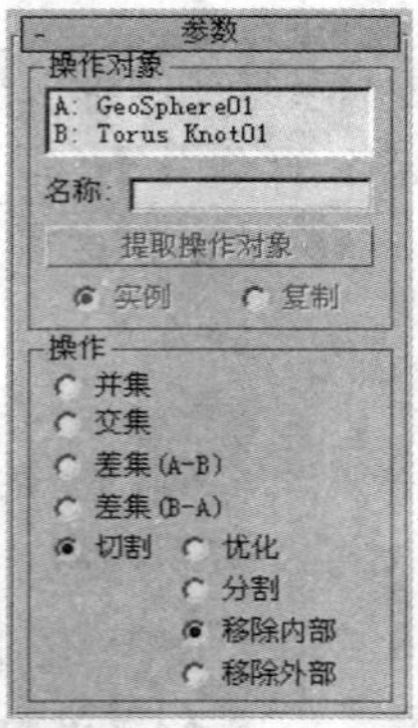

图 4-9 【参数】卷展栏

- 【操作对象】组：
  - 【操作对象列表】：用于显示当前的操作对象。
  - 名称：编辑此字段将更改操作对象的名称。
  - 提取操作对象：在列表中选择一个操作对象即可启用此按钮，当单击后可以依据对象的复制或实例提取选中的操作对象。
- 【操作】组：
  - 并集：当使用并集运算时将移除两个几何体的相交部分或重叠部分。
  - 交集：当使用交集运算时将保留两个几何体相交部分或重叠部分。
  - 差集（A-B）：从操作对象 A 中减去相交的操作对象 B 的体积。
  - 差集（B-A）：从操作对象 B 中减去相交的操作对象 A 的体积。
  - 切割：使用操作对象 B 切割操作对象 A。
  - 优化：在操作对象 A 的 AB 物体相交处，添加新的顶点和边。
  - 分割：类似于【优化】，但这种计算方式是在对象 A 的 AB 物体相交处进行裁减操作。
  - 移除内部：删除 A 对象中与 B 对象重叠的部分。
  - 移除外部：保留 A 对象中与 B 对象重叠的部分。

3.【显示/更新】卷展栏

【显示/更新】卷展栏用于控制布尔运算的最终结果，以及复合物体的更新方式，其选项如图 4-10 所示。

- 【显示】组：
  - 结果：显示布尔操作的结果，即布尔对象。
  - 操作对象：显示两个操作对象，而不是布尔结果。
  - 结果＋隐藏的操作对象：将隐藏的操作对象以线框的形式显示于场景中，如图 4-11 所示。

图 4-10 显示及更新

图 4-11 使用不同显示方式的不同效果

● 【更新】组：

> 始终：表示每次布尔运算后系统将自动对运算结果进行更新，并在视图中始终显示最终结果。

> 渲染时：每次布尔运算后，运算结果不会自动更新，仍显示原操作对象，只有在渲染时才会显示最终运算结果并在渲染完成后更新。

> 手动：选择此项后，只有单击  按钮时，才会更新运算结果。

4.1.3 【材质附加选项】对话框

当对指定不同材质的对象使用布尔操作时，3ds Max 会显示【材质附加选项】对话框。其中提供了 5 种方法来处理布尔运算对象的材质，如图 4-12 所示。

方法 1 匹配材质 ID 到材质。选择该项，3ds Max 会修改复合对象中的材质 ID 数，使其不大于指定给操作对象的子材质数。

图 4-12 【材质附加选项】
对话框

方法 2 匹配材质到材质 ID。通过调整得到的多维/子对象材质中子材质的数量来保持指定给操作对象的原始材质 ID。

方法 3 不修改材质 ID 或材质。如果对象中的材质 ID 数目大于在多维/子对象材质中子材质的数目，那么得到的指定面材质在布尔操作后可能会发生改变。

 在学习了第 9 章材质中常用材质类型的【多维/子对象】材质后，就能够理解以上 3 种方法的含义。

方法 4 丢弃新操作对象材质。丢弃操作对象 B'的材质。布尔运算后的复合物体会使用对象 A 的材质。

方法 5 丢弃原材质。丢弃操作对象 A 的材质。布尔运算后的复合物体会使用对象 B 的材质。

 如果操作对象 A 没有材质，而操作对象 B 指定了一种材质，【布尔】对话框中可以选择从操作对象 B 中继承材质，如图 4-13 所示。如果操作对象 A 指定了一种材质而操作对象 B 没有指定材质，布尔对象会自动从操作对象 A 中继承材质。

图 4-13 仅一种物体拥有材质时的对话框

4.1.4 常见问题的处理方法

【布尔运算】具有非常实用的建模功能，是创建复杂模型时的常用工具。但布尔运算在运算过程中时常会出现错误的计算结果，这就需要用户了解布尔运算的注意事项。

1. 表面完整

布尔运算要求操作对象的表面是完好无缺的。这就要求表面没有缺失或重叠，有连续封闭的表面。

布尔运算会对不满足此要求的操作对象进行自行修正。但布尔运算的自行修正并不精确，因此大多数情况下用户需要手动修正物体表面的缺损。

2. 表面法线

布尔运算要求对象表面法线是一致的。翻转的法线会产生错误的计算结果。布尔运算同样会尽其所能修复这些面，但用户手动修正可能会得到更好的效果。

3. 完全对齐

如果两个布尔操作对象完全对齐，实际并没有相交部分，则布尔运算很可能会产生错误的计算结果。虽然这种情况比较少见，用户也需要学会如何处理这种现象。用户可以通过移动工具使操作对象稍稍重叠以消除错误的计算结果。

4. 操作对象的表面复杂程度不同

当两个操作对象的表面复杂程度不同时，会经常出现错误的计算结果。所以当两个操作对象的表面复杂性比较接近时，布尔运算会减少错误的产生。例如，在没有任何分段的长方体中减去分段数较多的环形结物体时，则计算出的结果很容易产生撕裂的表面。而大量增加长方体分段的数量更容易得出正确的计算结果，如图 4-14 所示。

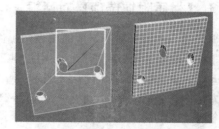

图 4-14　操作对象的表面复杂程度不同产生的
计算结果

4.2　放样建模

放样建模是利用路径线和截面线来创建三维模型。放样建模方式的限制很少，创建曲线的三维路径或三维横截面都可以得到正确的放样结果。可以用任意数量的横截面作为路径的图形对象，放样模型的示意图如图 4-15 所示。

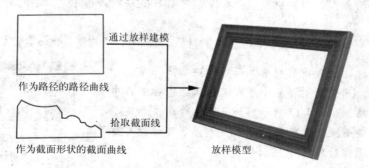

通过放样建模

作为路径的路径曲线

拾取截面线

作为截面形状的截面曲线　　　　放样模型

图 4-15　放样模型（画框）示意图

由于放样建模是依据图形进行创建的，所以建议用户在学习完第 6 章后，再回到第 4 章学习放样建模。

4.2.1 放样建模的创建过程

本节将以矩形与线创建放样模型为例，来演示放样模型的建模过程。

本范例制作见配套光盘的视频教学，场景文件见配套光盘\场景文件\第 4 章\放样画框.max 文件中。

动手做 4-2 如何用矩形与线创建放样画框

1 执行【文件】菜单→【重置】命令，重新设置系统。

2 执行【自定义】菜单→【单位设置】命令，在弹出的【单位设置】对话框中将文件单位设置为【毫米】。

3 激活 【图形创建】面板中【样条线】类别的 矩形 按钮，在顶视图中绘制一个长方形。

4 单击 按钮，在【参数】卷展栏中将【长度】设置为 150mm，宽度设置为 200mm。

5 激活【图形创建】面板中的 线 按钮，在顶视图中绘制一个画框的截面图形，如图 4-16 所示。

6 单击 按钮，在线的顶点级别（如图 4-17 所示）中选中图形中所有顶点，使用等比缩放工具 ，并使用选择中心 按钮缩放选中的顶点，将图形缩放到合适的尺寸，如图 4-18 所示。

图 4-16 路径及截面图形

图 4-17 顶点级别

图 4-18 合适的图形比例

7 选中作为路径的矩形，单击【创建】面板中 标准基本体 下拉列表，在列表中选择【复合对象】类。

8 激活【复合对象】的 放样 按钮，在弹出的【创建方法】卷展栏中单击 获取图形 按钮，并在任意视图中单击作为截面线的图形，完成放样建模，效果如图 4-19 所示。

9 在完成放样建模后，发现放样模型的分段数非常多。单击 按钮，在【曲面参数】卷展栏中取消【平滑长度】的勾选，并在【蒙皮参数】中将【图形步数】设置为 2，【路径步数】设置为 0，勾选【优化图形】复选框。这样可以大量减少几何体片段数，从而节省大量系统资源，效果如图 4-20 所示。

图 4-19 完成放样建模（画框）

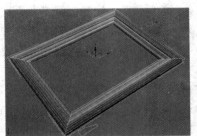
图 4-20 减少放样模型（画框）的片段数

4.2.2 放样基本参数

【放样】共有 5 个卷展栏，分别为【创建方法】、【曲面参数】、【路径参数】、【蒙皮参数】和【变形】卷展栏。其中【变形】卷展栏包含 5 个放样工具，分别为【缩放】、【扭曲】、【倾斜】、【倒角】和【拟合】工具。

1. 【创建方法】卷展栏

【创建方法】用于确定使用图形还是路径进行放样模型的创建，以及对结果放样对象使用的操作类型，如图 4-21 所示。

图 4-21 【创建方法】卷展栏

- 获取路径：选取一个路径作为选定图形的路径线。
- 获取图形：选取一个图形指定给选定路径的截面图形。
- 移动、复制和实例：用于指定路径或图形转换为放样对象的方式。如果创建放样后要继续编辑路径，建议使用【实例】选项。

2. 【曲面参数】卷展栏

【曲面参数】卷展栏可以用来控制放样曲面的平滑以及指定是否沿着放样对象应用纹理贴图，如图 4-22 所示。

- 平滑：该组用来控制放样模型的平滑方式，共有两个复选项。
  - 平滑长度：沿着路径的长度提供曲面的平滑方式。
  - 平滑宽度：围绕横截面图形的周界提供曲面的平滑方式，效果如图 4-23 所示。

图 4-22 曲面参数

图 4-23 不同的平滑方式产生的效果

- 贴图：该组用于控制放样对象的应用纹理贴图。
  - 应用贴图：启用和禁用放样贴图坐标。
  - 真实世界贴图大小：控制应用于该对象的纹理贴图材质所使用的缩放方法是基于真实世界的比例缩放方法。
  - 长度重复：控制沿着路径长度重复贴图的次数。
  - 宽度重复：控制围绕横截面图形周界重复贴图的次数。
  - 规格化：启用该选项后将沿着路径长度并围绕图形平均应用贴图坐标和重复值；如果禁用将按照路径划分间距或图形顶点间距成比例应用贴图坐标和重复值。效果如图 4-24 所示。
- 材质：该组用于控制材质 ID 号，如图 4-25 所示。
  - 生成材质 ID：控制在放样期间生成材质 ID。
  - 使用图形 ID：控制是否继承图形线段的材质 ID。
- 输出：该组用于控制放样的模型使用哪种几何体生成方式，如图 4-26 所示。

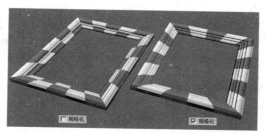

图 4-25 材质参数

图 4-24 不使用规格化与使用规格化的纹理效果

➢ 面片：放样过程可生成面片模型。

图 4-26 输出参数

 有些图形使用【面片】方式容易产生错误的计算结果。

➢ 网格：放样过程可生成网格模型。

3.【路径参数】卷展栏

【路径参数】卷展栏可以控制沿着路径在不同间隔位置放置的多个截面图形，如图 4-27 所示。

- 路径：通过输入值或拖动微调器来设置路径中的位置。如果【捕捉】处于启用状态，路径将依据【捕捉】设置的数值进行增量。
- 捕捉：用于设置沿着路径移动的恒定增量数。
- 启用：控制是否使用增量移动。
- 百分比：将路径级别表示为路径总长度的百分比。
- 距离：将路径级别表示为路径第 1 个顶点的绝对距离。

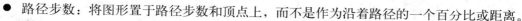

图 4-27 路径参数

- 路径步数：将图形置于路径步数和顶点上，而不是作为沿着路径的一个百分比或距离。
- 拾取图形，当激活这个按钮后将可以使用鼠标在视图中点选一个放样物体中的多个截面图形。
- 上一个图形，当单击这个按钮后可以从路径级别的当前位置沿路径跳至上一个截面图形。
- 下一个图形，当单击这个按钮后可以从路径层级的当前位置沿路径跳至下一个截面图形。

4.【蒙皮参数】卷展栏

【蒙皮参数】卷展栏可以调整放样对象网格的复杂性，如图 4-28 所示。

- 封口：该组用于对未封闭类型路径线形成的放样模型进行封口操作。
  - ➢ 封口始端：用于控制路径开始处的封口操作，勾选则进行封口操作。
  - ➢ 封口末端：用于控制路径末端的封口操作，放样模型的封口效果，如图 4-29 所示。

图 4-28 蒙皮参数

图 4-29 放样模型的封口效果

> 变形：使用此类型后，变形目标以所需的可预见并且可重复的模式排列封口面。
> 栅格：使用此类型后，将产生一个由大小均等的面构成的表面，这样放样模型的封口可以很容易地被其他修改器修改变形。

● 选项：该组用来优化放样产生的放样模型。
  > 图形步数：设置截面图形顶点之间的分段步数，效果如图 4-30 所示。
  > 路径步数：设置路径的每个主分段之间的步数，效果如图 4-31 所示。

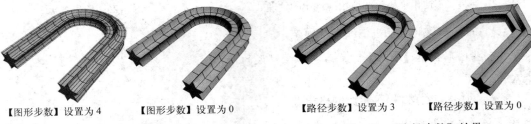

【图形步数】设置为 4 　　　【图形步数】设置为 0 　　　　【路径步数】设置为 3 　　　【路径步数】设置为 0

图 4-30 【图形步数】效果 　　　　　　　　　　　图 4-31 【路径步数】效果

> 优化图形：用于对截面图形进行优化处理。勾选后将去除截面图形直线段上的分段数，但放样模型的外形保持不变，这样可以节省大量的系统资源，效果如图 4-32 所示。
> 优化路径：用于对路径曲线进行优化处理。勾选后将去除路径线上直线段的分段数，但放样模型的外形保持不变，效果如图 4-33 所示。

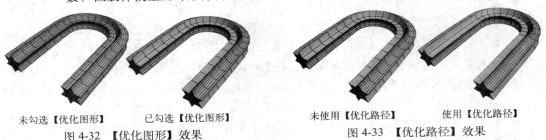

未勾选【优化图形】　　　 已勾选【优化图形】　　　　未使用【优化路径】　　　 使用【优化路径】

图 4-32 【优化图形】效果 　　　　　　　　　　图 4-33 【优化路径】效果

TIPS▶ 要使用【优化路径】必须使用【路径步数】模式。

> 自适应路径步数：启用此选项后，调整路径分段的数目以生成最佳蒙皮。
> 轮廓：启用此选项后，每个截面图形都将跟随路径的曲率进行放置；禁用此选项则使截面图形保持平行，效果如图 4-34 所示。
> 倾斜：如果路径线是一个三维曲线，也就是这个曲线拥有第 3 个轴向高度，这时勾选【倾斜】选项，截面图形会跟随路径的曲率产生第 3 个轴向的倾斜效果；如果取消勾选，则截面线会在第 3 个轴向平行放置，效果如图 4-35 所示。

未勾选【轮廓】选项 　　　 勾选【轮廓】选项 　　　　未勾选【倾斜】选项 　　　 勾选【倾斜】选项

图 4-34 【轮廓】效果 　　　　　　　　　　　　图 4-35 【倾斜】效果

➢ 恒定横截面：勾选该选项，会在路径中拐角处缩放横截面，用来保持路径宽度一致；取消勾选，则横截面保持原来的局部尺寸。

➢ 线性插值：勾选该选项，会使每个截面图形之间产生直边的放样蒙皮；取消勾选，则使每个截面图形之间产生平滑的曲线蒙皮。

➢ 翻转法线：勾选该选项，会将每个面的法线内外翻转。

➢ 四边形的边：勾选此选项，将产生四边形面放样模型；取消勾选，则产生三角面的放样模型。

➢ 变换降级：勾选后，当调节【路径参数】的【路径】等参数时会不显示放样模型的蒙皮，以加快场景的显示刷新。

● 显示：该组用来控制放样模型在场景中的显示状态。

➢ 蒙皮：如果启用，则使用任意着色层在所有视图中显示放样的蒙皮，并忽略【蒙皮于着色视图】设置；如果禁用，则只显示放样子对象。

➢ 蒙皮于着色视图：如果启用，则忽略【蒙皮】设置，在着色视图中显示放样的蒙皮；如果禁用，则根据【蒙皮】设置来控制蒙皮的显示。

5.【变形】卷展栏

【变形】卷展栏中的变形工具用于沿着路径缩放、扭曲、倾斜、倒角或拟合放样模型。所有变形工具的界面都使用图表中的图形来控制放样模型，而图形上的控制点用来控制放样模型如何变形。所有的变形工具都可以记录动画。【变形】卷展栏如图 4-36 所示。

图 4-36 【变形】卷展栏

当单击【变形】卷展栏中的 缩放 、 扭曲 、 倾斜 、 倒角 或 拟合 按钮，则会打开相应的工具对话框。在左端的 💡 按钮是用来控制是否应用当前设置的各种变形效果。

4.2.3 变形工具

用户可以使用放样中的各种变形工具来增加放样模型的复杂程度，效果如图 4-37 所示。

变形放样模型的制作过程见配套光盘的教学视频，本范例模型文件见配套光盘\场景文件\第 4 章\放样画框.max 文件。

1.【缩放变形】

【缩放】工具用来对放样模型沿着路径方向缩放截面。单击 缩放 按钮后，会弹出如图 4-38 所示对话框。

图 4-37 经过变形的放样模型

图 4-38 【缩放变形】对话框

● 📷 （均衡）：用来约束 X 轴向和 Y 轴向的变形曲线同时变化。

- ◢（显示 X 轴）：仅显示红色的 X 轴变形曲线。
- ◣（显示 Y 轴）：仅显示绿色的 Y 轴变形曲线。
- ◪（显示 XY 轴）：同时显示红色的 X 轴和绿色的 Y 轴变形曲线。
- ◺（交换变形曲线）：在取消激活【均衡】按钮时，单击【交换变形曲线】按钮，会将 X 轴和 Y 轴进行调换（在图表中可以观察到红绿线颜色交换），以达到不同的变形形状。
- ✛（移动控制点）：此按钮是弹出式按钮，其中包含 3 个用于移动控制点和 Bezier 控制柄的按钮，分别为✛（移动控制点）、↕（垂直移动）和↔（水平移动）按钮。移动控制点可以同时更改控制点的水平和垂直位置。
- ↕（垂直移动）：更改控制点的垂直位置。
- ↔（水平移动）：更改控制点的水平位置。
- Ⅰ（缩放控制点）：用来调整一个或多个已选控制点的数值。主要用于仅更改所选控制点的相对比率。向下拖动可以减小数值，向上拖动可以增加数值。
- ⊞（插入角点）：此按钮是弹出式按钮，其中包含两个用于添加控制点的工具，一个是⊞（插入角点），另一个是⊡（插入 Bezier 点）。【插入角点】用来单击变形曲线上的任意位置，可以在该位置插入角点类型的控制点。⊡（插入 Bezier 点）：用于单击变形曲线上的任意位置，可以在该位置插入 Bezier 类型的控制点。Bezier 类型控制点拥有控制柄，可以通过控制 Bezier 滑杆来绘制出光滑的变形曲线。
- ⌀（删除控制点）：单击后可以删除所选的控制点。
- ✕（重置曲线）：单击后可以恢复曲线的默认值。
- ✋（平移）：在视图中向任意方向拖动图表。
- ⊠（最大化显示）：更改图表可视区域，可使变形曲线及图表全部可见。
- ⋈（水平方向最大化显示）：可使变形曲线在水平方向全部可见。
- ⋈（垂直方向最大化显示）：可使变形曲线在垂直方向全部可见。
- ◁（水平缩放）：沿水平方向对图表进行缩放操作，方便观察变形曲线。
- ◁（垂直缩放）：沿垂直方向对图表进行缩放操作，方便观察变形曲线。
- ◌（缩放）：在水平和垂直方向同时缩放图表，以保持曲线纵横比。
- ▣（缩放区域）：以框选的方式缩放图表，以便观察变形曲线。

2．扭曲变形

【扭曲】工具用来沿路径曲线扭曲放样模型的截面形状。当单击 扭曲 按钮后，会弹出【扭曲变形】对话框，如图 4-39 所示。

在【扭曲变形】对话框中，变形工具有✛（移动控制点）、↕（垂直移动）、↔（水平移动）、Ⅰ（缩放控制点）、⊞（插入角点）、⊡（插入 Bezier 点）、⌀（删除控制点）和✕（重置曲线）工具，用法与【缩放】工具相同。

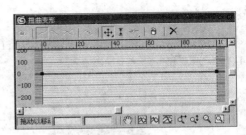

图 4-39 【扭曲变形】对话框

3．倾斜变形

【倾斜】工具用来沿路径倾斜放样模型的截面形状。当单击 倾斜 按钮后，会弹出【倾斜变形】对话框，如图 4-40 所示。

4. 倒角变形

【倒角】工具与【缩放】工具比较相似，但不同的是【缩放】工具以截面图形的中心进行缩放变形，而【倒角】工具则以截面图形进行向内或向外的轮廓线方式进行变形。当单击 倒角 按钮后，会弹出【倒角变形】对话框，如图 4-41 所示。【倒角】与【缩放】的不同效果如图 4-42 所示。

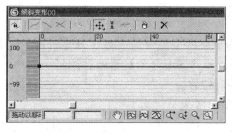

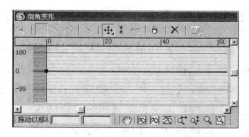

图 4-40　【倾斜变形】对话框　　　　　　图 4-41　【倒角变形】对话框

5. 拟合变形

【拟合】工具可以使用两条用于拟合的曲线来定义对象的顶部形状和侧面形状。【拟合变形】实际上是缩放放样对象的边界。单击 拟合 按钮后，会弹出【拟合变形】对话框，如图 4-43 所示。【拟合】工具的使用会在本章实例中进行详细讲解。

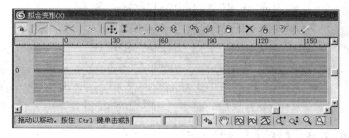

图 4-42　倒角/放缩变形的不同效果　　　　图 4-43　【拟合变形】对话框

在【拟合变形】对话框的工具栏中，相对其他变形对话框增加了许多工具，都是用于控制约束放样物体外形曲线的工具。

- ⊕ （水平镜像）：沿水平轴镜像图形。
- ⊕ （垂直镜像）：沿垂直轴镜像图形。
- ↰ （逆时针旋转 90°）：逆时针将图形旋转 90°。
- ↱ （顺时针旋转 90°）：顺时针将图形旋转 90°。
- ⊖ （删除曲线）：删除图表中显示的拟合曲线。
- ⟋ （获取图形）：用来拾取拟合变形的图形。
- ⟋ （生成路径）：将原始路径替换为新的直线路径。
- ⊞ （锁定纵横比）：激活此按钮，会同时限制垂直和水平方向的缩放。

4.2.4　路径命令

【路径命令】在放样物体的子级别中显示。单击放样模型子级别中的【路径】后会弹出【路径命令】卷展栏。放样模型的子级别如图 4-44 所示，【路径命令】卷展栏如图 4-45 所示。

当单击 输出... 按钮后会弹出【输出到场景】对话框，如图 4-46 所示。可以将路径作为单独的对象以副本或实例的方式放置到场景中。

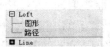

图 4-44　路径子级别

图 4-45　【路径命令】卷展栏

图 4-46　【输出到场景】对话框

4.2.5　图形命令

　　【图形命令】在放样物体的子级别中显示。单击放样模型子级别中的【图形】后，会弹出【图形命令】卷展栏。放样模型的子级别如图 4-47 所示，【图形命令】卷展栏如图 4-48 所示。

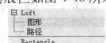

图 4-47　图形子级别

- 路径级别：用来调整截面图形在路径上的相对位置。
- 比较：用来显示【比较】对话框，可以比较多个横截面，以方便移动、旋转和缩放截面图形。
- 重置：撤销对截面图形使用过的移动、旋转和缩放命令。
- 删除：从放样对象中删除截面图形。
- 对齐：该组使用系统提供的 6 个对齐工具将截面图形对齐。
  - ➢ 居中：使图形在路径上居中。
  - ➢ 默认：将图形恢复到原始位置。
  - ➢ 左：将图形的左边缘与路径对齐。
  - ➢ 右：将图形的右边缘与路径对齐。
  - ➢ 顶：将图形的上边缘与路径对齐。
  - ➢ 底：将图形的下边缘与路径对齐。

图 4-48　【图形命令】
卷展栏

- 输出：该组用于将截面图形输出到场景中为独立图形。单击 输出... 按钮，可以将截面图形作为单独的对象以副本或实例的方式放置到场景中。

4.2.6　【比较】对话框

　　当单击【图形命令】卷展栏上的 比较 按钮后，会打开【比较】对话框，如图 4-49 所示。用于确保放样模型中所有截面图形的第一个顶点正确对齐。

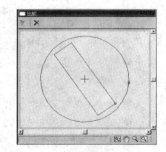

- （拾取图形）：用于拾取作为比较的截面图形。
- （重置）：从显示中移除所有图形。
- （最大化显示）：最大化显示图中所有截面图形。
- （平移）：平移视图用于手动控制视图的显示。
- （缩放）：缩放视图的大小，方便精确比较多个截面图形。

图 4-49　【比较】对话框

- （区域缩放）：以框选的方式精确比较多个截面图形。

4.3　实例制作——创建艺术花瓶模型与窗帘模型

4.3.1　创建艺术花瓶模型

　　下面将以一条路径线、一条截面线和两条拟合线制作艺术花瓶模型。

本范例的详细制作步骤见配套光盘的视频教学，场景文件见配套光盘\场景文件\第 4 章\花瓶.max 文件。

具体操作步骤：

1 执行【文件】菜单→【重置】命令，重新设置系统。

2 激活图形创建面板中【样条线】的 圆 按钮，在顶视图中绘制一个半径为 50 的花瓶截面图形。

3 激活图形创建面板中的 星形 按钮，在顶视图中绘制一个【半径 1】为 80，【半径 2】为 30，【点】为 3，【圆角半径 1】和【圆角半径 2】为 10 的花瓶截面线，如图 4-50 所示。

4 使用【线】继续在前视图绘制一条花瓶的路径线。

5 选中直线，激活几何体创建面板中【复合对象】的 放样 按钮，单击【创建方法】卷展栏中 获取图形 按钮，并在透视图中单击绘制圆形花瓶截面图，生成三维实体模型。

6 将【路径参数】中路径设置为 80，单击【创建方法】卷展栏中 获取图形 按钮，并在透视图中单击绘制的星形截面图型。

7 打开编辑命令面板，打开 Loft（放样物体的子级别)，并选择【图形】子级别。使用鼠标选择场景花瓶模型上的截面图型，并使用旋转工具和缩放工具进行编辑，最终效果如图 4-51 所示。

图 4-50 绘制的花瓶截面图形

图 4-51 艺术花瓶模型

4.3.2 创建窗帘模型

下面将以一条路径线和两条截面线制作窗帘模型，主要学习如何在一条路径线上拾取两条截面曲线。

本范例的详细制作步骤见配套光盘的视频教学，场景文件见配套光盘\场景文件\第 4 章\窗帘.max 文件。

具体操作步骤：

1 执行【文件】菜单→【重置】命令，重新设置系统。

2 激活图形创建面板中【样条线】的 线 按钮，将【创建方法】卷展栏中的【初始类型】和【拖动类型】都改为【平滑】方式。

3 在顶视图中绘制两条曲线，如图 4-52 所示。

4 使用 线 工具在前视图中绘制一条比例合适的直线，用于作为窗帘模型的路径线。注意透视图中三条线段的比例关系。

5 选中作为路径的直线，单击几何体创建面板中【复合对象】的 放样 按钮，单击

【创建方法】卷展栏中 获取图形 按钮，并单击复杂的截面曲线，形成放样模型。

6 选中放样模型，并打开修改面板，在【路径参数】卷展栏中，将【路径】设置为 100。单击【创建方法】卷展栏中 获取图形 按钮，在顶视图中点选第 2 条截面曲线，形成窗帘模型，如图 4-53 所示。

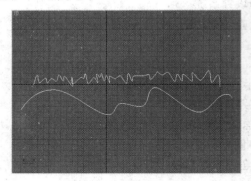 

图 4-52　绘制截面图形　　　　　　　　图 4-53　完成窗帘放样

4.4　本章小结

本章介绍了布尔运算及放样建模的创建方法，并详细讲解了布尔运算及放样建模的各个参数。在本章最后以创建花瓶和窗帘模型制作的实例对本章学习的内容进行巩固。

4.5　本章习题

1. 填空题

（1）布尔运算是通过对两个几何模型进行_____、_____、_____或_____运算，创建复合模型的过程。

（2）放样建模是利用_____线和_____线来创建三维模型。

（3）放样对象的蒙皮参数中_____和_____用于手动控制模型的细分程度。

（4）放样变形工具有_____、_____、_____、_____和_____。

2. 判断题（正确√，错误×）

（1）布尔运算在计算时不会产生错误结果。　　　　　　　　　　　　（　　）

（2）布尔运算可以同时对两个以上的几何体进行运算。　　　　　　　（　　）

（3）布尔运算不会生成动画效果。　　　　　　　　　　　　　　　　（　　）

（4）放样模型必须由一条路径线和一条截面线组成。　　　　　　　　（　　）

（5）放样模型可以使用放样模型的自身工具对模型进行优化处理。　　（　　）

（6）完成放样创建后不可以再编辑。　　　　　　　　　　　　　　　（　　）

3. 操作题

（1）使用放样建模和布尔运算制作如图 4-54 所示的鼠标模型。

视频讲解文件见配套光盘的视频教学，场景文件见配套光盘\场景文件\第 4 章\鼠标.max 文件。

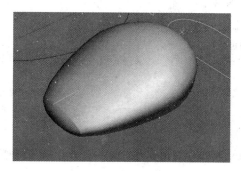

图 4-54　鼠标模型

操作提示：

1）绘制一条路径线，一条截面线和两条拟合线。

2）单击路径线拾取截面线生成放样模型。

3）使用拟合变形工具对两条拟合线进行拟合变形操作。

4）创建立方体，使用鼠标模型和立方体进行布尔剪切操作。

（2）利用放样建模方式创建牛角模型。

操作提示：

1）绘制一条牛角截面图形以及一条牛角曲线路径图形。

2）选择牛角曲线路径图形，单击复合对象中放样按钮。

3）单击【创建方法】卷展栏中【获取图形】按钮，然后单击场景中牛角截面图形，利用【变形】卷展栏中【缩放和扭曲】工具，对牛角模型进行最终创建。

第 5 章　建筑扩展物体

 教学目标

掌握门、窗、ACE 扩展物体和楼梯物体的创建及修改方法，理解参数面板中各个选项的含义

 教学重点与难点

➤ 各种门的创建
➤ 各种窗的创建
➤ 植物、栏杆和墙的创建
➤ 各种楼梯的创建

5.1　门物体

目前 3ds Max 9 已经将 3dsviz 的部分建筑功能整合到了 3ds Max 中，本章介绍的建筑扩展物体就是原 3dsviz 中的建筑工具。这些工具的优点不仅在于它可以创建各种建筑构件的外观模型，还可以完成参数化动画的记录。

例如，【门】不但提供门模型可控制的外观细节，还提供了参数化将门设置为打开、部分打开或关闭，以及记录打开的动画。在几何体类型列表中选择【门】选项，即可打开【门】模型的创建命令面板，该面板中收集了 3 种门模型，分别是枢轴门、推拉门和折叠门，如图 5-1 所示。门创建完成后的效果如图 5-2 所示。

图 5-1　各种门类型　　　　　　　　图 5-2　各种门模型效果

动手做 5-1　如何创建门（3 种门的创建方法相同）

1 激活所需的门类型按钮。
2 在任意视图中先单击并拖曳，当拖曳到合适的位置时，单击以确定门的宽度。
3 继续拖曳并单击确定门的深度。
4 拖曳出门的高度，单击即可完成门模型的创建。
创建方法见配套光盘中的视频教学。

5.1.1　枢轴门

在制作室内外效果图时，可以利用 枢轴门 按钮创建各种单扇枢轴门或双扇枢轴门模型，并可以通过调整其参数控制门的打开方向及角度。单扇枢轴门及双扇枢轴门效果如图 5-3 所示。枢轴门中有两个卷展栏，分别为【参数】和【页扇参数】。【参数】卷展栏如图 5-4 所示。

图 5-3　枢轴门模型效果

图 5-4　【参数】卷展栏

1.【参数】卷展栏

主要用于设置枢轴门的高度、宽度、深度、打开角度、应用双扇及门框的相关参数。

● 高度、宽度和深度：用来控制门的大小是否匹配到墙体。

● 双门：勾选此选项可以创建双扇的枢轴门模型。

● 翻转转动方向：勾选此选项可以对枢轴门的打开方向进行翻转。

● 翻转转框：勾选此选项可以将页扇的旋转轴心移动到枢轴门的另一侧。

此选项仅对单扇枢轴门有效。

● 打开……度数：控制枢轴门的打开角度。通常在建筑环游动画中此项参数用来设置门的打开动画。打开角度设置不同参数时的效果如图 5-5 所示。

● 门框：此参数组用于决定是否创建门框模型及其形状的大小。

● 宽度、深度和门偏移：用来控制门框的大小。

2.【页扇参数】卷展栏

【页扇参数】卷展栏如图 5-6 所示。用于控制页扇的厚度、门梃/顶梁及底梁的宽度、窗格数等内容。

图 5-5　不同的打开角度产生不同的效果

图 5-6　【页扇参数】

- 厚度：用于控制门板的厚度。
- 门梃/顶梁：用于控制门梃与顶梁的宽度。
- 底梁：用于控制底梁的宽度。
- 水平窗格数、垂直窗格数：分别用于控制水平方向和垂直方向的窗格数目。
- 镶板间距：用于设置水平方向或垂直方向相邻两个窗格之间的间距。
- 无：勾选此选项后，不创建窗格。
- 玻璃：勾选此选项后，创建带有玻璃的镶板模型。其中【厚度】用来控制玻璃镶板的厚度。
- 有倒角：当勾选此选项时可以创建出带有倒角效果的镶板模型。其中【倒角角度】用于设置倒角的倾斜角度，【厚度1】和【厚度2】分别用于设置倒角外框与倒角内框的厚度，【中间厚度】选项用于设置内部镶板的厚度。

5.1.2 推拉门

单击 推拉门 按钮，可以创建各种形状的推拉门，并可以通过调整其参数控制门打开的大小，门的高度、宽度及深度等，如图 5-7 所示。推拉门【参数】卷展栏中的参数和选项与枢轴门十分相似，在此不再讲解。

图 5-7 推拉门模型效果

5.1.3 折叠门

单击 折叠门 按钮，可以创建各种形状的折叠门，并可以通过调整其参数控制门的打开方向及角度，门的高度、宽度及深度等，如图 5-8 所示。折叠门【参数】卷展栏中的参数和选项与枢轴门十分相似，在此不一一讲解。

图 5-8 折叠门模型效果

5.2 窗模型

在几何体类型列表中选择【窗】后会打开窗物体创建面板，该创建板中有 6 种窗模型，分别为遮篷式窗、平开窗、固定窗、旋开窗、伸出式窗和推拉窗，如图 5-9 所示。创建完成的窗效果如图 5-10 所示。窗的创建方法与门的创建方法十分相似，在此不详细讲解。

图 5-9 各种窗类型

图 5-10 窗模型效果

5.2.1　遮篷式窗

激活 遮篷式窗 按钮，可以创建各种规格的遮篷式窗。并可以通过调整其参数控制遮篷式窗的窗框、玻璃、窗格和窗的打开角度等参数，其参数卷展栏如图 5-11 所示。创建的遮篷式窗模型效果如图 5-12 所示。

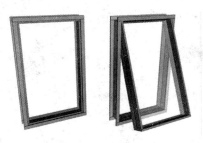

图 5-11　【参数】卷展栏　　　　　　　　图 5-12　遮篷式窗模型效果

- 高度、宽度和深度：用来控制窗的大小。
- 窗框：用于控制窗框的水平宽度、垂直宽度和厚度。
- 玻璃：用于控制玻璃的厚度。
- 窗格：用于控制窗格宽度和窗格数目。
- 开窗：用来控制窗的打开程度。

5.2.2　其他窗类型

在窗模型类型中，除遮篷式窗以外，还有其他 5 种窗类型，分别为平开窗、固定窗、旋开窗、伸出式窗和推拉窗，如图 5-13 所示。

平开窗　　　　　固定窗　　　　　旋开窗　　　　伸出式窗　　　　推拉窗

图 5-13　其他窗类型

这些窗类型的参数及设置方法与遮篷式窗模型的各种设置方法十分相似，在此不一一详细讲解。

5.3　ACE 扩展物体

ACE 扩展物体中有 3 种类型的扩展物体，分别为植物、墙和栏杆，用以完成建筑室内外效果图中的景观模型。单击几何体创建面板中 标准基本体 ，在弹出的几何体类型列表中选择【ACE 扩展物体】选项，打开 ACE 扩展物体创建命令面板，如图 5-14 所示。

图 5-14　ACE 扩展物体创建命令面板

5.3.1 植物

激活 植物 按钮，可以轻松创建多种不同种类的植物模型。这些植物模型可以用来完成建筑的环境模型。

动手做 5-2 如何创建植物

1 激活 植物 按钮，在【收藏的植物】卷展栏中选择需要的植物类型。

2 在透视图中的适当位置单击鼠标左建，即可创建出指定的植物模型。植物类型中包括12 种植物类型，如图 5-15 所示。

| 孟加拉菩提树 | 一般的棕榈 | 苏格兰松树 | 丝兰 | 美洲榆 | 蓝色的针松 |

| 垂柳 | 大戟属植物，大含水茎叶 | 芳香蒜 | 大丝兰 | 春天的日本樱花 | 一般的橡树 |

图 5-15 不同种类的植物

植物扩展物体的创建面板中有两个卷展栏，分别为【收藏的植物】和【参数】。

1.【收藏的植物】卷展栏

用于确定需要创建的植物种类和植物模型是否自动增加材质，如图 5-16 所示。

在默认状态下，植物类型列表中收集了 12 种植物类型，单击任意植物类型，然后在视图中单击鼠标左建，即可创建该类型的植物模型。

- 自动材质：勾选此选项后在场景中创建的植物模型将自动赋予对应的植物材质。
- 植物库：单击此按钮将打开【配置调色板】对话框，如图 5-17 所示。其中显示了植物的信息，包括其名称、学名、种类、描述和每个对象近似的面数量。还可以向调色板中添加植物以及从调色板中删除植物、清空调色板等操作。

图 5-16 植物类型

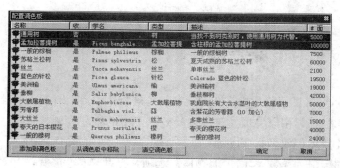

图 5-17 配置调色板

2.【参数】卷展栏

该卷展栏如图 5-18 所示，用于控制植物的高度、密度、修剪程度、种子数、显示内容及视口树冠模式等设置。

- 高度：用于控制植物的高度。
- 密度：用于控制植物叶子的密度，参数范围为 0～1。当密度为 0 时不显示树叶，当密度为 1 时显示全部的树叶。设置不同密度值时，效果如图 5-19 所示。

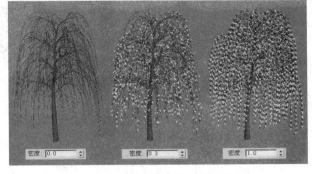

图 5-18　【参数】卷展栏　　　　　　　　　　图 5-19　设置不同密度时的模型效果

- 修剪：用于设置树枝的修剪程度，取值范围为 −0.1～1。数值越大，修剪的树枝也越多。设置不同修剪值时，效果如图 5-20 所示。
- 种子：用于控制植物的随机效果。设置不同的数值可以产生不同的模型效果。3ds Max 提供的种子值范围为 0～16 777 215，可以输入其中任意数值控制模型外观，也可以单击【新建】按钮，以随机分配种子值。
- 显示：该区域中的选项用于控制植物模型的各个组成部分，决定是否创建植物模型的各个组成部分。一颗完整的植物包括【树叶】、【果实】、【花】、【树干】、【树枝】和【根】6 部分组成。设置不同显示状态的效果如图 5-21 所示。

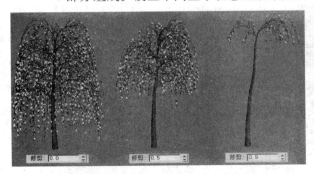

图 5-20　设置不同修剪时的模型效果　　　　图 5-21　设置不同显示状态的不同效果

- 视口树冠模式：该选项组用于控制植物在视口中的显示状态，如果以树冠模式显示，可以加快视图显示刷新。其中【未选择对象时】选项表示只有植物未被选择时才以树冠模式显示，【始终】表示植物始终以树冠模式显示，【从不】表示植物从不以树冠模式显示。
- 详细程度等级：用于控制植物渲染时的精细程度。其中【高】表示渲染植物的所有细节，选择【低】和【中】时，可以在渲染时不同程度地减少渲染细节，加快渲染速度。

5.3.2 栏杆

单击 ▢栏杆▢ 按钮，可以创建各种栏杆模型，并可以使栏杆跟随路径变形，产生弯曲的栏杆模型，如图 5-22 所示。

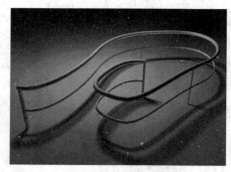

⌘动手做 5-3 如何创建栏杆

1 单击 ▢栏杆▢ 按钮，在任意视图中按住鼠标左建拖曳，当拖曳到合适位置时释放鼠标左建，确定栏杆长度。

2 继续向上移动光标，栏杆的高度也随之变化。

3 移动到合适位置时单击鼠标左建，即可创建出栏杆模型。

图 5-22　栏杆模型效果

单击 ▢栏杆▢ 按钮后，可以打开栏杆的各种参数面板，包括：【栏杆】、【立柱】和【栅栏】。

1.【栏杆】卷展栏

如图 5-23 所示，主要用于控制栏杆是否应用曲线对其的约束、路径方向分段数、长度以及上下围栏的有关参数设置。

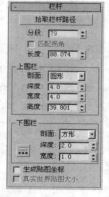

- ▢拾取栏杆路径▢ 按钮：单击此按钮后可以在视图中拾取一条曲线作为栏杆的跟随路径，使栏杆产生跟随曲线弯曲的效果。
- 分段：用来控制两根立柱之间的分段数。只有当栏杆跟随路径时，此选项才处于可用状态。
- 匹配拐角：当使用曲线约束栏杆效果时，此选项可用在栏杆中设置拐角，从而使栏杆和路径的拐角匹配。
- 上围栏：该组用于控制栏杆上围栏的剖面形状、深度、宽度和高度。在【剖面】下拉列表中可选择【无】、【圆形】和【方形】，表示不使用上围栏、使用圆形上围栏或使用矩形的上围栏。

图 5-23　【栏杆】卷展栏

- 下围栏：该组用于控制栏杆下围栏的剖面形状、深度和宽度。在【剖面】下拉列表中可选择【无】、【圆形】和【方形】，表示不使用下围栏、使用圆形下围栏或使用矩形的下围栏。
- ▦（下围栏间距）按钮：单击此按钮将打开【下围栏间距】对话框。用于以计数、间距或偏移的方式设置下围栏的数量，如图 5-24 所示。

完整的围栏模型可由上下围栏、立柱和栅栏组成，各个部分在栏杆中的形状如图 5-25 所示。

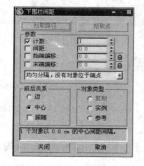

图 5-24　【下围栏间距】对话框

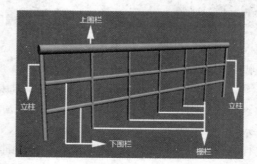

图 5-25　栏杆示意图

2.【立柱】卷展栏

用于控制立柱的相关参数，包括立柱剖面形状、深度、宽度和延长量，如图 5-26 所示。其中【延长】用于设置立柱顶端超出上围栏的长度。

图 5-26　【立柱】卷展栏

3.【栅栏】卷展栏

用于控制栅栏的类型以及使用不同类型时的相关参数的控制，如图 5-27 所示。

- 类型：用于控制栏杆的栅栏类型，其下拉列表中有三种类型，分别为【无】、【支柱】和【实体填充】。
- 支柱：在选择【支柱】类型时，该参数组中的参数用于设置支柱的剖面形状、深度、宽度、延长量、底部偏移量以及相邻立柱间的支柱数量、间距和分布形式等。
- 实体填充：在选择【实体填充】类型时，该参数组中的参数用于设置实体的厚度，以及实体向顶、底、左、右的偏移量。

图 5-27　【栅栏】卷展栏

5.3.3　墙

在制作室内外效果图时，使用 3ds Max 提供的【墙】可快速构建各种开放或者封闭的墙体模型，其效果如图 5-28 所示。

动手做 5—4　如何创建墙

1 单击 ▢墙▢ 按钮，在任意视图中单击鼠标左键指定墙体起点，然后移动光标到适当位置单击鼠标左键，完成第一面墙体模型的创建。

2 依据同样的操作方法完成其余墙面的设定。

3 在完成墙体的创建后，单击鼠标右键或按"Esc"键，结束创建过程。

墙体模型创建面板中有两个卷展栏，分别为【键盘输入】和【参数】，如图 5-29 所示。

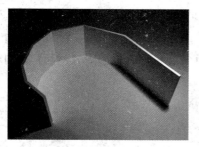

图 5-28　墙体模型效果

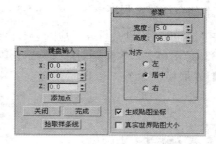

图 5-29　墙体参数卷展栏

1.【键盘输入】卷展栏

可以利用键盘精确搭建墙体模型。要精确创建墙体模型，首先在 X、Y、Z 文本框中输入正确的第一点坐标值，单击 添加点 按钮。然后输入第二点坐标值，单击 添加点 按钮。依此类推，创建完成所有的墙面模型。

- 关闭 按钮：单击此按钮，可以创建封闭的墙体模型，并且完成创建墙体模型。
- 完成 按钮：单击此按钮后，结束墙体创建。

- 拾取样条线 按钮：单击此按钮，然后在视图中拾取一条二维曲线，系统将以曲线的顶点作为墙体顶点创建出墙体模型。

2.【参数】卷展栏

用于设置墙体厚度、高度以及墙体基线的对齐方式。

- 宽度、高度：用于设置墙体的厚度及高度。
- 对齐：该组用于设置墙体和墙基线的对齐方式，其中【左】、【居中】和【右】用来控制墙体基线左对齐、居中对齐和居右对齐。

在创建完墙体后，打开编辑面板可以看到墙体模型仅有一个卷展栏，如图 5-30 所示。

3.【编辑对象】卷展栏

用于附加多个墙体模型。

- 附加：单击此按钮后，可以在视图中拾取另外一个墙体模型，使其成为当前墙体的一部分。
- 附加多个：单击此按钮后，会打开【附加多个】对话框，如图 5-31 所示。可以从中选择要附加的多个墙体模型，再单击【附加】按钮，使其成为当前墙体的一部分。

在编辑面板中，墙体由三个子级别组成，分别为【顶点】、【分段】和【剖面】，如图 5-32所示。

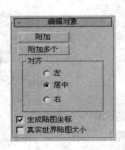

图 5-30 【编辑对象】卷展栏

图 5-31 【附加多个】对话框

图 5-32 子对象级别

选中不同的子级别会打开对应的卷展栏参数。其中【顶点】级别对应【编辑顶点】卷展栏，如图 5-33 所示。【分段】级别对应【编辑分段】卷展栏，如图 5-34 所示。【剖面】级别对应【编辑剖面】卷展栏，如图 5-35 所示。

图 5-33 编辑顶点

图 5-34 编辑分段

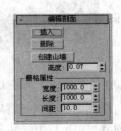

图 5-35 编辑剖面

4.【编辑顶点】卷展栏

该卷展栏用于对墙体顶点进行连接、断开、优化、插入和删除等操作。

- 连接：用于连接任意两个墙体顶点，在这两个墙体顶点之间创建新的墙体。
- 断开：用于在共享顶点断开墙体的连接。
- 优化：在单击的墙线段位置添加墙体顶点。
- 插入：插入一个或多个墙体顶点，以创建其他线段。
- 删除：删除当前选定的一个或多个墙体顶点，并删除多个墙体顶点间的墙体。

5.【编辑分段】卷展栏

实现对墙体分段的各种编辑功能。

- 断开：指定墙面中的断开。
- 分离：分离选择的墙面，并另外创建一个新的墙体模型。
- 相同图形：分离墙对象，使它们不在同一个墙对象中。
- 重新定位：分离墙面，并重新定位到原墙体模型的中心。
- 复制：勾选此复选项后将不删除原有选定的墙面，但另外创建出与选中墙面相同形状的墙体模型。
- 拆分：依据【拆分】微调器中指定的顶点数拆分墙面。
- 拆分微调器：设置拆分墙面的数量。
- 插入：插入一个或多个顶点，以创建其他墙面。
- 删除：删除当前选定的墙面。
- 优化：将顶点添加到墙面指定的位置。
- 参数：该组用于控制墙面的宽度、高度和底偏移。

6.【编辑剖面】卷展栏

实现对墙体剖面的各种编辑功能。

- 插入：插入顶点，用于调整所选墙面的轮廓。
- 删除：删除所选墙面的轮廓点。
- 创建山墙：通过将所选墙线段的顶部轮廓的中心点移至指定的高度，来创建山墙。
- 高度：指定山墙的高度。
- 栅格属性：该组用于控制栅格的宽度、长度和间距。

5.4 楼梯模型

在 3ds Max 中，系统提供了 4 种楼梯模型，分别为直线楼梯、L 型楼梯、U 型楼梯和螺旋型楼梯。

在【创建】面板的几何体类型列表中选择【楼梯】选项，进入楼梯创建面板，如图 5-36 所示，其模型效果如图 5-37 所示。

图 5-36　楼梯创建面板

图 5-37　楼梯模型效果

5.4.1　L 型楼梯

单击【L 型楼梯】按钮，可以创建带有彼此成角的两段楼梯模型。

动手做 5–5　如何创建 L 型楼梯

1 单击　L 型楼梯　按钮，在任何视口中拖动以设置第一段楼梯的长度。

2 松开鼠标左键，然后移动光标在合适位置单击以设置第二段的长度。

3 再向上移动光标到合适位置并单击鼠标左键，以约定楼梯高度，即可完成楼梯模型的创建。

楼梯创建面板由 4 个卷展栏组成，分别为【参数】、【支撑梁】、【栏杆】和【侧弦】，下面将分别详细讲解。

1.【参数】卷展栏

用来设置楼梯的类型、是否生成楼梯所需的几何体附加模型以及设置楼梯的外形大小和梯级的数量与大小，如图 5-38 所示。

● 类型：该组用来控制楼梯的类型，其中有【开放式】、【封闭式】和【落地式】3 种类型，效果如图 5-39 所示。

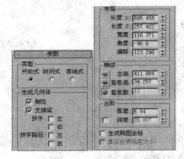

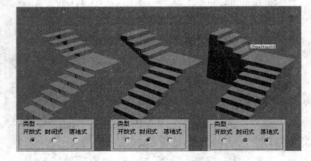

图 5-38　【参数】卷展栏　　　　　　图 5-39　不同类型楼梯的对比效果

● 生成几何体：该组用于决定是否生成楼梯所需的几何体附加模型。
  ➢ 侧弦：沿着楼梯梯级的端点创建侧弦。要修改侧弦的深度、宽度、偏移和弹簧，需要使用【侧弦】卷展栏进行控制。
  ➢ 支撑梁：在梯级下端创建一个或多个倾斜的切口梁。若要修改支撑梁，需要控制【支撑梁】卷展栏中的各种参数。
  ➢ 扶手：创建左扶手和右扶手。要修改扶手的高度、偏移、分段数和半径，需要打开【栏杆】卷展栏进行控制。
  ➢ 扶手路径：创建楼梯上用于安装扶手的左、右路径。
● 布局：该组单独控制每段楼梯的长度及两个楼梯间的角度等参数。
  ➢ 长度 1：用来控制第一段楼梯的长度。
  ➢ 长度 2：用来控制第二段楼梯的长度。
  ➢ 宽度：用于控制楼梯的宽度，包括台阶和平台。
  ➢ 角度：用于控制平台与第二段楼梯的角度。
  ➢ 偏移：控制平台与第二段楼梯的距离。
● 梯级：该组以不同的方式决定梯级的数量。

> ➤ 总高：以楼梯段的高度控制梯级数量。
> ➤ 竖板高：以梯级竖板的高度控制梯级数量。
> ➤ 竖板数：直接控制梯级竖板数。

2.【支撑梁】卷展栏

如图 5-40 所示，用于控制支撑梁的各个参数。只有在【参数】卷展栏→【生成几何体】组上启用【支撑梁】时，此参数卷展栏才处于可用状态。

● 深度：用于控制支撑梁离地面的深度。
● 宽度：用于控制支撑梁的宽度。
● ⬚（支撑梁间距）按钮：设置支撑梁的数量及间距。单击此按钮时，将会显示【支撑梁间距】对话框。使用【计数】指定所需的支撑梁数。
● 从地面开始：控制支撑梁是否从地面开始，效果如图 5-41 所示。

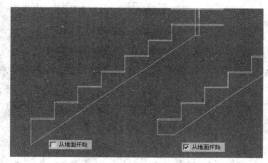

图 5-40　【支撑梁】卷展栏　　　　　　图 5-41　【从地面开始】复选框的作用

3.【栏杆】卷展栏

如图 5-42 所示，用于控制栏杆的各个参数。只有在【参数】卷展栏→【生成几何体】组中启用【扶手】或【栏杆路径】时，此卷展栏中参数才处于可用状态。

● 高度：用于控制栏杆离台阶的高度。
● 偏移：用于控制栏杆离台阶端点的偏移。
● 分段：用于指定栏杆中的分段数目。值越高，栏杆显示得越平滑。

图 5-42　【栏杆】卷展栏

● 半径：用于控制栏杆的厚度。

4.【侧弦】卷展栏

如图 5-43 所示，用于控制楼梯侧弦的各个参数。只有在【参数】卷展栏→【生成几何体】上启用【侧弦】时，此卷展栏参数才处于可用状态。

图 5-43　【侧弦】卷展栏

5.4.2　U 型楼梯

【U 型楼梯】可以用来创建一个两段的楼梯，并且这两段楼梯彼此平行。

🖉动手做 5-6　如何创建 U 型楼梯

1　单击  U 型楼梯 按钮，在任意视图中按住鼠标左键拖曳，用于确定楼梯长度。

2 释放鼠标后移动光标到适当位置单击鼠标左建，用于指定楼梯宽度。

3 继续上下移动光标，到合适位置单击鼠标左键确定楼梯高度，即可完成楼梯的创建过程。

【U型楼梯】的参数设置如图 5-44 所示。其模型效果如图 5-45 所示。

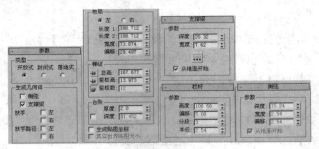

图 5-44　U 型楼梯的所有参数卷展栏

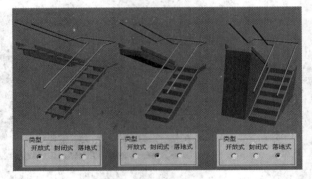

图 5-45　U 型楼梯模型效果

U 型楼梯的所有参数卷展栏与 L 型楼梯的参数含义相同，参照 L 型楼梯进行学习，在此不进行详细讲解。

5.4.3　直线楼梯

【直线楼梯】用于创建简单的楼梯模型。

动手做 5-7　如何创建直线楼梯

1 单击 直线楼梯 按钮，在任意视图中按住鼠标左键拖曳，确定楼梯长度。

2 释放鼠标左键后继续移动光标，在适当位置单击鼠标左键以确定楼梯宽度。

3 继续上下移动光标，在合适高度时再次单击鼠标左键即可完成楼梯模型的创建。

其参数卷展栏与 U 型楼梯的参数相同，模型效果如图 5-46 所示。

图 5-46　直线楼梯模型效果

5.4.4 螺旋楼梯

【螺旋楼梯】与其他 3 种楼梯相比，在创建过程上相对简单。但在参数卷展栏中要比其他 3 种楼梯多几项参数。其参数卷展栏如图 5-47 所示。

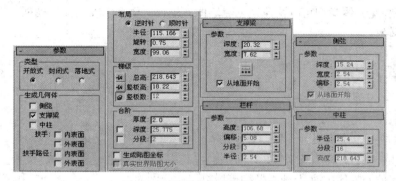

图 5-47 螺旋楼梯卷展栏参数

动手做 5—8 如何创建螺旋楼梯

1 单击 螺旋楼梯 按钮，在任意视图中按住鼠标左键拖曳，确定楼梯半径。

2 松开鼠标左键后继续在视图中移动光标，在适当位置单击鼠标左键，以确定楼梯高度，即可完成螺旋楼梯的创建过程。

由于【支撑梁】、【栏杆】和【侧弦】卷展栏和【L 型楼梯】中的对应参数相同，在此仅详细讲解【参数】、【布局】卷展栏的部分参数和【中柱】卷展栏中的参数。

1.【生成几何体】选项组

- 中柱：此选项决定是否在螺旋楼梯中创建一个圆柱体的中柱模型，如图 5-48 所示。
- 扶手：用于控制在螺旋楼梯两侧是否显示扶手模型。

2.【布局】参数组

用于控制螺旋楼梯的旋转方向、半径大小、旋转数量和楼梯宽度。

- 顺时针：勾选此选项后螺旋楼梯面向楼梯的右手端，如图 5-49 所示。
- 逆时针：勾选此选项后螺旋楼梯面向楼梯的左手端，如图 5-50 所示。
- 旋转：用于控制楼梯的螺旋圈数。

图 5-48 显示中柱   图 5-49 顺时针   图 5-50 逆时针

3.【中柱】卷展栏

【中柱】卷展栏中的参数用于控制楼梯中柱的半径、分段数和高度。当勾选【高度】复选框时，可以自由设置中柱的高度，否则中柱高度由楼梯高度决定。

5.5　本章小结

本章对建筑专用模型进行了讲解，包括门、窗、AEC 扩展几何体和楼梯。在制作室内外效果图时使用这些几何体类型可以快速地创建墙体、植物、楼梯以及门窗等模型，从而使复杂的建模工作变得轻松。

5.6　本章习题

1. 填空题

（1）门模型中一共收集了 3 种，分别是：_____、_____和_____。

（2）窗模型一共有 6 种，分别为_____、_____、_____、_____、_____和_____。

（3）ACE 扩展物体中有 3 种类型的扩展物体，分别为_____、_____和_____，用以完成建筑室内外效果图中的景观模型。

（4）在 3ds Max 中，系统提供了 4 种楼梯模型，分别为_____、_____、_____和_____。

2. 判断题（正确√，错误×）

（1）3ds Max 中创建的植物类型中，部分植物最多可以包括：根、树干、树枝、树叶、花和果实。　　　　　　　　　　　　　　　　　　　　　　　　（　　）

（2）植物的树冠模式可以加快场景显示刷新，同样可以加快最终渲染的速度。　（　　）

3. 选择题

（1）在楼梯创建命令面板中可以创建中柱的楼梯为（　　　）。

　　　A）L 型楼梯　　　　　B）U 型楼梯　　　　　C）直线楼梯　　　　　D）螺旋楼梯

（2）下列几何体中属于 AEC 扩展几何体的有（　　　）。

　　　A）栏杆　　　　　　　B）植物　　　　　　　C）墙　　　　　　　　D）楼梯

（3）【楼梯】创建面板由 4 个卷展栏组成，下列不属于楼梯创建面板的是（　　　）。

　　　A）【创建参数】　　B）【支撑梁】　　　　C）【栏杆】　　　　　D）【侧弦】

（4）下列选项中 3ds Max 中不存在的窗口是（　　　）。

　　　A）遮篷式窗　　　　B）平开窗　　　　　　C）天窗　　　　　　　D）旋开窗

4. 操作题

（1）创建和调试门模型。

（2）创建和调试窗模型。

（3）创建和调试 AEC 扩展模型。

（4）创建和调试楼梯模型。

第6章 图 形

教学目标

掌握图形的创建、编辑及修改方法。可以灵活绘制所需的图形效果

教学重点与难点

➤ 样条线的创建和修改方法
➤ Nurbs 曲线的绘制方法
➤ 扩展样条线的绘制方法

6.1 样条线

在场景制作时，经常使用样条线绘工具制二维曲线。例如，建模中，许多复杂的几何体使用几何体创建工具很难将其创建得十分完美，这时需要使用曲线绘制基础图形，然后使用各种命令将其修改为三维实体。动画中，经常需要绘制各种各样的路径曲线来制作路径约束动画。还可以将图形直接渲染成三维实体。

在样条线创建面板中提供了许多图形的绘制工具。包括线、矩形、圆、椭圆、弧、圆环、多边形、星形、文本、螺旋线和截面。要使用这些图形绘制工具，需要打开 创建面板→ 图形创建面板→【样条线】，如图 6-1 所示。其样条线效果如图 6-2 所示。

图 6-1　样条线创建面板　　　　图 6-2　各种样条线模型效果

6.1.1 线

单击 [　　线　　] 按钮，可以在任意视图绘制任意形状的图形。图形包括封闭或开放的直线或曲线图形。

线的绘制方法十分简单，下面以 3 种形状的 4 种绘制方法为例，学习线的绘制。

动手做 6-1　如何绘制直线段图形

1 单击图形创建面板中的 [　　线　　] 按钮，在任意视图的适当位置单击鼠标左键，确定直线段图形起点。

2 移动光标，在起点与光标之间显示一条直线，然后在合适位置单击鼠标左键，确定第二个顶点。

3 使用同样方法绘制直线段图形的其他顶点，绘制完成后，单击鼠标右键完成创建直线段图形。绘制流程如图 6-3 所示。

图 6-3　直线段图形绘制流程图

在绘制直线段图形时，按住键盘"Shift"键移动光标，光标只能在水平或垂直方向移动，以便精确绘制水平线或垂直线。

动手做 6-2　如何绘制曲线段图形

1 单击图形创建面板中的 线 按钮，在任意视图的适当位置单击鼠标左键，确定直线段图形起点。

2 移动光标到合适位置，单击鼠标左键并拖动光标以绘制曲线线段。

3 以同样方法拖动绘制其他曲线线段。在绘制完毕后，单击鼠标右键完成绘制操作。其绘制流程如图 6-4 所示。

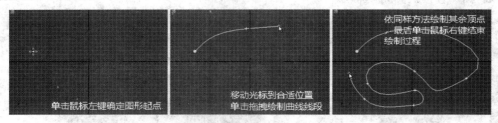

图 6-4　曲线段图形绘制流程图

动手做 6-3　如何绘制封闭图形

1 单击图形创建面板中的 线 按钮，在任意视图的适当位置单击鼠标左键，确定直线段图形起点。

2 使用绘制直线段的方法和绘制曲线段的方法绘制其余顶点。

3 在绘制完成时，光标移动到起点位置单击鼠标左键，这时会打开是否封闭曲线的提示，单击【是】按钮，封闭曲线完成绘制。绘制封闭曲线的流程如图 6-5 所示。

图 6-5　封闭图形绘制流程图

动手做 6-4　如何使用键盘输入精确绘制图形

用户可以使用鼠标绘制曲线，也可以使用【线】工具的【键盘输入】卷展栏来绘制封闭或开放的图形。

1 单击 线 按钮，在【键盘输入】卷展栏中输入图形的起点坐标值。

2 单击 添加点 按钮，确定图形起点。

3 输入图形第二个顶点的坐标值和其他各点的坐标值，单击 添加点 按钮。

4 单击 关闭 按钮，使图形的首尾点相接形成封闭的图形。

5 单击 完成 按钮，创建一幅开放的图形。

【线】的绘制方法视频讲解在配套光盘\视频教学\第 6 章\线.avi 文件中。

6.1.2　【线】创建面板

单击图形创建面板中的 线 按钮，会打开【线】的各种卷展栏。其中包括：【渲染】、【插值】、【创建方法】和【键盘输入】4 个卷展栏。

1.【渲染】卷展栏

如图 6-6 所示，该卷展栏用于决定曲线的可渲染属性以及渲染的厚度、边数和角度等。

● 在渲染器启用：勾选此复选框后，图形将可渲染出三维实体效果。其效果为设置的【径向】或【矩形】的网格模型。

● 在视口中启用：勾选此复选框后，图形将在场景中显示三维实体效果。其效果为设置的【径向】或【矩形】的网格模型，如图 6-7 所示。

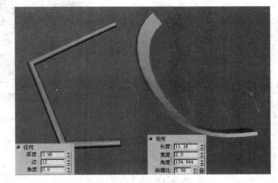

图 6-6　【渲染】卷展栏　　　　　　图 6-7　图形的实体化效果

● 使用视口设置：用于为场景显示和最终渲染设置不同的显示效果。只有勾选【在视口中启用】时，此选项才可用。

● 生成贴图坐标：勾选此项可应用贴图坐标。

● 视口：当勾选【在视口中启用】时，它将选择显示和调节视口中图形指定的【径向】或【矩形】参数。

● 渲染：当勾选【在视口中启用】时，它将选择显示和调节最终渲染图形指定的【径向】或【矩形】参数。

● 径向：将图形显示为圆柱体模型。

● 厚度：指定视口或渲染样条线网格的直径，其参数不同时的效果如图 6-8 所示。

● 边：在视口或渲染器中为样条线的网格模型设置边数。

- 角度：调整视口或最终渲染的横截面旋转角度。
- 矩形：使样条线产生三维实体的横截面为矩形。
- 长度：指定矩形横截面长度尺寸。
- 宽度：指定矩形横截面宽度尺寸。

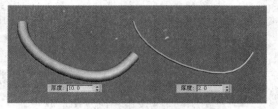

图 6-8　不同厚度数值产生的不同效果

- 角度：调整视口或最终渲染的横截面旋转角度。当调整此参数时，会产生矩形线的扭曲效果。
- 纵横比：设置矩形横截面的纵横比。
- 自动平滑：如果勾选【自动平滑】复选框，实体模型将依据【阈值】中设置的角度对实体模型进行光滑处理。
- 阈值：如果两个相接几何面之间的角度小于阈值角度，则这两个相接的几何面使用同一个平滑 ID，使其产生平滑的效果。

2.【插值】卷展栏

如图 6-9 所示，主要用于控制曲线的精细程度。其中【步数】越大，精细程度也越高。在图形中的【步数】概念，相当于几何体中片段数的概念。

- 步数：设置两个相邻顶点之间所包含的直线段的个数。段数越多曲线越平滑，效果如图6-10 所示。

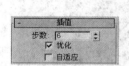

图 6-9　【插值】卷展栏

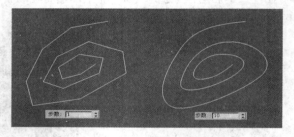

图 6-10　不同步数时的曲线效果

- 优化：勾选此复选框后，系统将检测多余的步数，然后对这些多余的步数进行删除操作，以优化图形的复杂程度。
- 自适应：勾选此选项后，系统将按照曲线的曲率对图形进行优化处理，在平缓的曲率上使用较少的步数，在曲率较大的曲线部分使用细密的步数划分。这样可以使用相对最少的步数来产生最佳的曲线平滑效果。当勾选【自适应】复选框后，【步数】将不可手动控制。

3.【创建方法】卷展栏

如图 6-11 所示，在线的绘制过程中有两种鼠标操作，一种是单击创建顶点，一种是拖曳创建顶点。使用此卷展栏用于控制这两种鼠标操作所创建的顶点类型。

- 初始类型：该组控制单击创建顶点方式产生的顶点类型。
  - 角：产生一个尖端的顶点。在顶点的两边都是线性方式。

图 6-11　【创建方法】卷展栏

> 平滑：产生一个平滑的顶点，此顶点不可调整曲线曲率。平滑方式的顶点由两点间的距离来控制曲率。
- 拖动类型：该组控制拖动参数顶点时所创建顶点的类型。
  > Bezier：产生一个平滑的顶点，此顶点可手动调整曲线。通过在每个顶点控制滑杆来设置曲率和曲线方向。

4.【键盘输入】卷展栏

如图 6-12 所示，使用键盘输入的方式精确创建图形。

- X、Y、Z：用于精确输入场景的空间坐标。
- 添加点：当在【X】、【Y】、【Z】文本框中输入正确的空间坐标后，单击【添加点】按钮，可以在这个空间位置创建一个顶点。

图 6-12　【键盘输入】卷展栏

- 关闭：完成创建后，单击【关闭】按钮，会将首尾顶点进行中间连线，使其成为封闭的图形。
- 完成：当完成创建后，单击【完成】按钮将依当前形状完成图形的绘制。

6.1.3　【线】编辑面板

当完成图形的绘制后，在图形选中的状态下单击 ✐ 进入编辑面板，用户可以发现【线】的编辑面板与创建面板中的卷展栏有所不同。其中多了许多新的卷展栏，并去除了【创建方法】和【键盘输入】卷展栏。

线的编辑面板中有 3 个子级别，分别为【顶点】、【线段】和【样条线】。其中【顶点】级别是样条线上的关键控制点，决定了位置信息和切线方向，从而控制线段的形状。【线段】级别是连接两个临近点之间的连接线，【样条线】级别是一条封闭或开放的相连线段组合。效果如图 6-13 所示。

图 6-13　样条线子对象修改级别

1. 顶点级别

【顶点】是样条线的子修改级别，是构成样条线的最基本元素。通过调整顶点的位置及顶点两侧线段的切线方向，可以对样条线进行形态的编辑。

【顶点】级别的视频讲解在配套光盘\视频教学\第 6 章\顶点级别.avi 文件中。

（1）移动顶点位置和更改顶点类型

下面通过学习移动顶点位置和更改顶点类型来编辑样条线的形状，并且详细讲解不同顶点类型的作用。

动手做 6-5　如何移动顶点位置和更改顶点类型

1 单击图形按钮 ⚲ ，进入图形创建命令面板。

2 单击图形创建命令面板中的 ⬚⬚⬚线⬚⬚⬚ 按钮，在顶视图中绘制一个三角形。

3 单击修改面板按钮 ✐，进入线的修改命令面板。

4 在修改器堆栈中，选择【顶点】级别，如图 6-14 所示。选中三角形中需要移动的顶点，如图 6-15 所示。

5 使用工具栏中【选择并移动】工具 ✛，移动当前顶点，即可改变图形的形状，如图 6-16 所示。

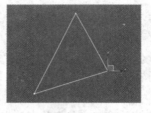

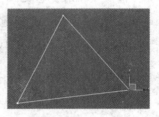

图 6-14　顶点级别　　　　图 6-15　选中要移动的顶点　　　　图 6-16　移动当前顶点

3ds Max 中顶点类型一共有 4 种，分别为【Bezier】（贝塞尔）、【Bezier 角点】（贝塞尔角点）、【角度】和【平滑】。更改顶点类型的方法如下：在样条线上选中要更改类型的顶点，然后右键单击鼠标，打开四元菜单。在四元菜单中选择所需的顶点类型，如图 6-17 所示。

● Bezier（贝塞尔）：选择贝塞尔类型后，在顶点的两端会出现一根控制杆，按住控制杆两端的绿色方框进行拖曳，可以改变控制杆的方向和长度，从而改变曲线的形状和曲率。其效果如图 6-18 所示。

● Bezier 角点（贝塞尔角点）：贝塞尔角点类型也是通过调整顶点两端控制杆的方向及长度来控制样条线的外形。但不同的是，调整贝塞尔类型两边任意控制杆时，另外一根控制杆也随之变化，而调整贝塞尔角点的控制杆时，仅影响当前控制杆的方向及长度。其效果如图 6-19 所示。

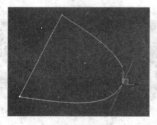

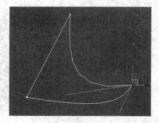

图 6-17　四元菜单　　　　图 6-18　贝塞尔类型效果　　　　图 6-19　贝塞尔角点类型效果

● 角点：选中角点类型后，顶点两端的曲线以直线方式连接

● 平滑：选择平滑方式后，当前点所控制的样条线曲率由系统自行控制。它的曲率依据另外两边的顶点位置而产生不同的曲率效果。

（2）连接操作、插入顶点和圆角处理

下面对常用顶点编辑工具进行讲解，介绍如何连接开放的样条线，以及插入顶点和圆角化处理的方法。

動手做 6-6　如何连接操作插入顶点和圆角处理

1 单击图形创建命令面板中的【线】按钮，通过前面所学的方法绘制一条开放的样条线，如图 6-20 所示。

2 进入修改命令面板，进入【顶点】级别。

3 单击【几何体】卷展栏中的 ▢连接▢ 按钮，再单击要连接的第一个顶点并拖曳到要连接的第二个顶点上松开鼠标，即可完成连接操作，效果如图 6-21 所示。

4 单击【几何体】卷展栏中的 ▢插入▢ 按钮，在刚刚连接的曲线上适当位置单击鼠标左键，效果如图 6-22 所示。

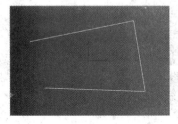　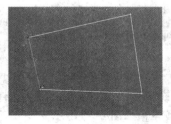　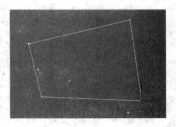

图 6-20　绘制开放的样条线　　　图 6-21　连接开放的两个顶点　　　图 6-22　单击插入顶点位置

5 当单击【插入】后，需要定位插入点的放置位置。向左移动光标至合适位置再次单击鼠标左键完成插入操作，如图 6-23 所示。

6 回到【顶点】级别，选中要圆角化处理的顶点，如图 6-24 所示。

 可以同时选中多个顶点对其进行圆角化处理。

7 单击【几何体】卷展栏中的 ▢圆角▢ 按钮，将光标移动到选中的顶点上，单击左键拖动，完成圆角化处理，效果如图 6-25 所示。

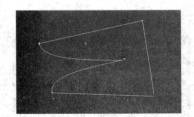　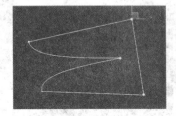　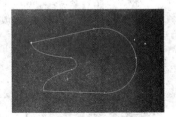

图 6-23　放置插入点位置　　　　图 6-24　选中顶点　　　　图 6-25　圆角处理

2. 线段级别

【线段】是样条线的子修改级别或次物体级别。通过调整线段的位置可以改变样条线的形状，并且可以使用线段的编辑工具对样条线进行修改编辑。下面以实例的方式讲解线段的移动、缩放和旋转，并且讲解常用线段编辑工具的使用方法。

线段级别的视频讲解在配套光盘\视频教学\第 6 章\线段级别.avi 文件中。

动手做 6-7　如何移动、缩放和旋转线段

1 单击图形创建面板中的 ▢线▢ 按钮，在顶视图中绘制一条封闭并具有 5 个顶点的样条线。

2 单击修改面板按钮 ✎，在修改器堆栈中选择【线段】级别，如图 6-26 所示。

3 选中顶视图中要编辑的线段，如图 6-27 所示。

4 使用【选择并移动】工具对这个线段进行移动操作，效果如图 6-28 所示。

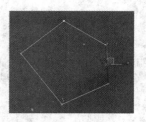

图 6-26　线段级别　　　　　　图 6-27　选中要移动的线段　　　　　图 6-28　使用移动工具编辑

5 打开修改面板中的【几何体】卷展栏，单击 断开 按钮，并在样条线中单击要断开的第一个位置后，将在单击过的位置产生两个重合的顶点，如图 6-29 所示。

6 继续单击样条线第 2 个要断开的位置，如图 6-30 所示。然后选择视图中 4 个断点之间的线段，再单击【几何体】卷展栏中 删除 按钮，将其从样条线中删除。

7 选中样条线中其中 3 根线段，如图 6-31 所示。

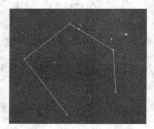

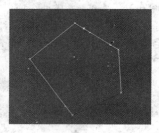

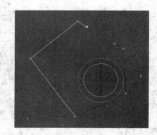

图 6-29　单击断开的位置　　　　图 6-30　单击第 2 个断开位置　　　　图 6-31　选择线段

8 使用【选择并旋转】工具对其进行旋转操作，如图 6-32 所示。

9 选择样条线中需要缩放的 4 根线段，如图 6-33 所示。

10 使用【选择并缩放】工具对其进行放大操作，如图 6-34 所示。

图 6-32　旋转选择线段　　　　图 6-33　选中要缩放的线段　　　　　图 6-34　缩放线段

11 选择样条线中最长的线段，如图 6-35 所示。将【几何体】卷展栏中【拆分】按钮右侧的参数设置为 6，然后单击 拆分 按钮，将当前线段中加入 6 个顶点，如图 6-36 所示。

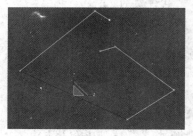

图 6-35　选中要拆分的线段　　　　　　　图 6-36　拆分线段效果

3. 样条线级别

【样条线】子级别具有许多非常实用的编辑功能，在样条线次物体级别中可以对样条线实现轮廓、镜像、布尔、修剪和延伸等命令操作。

样条线级别的视频讲解见配套光盘\视频教学\第 6 章\样条线级别.avi 文件。

动手做 6-8　如何进行轮廓、镜像操作

1 单击图形创建面板中的　　　线　　　按钮，在顶视图中绘制一条封闭并具有 5 个顶点的样条线。

2 单击修改面板按钮，在修改器堆栈中选择【样条线】级别。

3 选中绘制的样条线，打开【几何体】卷展栏并单击　轮廓　按钮，然后将光标移动至选择的样条线上，如图 6-37 所示。

4 当显示出创建轮廓线的光标时，单击左键拖曳形成轮廓线效果，如图 6-38 所示。

　　　图 6-37　选中要编辑的样条线　　　　　图 6-38　按住鼠标左键拖曳形成轮廓线

 也可以在　轮廓　按钮右侧的微调器中输入精确的轮廓数值来形成轮廓线，如图 6-39 所示。当勾选微调器下方的【中心】复选框后，创建的轮廓线将以当前样条线为中心向两边延伸。

5 选择当前样条线，可以使用【镜像】工具对当前样条线进行镜像处理。镜像工具在【几何体】卷展栏中，如图 6-40 所示。

　　图 6-39　轮廓附加参数　　　　　　图 6-40　【镜像】工具组

其中系统提供了 3 种镜像方式，分别为（水平镜像）、（垂直镜像）和（双向镜像）。

镜像方法：首先在视图中选中要镜像的样条线，并在【几何体】卷展栏中　镜像　按钮右侧单击其中需要的一种镜像方式，然后单击　镜像　按钮，即可完成镜像操作。选择不同的镜像方式后的样条线效果如图 6-41 所示。

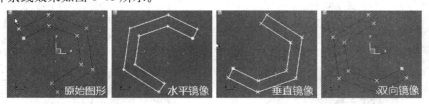

图 6-41　选择不同镜像方式后的样条线效果

在镜像工具组中还有【复制】和【以轴为中心】两个复选框。勾选【复制】选项，将保持原有的图形，镜像复制出另外一根样条线；勾选【以轴为中心】后，将以样条线的坐标轴为镜像的中心位置。如果不勾选【以轴为中心】，系统将以样条线的中心为镜像中心。

动手做 6-9   如何进行布尔操作

1 单击 [　　线　　] 按钮，在顶视图中绘制不同形状的两个封闭图形，并且使两个图形重叠。

2 选择其中一个图形，打开此图形的编辑面板，在【几何体】卷展栏中单击 [　附加　] 按钮，并将光标移动至另一个图形上单击左键，将两个图形附加为一个图形。

3 在修改面板中选择此图形的【样条线】级别，可以看到其中有布尔运算的工具组 [布尔 | ⊘ ◈ ◈]。

系统提供了 3 种布尔运算方式，分别为 ⊘（并集）、◈（差集）和 ◈（交集）。

布尔运算方法：首先在视图中选择一条样条线，并在 [　布尔　] 按钮右侧选择其中需要的运算方式，然后单击 [　布尔　] 按钮，在视图中单击需要运算的另外一条样条线即可。使用不同布尔运算产生的运算结果如图 6-42 所示。

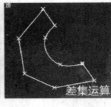

图 6-42   不同运算方式得出的不同结果

动手做 6-10   如何进行修剪和延伸操作

1 任意绘制几个封闭或开放的图形，并将它们重叠放置。使用【附加】命令将绘制的所有图形附加为一个图形，效果如图 6-43 所示。

2 打开修改面板并选择【样条线】级别。

3 单击【几何体】卷展栏中的 [　修剪　] 按钮，然后单击图形中无用的交叉线，会将这些交叉线从图形中删除。

4 在将所有不需要的交叉线修剪掉后，单击【几何体】卷展栏中的 [　延伸　] 按钮，再单击图中要延伸的线段，如图 6-44 所示。最后完成图形中所有要延伸的线段，效果如图 6-45 所示。

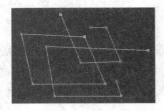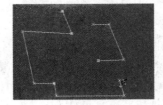

图 6-43   绘制的样条线效果　　　　　　　图 6-44   单击需要延伸的线段

5 在延伸操作后视图中又出现两条多余的线段，继续使用 [　修剪　] 按钮可以将其修剪掉，效果如图 6-46 所示。

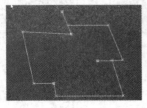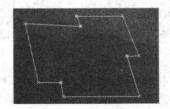

图 6-45   延伸后的图形效果　　　　　　　图 6-46   使用修剪和延伸操作后的效果

6.1.4　矩形

利用工具可以绘制各种矩形、正方形和圆角矩形，其效果如图 6-47 所示。当单击按钮后，其参数卷展栏，如图 6-48 所示。

图 6-47　创建的矩形图形　　　　　图 6-48　【参数】卷展栏

- 长度和宽度：分别用于设置矩形的长度和宽度。
- 角半径：用于设置矩形的圆角半径大小，调节此参数可以创建出圆角矩形。

创建方法：单击图形创建命令面板中的 矩形 按钮，在任意视图中按住鼠标左键拖曳，释放鼠标后即可创建一个矩形。创建矩形时，按住键盘中的"Ctrl"键拖曳鼠标可以创建出正方形。

6.1.5　圆

单击图形创建命令面板中的 圆 按钮，然后在视图中单击拖曳可以创建一个标准的圆形，其效果如图 6-49 所示。

在圆形的参数卷展栏中仅有一个【半径】参数，如图 6-50 所示。

图 6-49　圆形　　　　　　　　图 6-50　【参数】卷展栏

6.1.6　椭圆

单击图形创建面板中的 椭圆 按钮，然后在任意视图中拖曳鼠标，可以创建各种比例关系的椭圆，其效果如图 6-51 所示。【参数】卷展栏如图 6-52 所示。

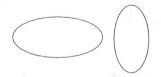

图 6-51　椭圆图形　　　　　　　图 6-52　【参数】卷展栏

在椭圆的【参数】卷展栏中有两个参数，分别为【长度】和宽度，用于控制椭圆两个方向上的长度和宽度。

6.1.7　弧

单击图形创建命令面板中的 弧 按钮，可以绘制弧形，如图 6-53 所示。当单击 弧 按钮后，在创建命令面板中有两个比较重要的卷展栏，包括【创建方法】和【参数】卷展栏，如图 6-54 所示。

图 6-53　弧形图形　　　　　　　　图 6-54　【参数】卷展栏

动手做 6-11　如何创建弧

1 单击 弧 按钮，在任意视图中按住鼠标左键拖曳，拖曳到适当位置后松开鼠标左键，确定弧形的两个端点。

2 继续上下移动光标，在合适位置单击鼠标左键完成创建操作。

1.【创建方法】卷展栏

● 端点—端点—中央：选择此选项后创建弧形时先要拖曳出一条直线，以确定两个端点的位置，然后再移动光标在合适位置以创建弧形。

● 中间—端点—端点：选择此选项后创建弧形时要先拖曳出弧形的半径，然后移动光标并在适当位置单击，指定弧形的弧长。

2.【参数】卷展栏

● 半径：用于设置圆弧的半径大小。

● 从、到：用于设置圆弧的起点角度和终点角度。

● 饼形切片：勾选此选项后将由圆心引出两条半径，分别连接圆弧的起点和终点，形成封闭的扇形，效果如图 6-55 所示。

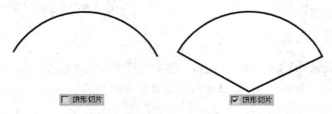

　　　　　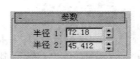

图 6-55　勾选【饼形切片】的前后对比

6.1.8　圆环

单击图形创建面板中的 圆环 按钮，可以创建形状为内外两个圆形的圆环图形，如图 6-56 所示。单击 圆环 按钮后，在创建命令面板中出现圆环的【参数】卷展栏，如图 6-57 所示。

图 6-56　圆环图形　　　　　　　　图 6-57　【参数】卷展栏

【参数】卷展栏仅有两个参数，分别控制两个圆形的半径大小。

6.1.9 多边形

单击 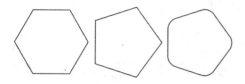 多边形 按钮，可以创建最多为100条边的正多边形、圆角多边形或圆形，如图6-58所示。单击 多边形 按钮，其【参数】卷展栏如图6-59所示。

图 6-58 多边形图形

图 6-59 【参数】卷展栏

- 半径：依据【内接】或【外接】控制多边形的半径尺寸。
- 内接、外接：用来决定【半径】大小是依据外切半径或是内切半径。选择【内接】选项，多边形内切于圆形，【半径】值为外接圆半径；选择【外接】选项，多边形外切于圆形，【半径】值为内切圆半径。选择【内接】和【外接】选项时绘制的多边形如图6-60所示。

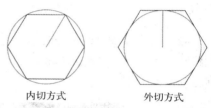

内切方式 外切方式

图 6-60 使用内切方式和外切方式的图形效果

- 边数：用于设置多边形的边数。最大值为100，最小值为3。
- 角半径：用于设置两边之间角的圆角半径大小。
- 圆形：当勾选此选项后将强制多边形为圆形，其圆形中的顶点数为多边形的边数。

6.1.10 星形

单击 星形 按钮，可以创建各种星形，其效果如图6-61所示。当单击 星形 按钮后，其参数卷展栏，如图6-62所示。

图 6-61 星形图形

图 6-62 【参数】卷展栏

动手做 6-12 如何创建星形

1 单击图形创建命令面板中的 星形 按钮，在任意视图中按住鼠标左键拖曳，当拖曳到适当位置时松开鼠标左键，确定星形的半径1。

2 继续移动光标并在合适位置单击鼠标左键，以完成半径2的尺寸，即可完成星形的绘制过程。

- 半径1、半径2：用于设置产生星形的两个半径尺寸。
- 点：用于设置星形的星角数量，其最大值为100，最小值为3。
- 扭曲：用于设置星形尖角的扭曲程度。通过设置此选项，可以创建各种具有扭曲效果的星形图形，如图6-63所示。

● 圆角半径1、圆角半径2：分别用于设置尖角的内部圆角半径和外部圆角半径。设置不同圆角半径时的星形图形，如图6-64所示。

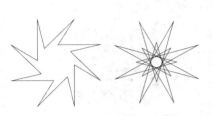

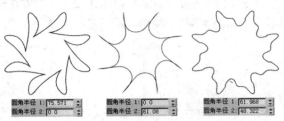

图 6-63　扭曲角度分别为38和180的效果　　　　图 6-64　设置不同圆角半径时的星形图形

6.1.11　文本

单击 文本 按钮，可以在视图中创建文字图形，并可以设置文字的字体、大小、内容、间距及对齐方式等参数。创建的文字效果，如图6-65所示。单击 文本 按钮后，其参数卷展栏如图6-66所示。

图 6-65　文字图形　　　　　　　　　图 6-66　参数卷展栏

动手做6-13　如何创建文本

1 单击图形创建命令面板中的 文本 按钮，在【参数】卷展栏中的文本输入窗口中输入需要创建的文字。

2 在视图中要放置文本的位置单击鼠标左键，即可在指定位置创建文字图形。

> **TIPS▶** 在创建文字图形时，建议首先将【插值】卷展栏中的【步数】设置为"0"，然后再创建文字图形。在创建完图形后，根据实际需要再增加步数。因为很多字体在创建图形时自动生成数量巨多的图形顶点。所以如果使用默认"6"时，在硬件设备性能较弱的计算机上会容易出现死机或计算机假死状态。

● 微软雅黑 Bold ▼（字体下拉列表）：单击此下拉列表后会弹出系统中存在的所有字体，用户可以从中选择需要的字体来完成图形的创建。

● *I*（斜体）、U（下划线）按钮：单击*I*（斜体）按钮，可以将当前文字设置为倾斜的字体效果；单击U（下划线）按钮，可以在创建的文字图形下方添加下划线图形。斜体文字与下划线文字效果如图6-67所示。

图 6-67　斜体文字与下划线文字效果

- ▤（左对齐）、▤（居中）、▤（右对齐）、▤（两端对其）按钮：在输入段落时，这 4
  个按钮用于控制段落文字的对齐方式。当选择不同对齐方式时，创建的文字图形如图
  6-68 所示。

3dsmax9 3dsmax9 3dsmax9 3dsmax9
文字　　　文字　　　文字 文 　　字
左对齐 居中对齐 右对齐 两端对齐

图 6-68　不同的段落对齐方式效果

- 大小：设置文字图形的大小尺寸。
- 字间距：设置同一行文字中相邻文字间的距离。
- 行间距：设置段落文字中相邻两行文字之间的距离。
- 文本输入框：用于输入要创建的文字。
- ▤ 更新 ▤按钮：系统默认每次修改文字时自动更新视图中的文本图形，当选中【手动更
  新】选项时，每次修改文字后都需要手动单击 更新 按钮，才可以更新文字的最后编
  辑效果。

6.1.12　螺旋线

单击 螺旋线 按钮，可以在二维平面或三维空间中创建螺旋线图形，其效果如图 6-69 所
示。单击 螺旋线 按钮后，其【参数】卷展栏，如图 6-70 所示。

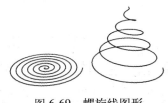

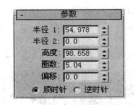

图 6-69　螺旋线图形　　　　　　　　图 6-70　【参数】卷展栏

动手做 6—14　如何创建螺旋线

1 单击图形创建命令面板中的 螺旋线 按钮，在任意视图中按住鼠标左键拖曳，当拖曳
到合适位置时释放鼠标，以确认半径 1 参数。

2 继续移动光标在适当位置单击鼠标左键，确认螺旋线的高度。

3 移动光标并在合适位置单击鼠标左键，以确认半径 2 的参数，即可完成螺旋线的创建
过程。

- 半径 1、半径 2：分别用于设置螺旋线的两个半径大小。
- 圈数：用于设置螺旋线旋转圈数。
- 偏移：用于控制螺旋线在某一端累积的圈数。
- 顺时针、逆时针：设置螺旋线按顺时针方向旋转还是按逆时针方向旋转。

6.1.13　截面

单击 截面 按钮，可以从三维模型上截取特殊的二维图形。要使用截面创建图形，首
先要创建一个三维模型，并创建一个截面图标与三维模型相交。然后单击【截面参数】卷展栏

中的 ▭创建图形▭ 按钮，弹出【命名截面图形】对话框，用于对新创建的截面图形输入合适的名称。单击 ▭确定▭ 按钮即可完成截面图形的创建。

🖐️动手做 6–15   如何创建截面线

1 在透视图中创建一个茶壶模型，作为被截取图形的三维物体。

2 单击图形创建命令面板中的 ▭截面▭ 按钮，在前视图中拖曳出截面图形的图标。

3 使用【选择并移动】工具将图标移动至茶壶物体上，如图 6-71 所示。

4 选中视图中截面工具图标，打开修改命令面板，在【截面参数】卷展栏中单击 ▭创建图形▭ 按钮，弹出【命名截面图形】对话框，如图 6-72 所示。为将要创建的图形命名，然后单击对话框中的 ▭确定▭ 按钮，完成图形创建。其图形效果如图 6-73 所示。

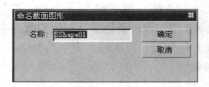

图 6-71   茶壶与截面工具的相对位置　　　图 6-72   【命名截面图形】对话框

5 当创建完成截面图形后可以选择视图中截面图标，然后按键盘上的"Delete"键对其进行删除操作。

在截面工具的编辑面板中有两个卷展栏比较重要，分别为【截面参数】和【截面大小】，如图 6-74 所示。

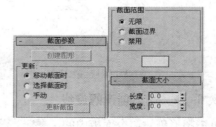

图 6-73   茶壶物体的截面图形效果　　　　图 6-74   截面参数

【截面参数】卷展栏主要用于控制截面图标的影响范围、更新方式和截面线的预览颜色，【截面大小】卷展栏主要用于设置截面图标的显示大小。

● 创建图形：当调整好截面图标的位置后，单击此按钮可以用于创建截面图形。

● 更新：该组提供了 3 种视图更新方式。当选择【移动截面时】，截面预览形状将跟随截面图标的变换而变换；选择【选择截面时】，只有截面显示框被选择时，截面预览形状才被更新；当选择【手动】选项时，只有单击 ▭更新截面▭ 按钮时，截面预览形状才被更新。

● 截面范围：该组用于设置截面工具的影响范围。选择【无限】选项时，所有与截面图标在一个平面上的三维物体都将产生截面图形；选择【截面边界】选项时，只有与截面图标相接触的三维物体才产生截面图形，选择【禁用】时，不对任何三维物体产生截面图形。

● 长度、宽度：用于设置截面图标的长度及宽度尺寸。

6.2 NURBS 曲线

NURBS 是 Non-Uniform Rational B-Splines 的缩写，代表非均匀有理数 B 样条线。NURBS 建模方式是工业曲面建模的标准，仅在几款高级三维软件中存在。NURBS 建模方式比传统网格建模方式有更好的模型表面可控性和更好的曲线曲度。主要用于专业领域的工业模型设计，例如车辆、船只、手机或机械零件等的模型设计。也可以用于其他的模型制作领域，例如，动画或者建筑领域的模型制作。NURBS 建模由数学表达式构建，所以 NURBS 曲线是 NURBS 建模的框架，通过绘制不同形态的曲线，在曲线上形成不同的表面，然后对相交的曲面使用不同的连接方式连接成一个光滑的模型。

在 NURBS 曲线中有两种曲线类型，分别为【点曲线】和【CV 曲线】。在同一图形中可以同时存在这两种曲线类型，并且这两种曲线类型可以互相转化。在本节中学习【点曲线】和【CV 曲线】的创建和编辑，为第 8 章学习打下坚实的基础。

单击 按钮，打开创建命令面板，单击 （图形）按钮，然后从下拉列表中选择【NURBS 曲线】。在【NURBS 曲线】创建命令面板中可以激活【点曲线】或【CV 曲线】创建 NURBS 曲线图形。【点曲线】和【CV 曲线】图形效果，如图 6-75 所示。【NURBS 曲线】创建命令面板如图 6-76 所示。

点曲线　　　　CV 曲线

图 6-75　NURBS 两种曲线类型

图 6-76　NURBS 创建面板

【点曲线】和【CV 曲线】的创建及编辑方法的视频讲解文件在配套光盘\视频教学\第 6 章 \NURBS 曲线.avi 文件中。

6.2.1 点曲线

【点曲线】工具可以创建绝对平滑的曲线类型，并且创建的点处于曲线中。【点曲线】的平滑效果依据另外两点的位置关系来决定。创建方法与创建【线】十分相似，单击 NURBS 曲线创建面板中的 点曲线 按钮，然后在视图中的适当位置依次单击，即可创建一条点曲线，单击右键结束创建。

编辑点曲线的方法：单击 按钮，进入 NURBS 曲线修改命令面板。在 NURBS 曲线物体级别中有【渲染】、【常规】、【曲线近似】、【创建点】、【创建曲线】和【创建曲面】等卷展栏，将在第 8 章中详细讲解。本节讲解【点】和【曲线】子物体级别，如图 6-77 所示。

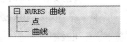

图 6-77　曲线子级别

单击 NURBS 曲线中【点】子物体级别，会打开【点】卷展栏，如图 6-78 所示。

● ┄（单个点）：单击该按钮，可以通过单击选择当前单击的单个点，也可以使用拖选来选择一组点。

● ┄（所有点）：单击该按钮，再单击一个点会选中点所在曲线的全部点。

图 6-78　【点】卷展栏

- 名称：用来显示当前选定点的名称，多选时将不可用。
- 隐藏：当选择了一个或多个顶点时，单击此按钮可以隐藏当前选定的点。
- 全部取消隐藏：当点曲线中存在隐藏点时，单击此按钮可以将所有隐藏的点取消隐藏。
- 熔合：单击一个顶点并拖曳到另外一个顶点上，可将一个点熔合到另一个点上。

融合是将两个点放置到同一位置，并且移动其中一个顶点另外一个也随之移动。而且被融合的顶点在未选择时以红色显示。

- 取消熔合：当选择融合的顶点时，单击此按钮可将熔合的点取消熔合。

当曲线融合时，顶点位置不变，但移动其中一个顶点另外一个顶点不随之移动，并且在未选择时，顶点还原为绿色顶点。

- 优化：当单击此按钮后，在视图中单击点曲线可以在单击过的位置创建一个顶点。
- 删除：选择一个或多个顶点，再单击此按钮可以删除所选的顶点，图形将随之变化。
- 延伸：当单击此按钮后，可以从点曲线的端点拖动出新的顶点，并在两个顶点间添加曲线。

此按钮对封闭的点曲线无效。

- 使独立：如果点是不独立的，单击该按钮可以使选中的顶点独立。
- 移除动画：从选定的点中移除记录过的动画。

单击 NURBS 曲线中【曲线】子物体级别，会打开【曲线公用】和【点曲线】卷展栏，如图 6-79 所示。其中【曲线公用】卷展栏可以用来编辑点曲线也可以编辑 CV 曲线。

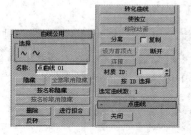

图 6-79　卷展栏

- ∿（单个曲线）：当单击此按钮后，在选择或变换曲线时，只能选择一个独立的曲线子对象。
- ∿（所有连接曲线）：当单击此选项后，在选择或变换曲线时，将会选择 NURBS 曲线中连接的所有曲线子对象。
- 名称：显示当前选定曲线的名称。多选时不可用。
- 隐藏：当选择一条或多条 NURBS 曲线时，单击此按钮可以隐藏当前选定的曲线。
- 全部取消隐藏：当 NURBS 曲线当中存在隐藏的曲线时，单击此按钮可以将其全部显示出来。
- 按名称隐藏：当单击此按钮后，会打开【选择子对象】对话框，如图 6-80 所示。在对话框中显示当前图形中存在的所有曲线子级别，用户可以按照名称对其进行选择，再单击 隐藏 按钮，完成隐藏操作。

图 6-80　选择子对象对话框

- 按名称取消隐藏：当 NURBS 曲线当中存在隐藏的曲线时，单击此按钮可以打开【选择子对象】对话框，从中选择要显示的曲线子物体名称，然后单击 取消隐藏 按钮，完成取消隐藏操作。

- 删除：当选择一条或多条 NURBS 曲线时，单击此按钮时可以删除选择的曲线子对象。

- 进行拟合：当选择一条曲线子对象时，单击 进行拟合 按钮后，会打开【创建点曲线】对话框，可以重新分配当前曲线的点数，如图 6-81 所示。

- 反转：当选择一条曲线子对象时，单击此按钮可以对曲线的开始和结束顶点进行反转操作。起始点上有个绿色的圆形点标记，如图 6-82 所示。

单击【反转】按钮之前效果　单击【反转】按钮后的效果

图 6-81　【创建点曲线】对话框　　　　图 6-82　单击反转按钮的曲线子对象效果

- 转化曲线：在选择一条或多条 NURBS 曲线时，单击此按钮可以打开【转化曲线】对话框，如图 6-83 所示。从中可控制要转化的曲线类型和顶点数等内容。其中包括的类型有【点曲线】和【CV 曲线】类型。

- 使独立：选择一个非独立的曲线子对象，单击此按钮可以使其独立。

- 删除动画：从选定的曲线中删除已记录过的动画。

图 6-83　【转化曲线】对话框

- 分离：当选择一条或多条曲线子对象时，单击此按钮可以将曲线子对象与 NURBS 模型分离，从而生成新的 NURBS 曲线对象。

- 复制：当勾选【复制】复选框后，在【分离】操作时将保留当前选定的曲线子对象，并创建一条新的同样形状的 NURBS 曲线对象。

- 设为首顶点：当单击此按钮后，再单击曲线子对象的任意位置，被单击过的位置将创建一个首顶点。

此按钮针对封闭的曲线子对象。

- 断开：当单击此按钮后，再单击曲线子对象的任意位置，将把一条曲线分成两条曲线。

- 连接：将两个曲线子对象连接在一起。

- 材质 ID：用于为曲线分配材质 ID 值，方便多维子对象材质的编辑。

- 按 ID 选择：当单击此按钮后，会打开【按材质 ID 选择】对话框，如图 6-84 所示。在【ID】微调器中输入要选择图形的 ID 号后，单击【确定】按钮，会将拥有当前 ID 号的所有曲线子对象进行选择。

图 6-84　【按材质 ID 选择】对话框

- 点曲线：该卷展栏中仅有一个 关闭 按钮，当单击此按钮时，会对开放的曲线子对象进行封闭操作。

如果选择的是封闭的曲线子对象，此按钮将不可用。

6.2.2 CV 曲线

【CV 曲线】又叫【可控曲线】，同样可以用来创建绝对平滑的曲线类型。【CV 曲线】可创建出通过手柄控制的曲线类型，并且在曲线上不会产生顶点。创建方法与创建【线】十分相似，单击 NURBS 曲线创建面板中的 CV 曲线 按钮，然后在视图中的适当位置依次单击创建控制手柄，即可创建一条有控制手柄约束的 CV 曲线，单击右键结束创建。

编辑 CV 曲线：单击 ✐ 按钮，进入 NURBS 曲线修改命令面板。单击 NURBS 曲线中【曲线 CV】子物体级别，如图 6-85 所示，将会打开【CV】卷展栏，如图 6-86 所示。

图 6-85　曲线 CV 子对象　　　　　　图 6-86　【CV】卷展栏

- 权重：用于设置控制手柄对曲线的约束能力。权重的数值越高对曲线的约束力越强。权重值分别为 0.5 和 5 时的图形效果，如图 6-87 所示。
- 显示晶格：勾选此选项将显示 CV 曲线的晶格线，如果去除勾选将不显示晶格线。勾选【显示晶格】和去除勾选【显示晶格】的效果，如图 6-88 所示。

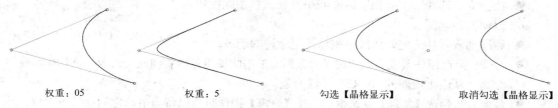

权重：05　　　　　　　权重：5　　　　　　勾选【晶格显示】　　　　取消勾选【晶格显示】

图 6-87　不同权重值的不同效果　　　　图 6-88　显示与不显示晶格的场景效果

单击 NURBS 曲线中【曲线】子物体级别，将会打开【曲线公用】和【CV 曲线】卷展栏。其中【曲线公用】卷展栏与【点曲线】中的【曲线公用】卷展栏完全相同，用户可参照上一节进行学习。本节将学习【CV 曲线】卷展栏中的各种参数，如图 6-89 所示。

- 次数：用于设置曲线的松弛程度，【次数】越高，松弛程度也越高，如图 6-90 所示。

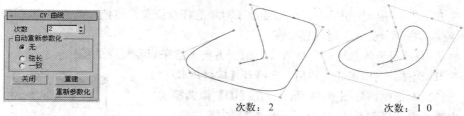

次数：2　　　　　　次数：1 0

图 6-89　【CV 曲线】卷展栏　　　　　图 6-90　不同【次数】时的曲线效果

- 自动重新参数化：该组用于指定自动重新参数化的各种方式。
- 无：勾选此选项后，不能自动重新参数化。
- 弦长：勾选此选项后，重新参数化，根据每个曲线分段长度的平方根设置曲线曲率。
- 一致：勾选此选项后，曲线会均匀隔开各个结。
- 关闭：当单击【关闭】按钮后，会对当前选择的 CV 曲线子对象进行首尾顶点的连接，形成一个封闭的 CV 曲线子对象。

- 重置：单击此按钮后会打开【重建 CV 曲线】对话框，如图 6-91 所示。在其中可在尽量保持图形形状不变的前提下重新设置控制手柄的数目。将【重建 CV 曲线】对话框中【数量】设置为 8 时，效果如图 9-92 所示。
- 重新参数化：当选择【自动重新参数化】组中的【无】选项时，单击此按钮后会打开【重新参数化】对话框，从中可以选择重新参数化的各种方式，如图 9-93 所示。

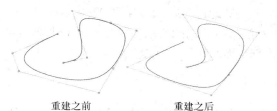

重建之前　　　　重建之后

图 6-91 【重建 CV 曲线】
　　　　对话框

图 6-92 重建之前与之后的
　　　　效果对比

图 6-93 【重新参数化】
　　　　对话框

6.3 扩展样条线

扩展样条线主要应用于建筑领域，用于快速绘制各种建筑构件所需的截面图形等。其优点为创建速度快，并且在应用了二维转三维修改器后，可以通过参数方便调节扩展样条线的形状，从而快速调节三维物体的形状。

单击 按钮，打开创建命令面板；单击 （图形）按钮，然后从下拉列表中选择【扩展样条线】。在扩展样条线创建命令面板中可以创建 W 矩形、通道、角度、三通和宽法兰等二维图形。创建的图形效果如图 6-94 所示，扩展样条线创建命令面板，如图 6-95 所示。

图 6-94 扩展样条线图形

图 6-95 创建命令面板

6.3.1 W 矩形

【W 矩形】与【圆环】工具十分相似，使用【W 矩形】工具可以通过两个同心矩形创建封闭的形状，并且可以对各个顶点创建圆角效果。使用【W 矩形】工具创建的图形效果，如图 6-96 所示。在单击 W矩形 按钮后，【参数】卷展栏如图 6-97 所示。

图 6-96 创建的 W 矩形

图 6-97 【参数】卷展栏

动手做 6-16   如何创建 W 矩形

1 单击扩展样条线中的 W矩形 按钮，在任意视图中适当位置单击并拖曳到合适大小后，再次单击鼠标左键以确定外部矩形大小。

2 继续移动光标在合适位置，单击鼠标左键以确定内部矩形大小，即可完成 W 矩形的创建。

● 厚度：用于设置内外矩形之间的间距。

● 同步角过滤器：当勾选此选项后，【角半径 2】将不可用，而【角半径 1】同时控制两个矩形所有角的圆角半径；当去除勾选后，【角半径 1】控制外部矩形的圆角半径大小，【角半径 2】控制内部矩形的圆角半径大小。

6.3.2   通道

单击 通道 按钮，可以创建出一个封闭的"C"字图形，如图 6-98 所示。单击 通道 按钮后，其【参数】卷展栏如图 6-99 所示。

图 6-98   创建的通道图形   图 6-99   【参数】卷展栏

动手做 6-17   如何创建通道

1 创建方法与【W 矩形】创建方法十分相似。单击扩展样条线中的 通道 按钮，在任意视图中适当位置单击并拖曳到合适大小后再次单击鼠标左键以确定外部"C"字型大小。

2 继续移动光标在合适位置，单击鼠标左键以确定内部"C"字型大小，即可完成通道的创建。

6.3.3   角度

单击 角度 按钮，可以创建出一个封闭的"L"字图形，如图 6-100 所示。单击 角度 按钮后，其【参数】卷展栏如图 6-101 所示。

图 6-100   创建的角度图形   图 6-101   【参数】卷展栏

动手做 6-18   如何创建角度

1 单击扩展样条线中的 角度 按钮，在任意视图中适当位置单击并拖曳到合适大小后，再次单击鼠标左键以确定外部"L"字型大小。

2 继续移动光标在合适位置单击鼠标左键，以确定内部"L"字型大小，即可完成通道的创建。

边半径：控制垂直和水平腿的两个内部顶点的圆角半径。

6.3.4 三通

单击 三通 按钮，可以创建出一个封闭的"T"字图形，如图 6-102 所示。单击 三通 按钮后，其【参数】卷展栏如图 6-103 所示。

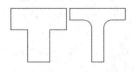

图 6-102 创建的三通图形　　　　　图 6-103 【参数】卷展栏

创建方法与其他扩展样条线的创建方法相似，参照其他图形的创建方法进行学习，在此不详细讲解。

6.3.5 宽法兰

单击 宽法兰 按钮，可以创建出一个封闭的"I"字型图形，如图 6-104 所示。单击 宽法兰 按钮后，其【参数】卷展栏如图 6-105 所示。

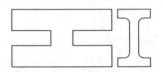

图 6-104 创建的宽法兰图形　　　　图 6-105 【参数】卷展栏

创建方法与其他扩展样条线的创建方法相似，参照其他图形的创建方法进行学习，在此不详细讲解。

6.4 实例制作——室内静物

下面将以一个简单场景制作巩固已学的知识。在本范例中将使用【挤出】、【车削】、【FFD2x2x2】等修改器对图形进行编辑，并最终完成场景制作。

本范例的详细制作步骤见配套光盘\视频教学\第 6 章\室内静物.avi 文件。场景文件见配套光盘\第 6 章\室内静物.max 文件。

首先绘制几个场景模型所需的基础图像，然后对其分别应用【挤出】、【车削】、【FFD2x2x2】等修改器进行调节，使其形成正确的三维模型。

具体操作步骤：

1 执行【文件】菜单→【重置】命令，重新设置系统。

2 单击 按钮，再单击图形创建面板中【样条线】的 线 按钮，在前视图中绘制沙发的截面图形，如图 6-106 所示。

3 选择绘制的瓷碟半截面图形，打开修改命令面板。单击【修改器列表】，如图 6-107 所示，将罗列出当前图形可以应用的所有修改器。

4 在弹出的修改器列表中选择一个名为【挤出】的修改器，如图 6-108 所示。将【数量】值设置为 100，效果如图 6-109 所示。

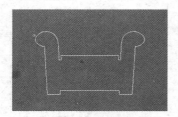

图 6-106 绘制沙发的截面图形

图 6-107 修改器列表

图 6-108 选择【挤出】修改器

图 6-109 形成的模型效果

5 进入左视图绘制沙发靠背的截面图，如图 6-110 所示。对绘制的沙发靠背图形应用【挤出】命令，将【数量】值设置为 150，效果如图 6-111 所示。

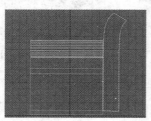

图 6-110 绘制靠背图形

图 6-111 挤出靠背模型

6 当使用【挤出】修改器后，在前视图发现挤出的靠背模型并没有完全匹配沙发模型。进入【修改器列表】，选择【FFD2x2x2】晶格变形修改器，如图 6-112 所示。然后进入【FFD2x2x2】子对象级别，并用【控制点】级别对模型进行编辑，使靠背完全匹配到沙发模型中。最终结果如图 6-113 所示。

图 6-112 选择【FFD2x2x2】

图 6-113 正确的模型效果

7 绘制一个作为茶几的半截面图形，其效果如图 6-114 所示。

8 选择当前图形，为其应用【车削】修改器。并将【对齐】方式设置为【最大】，勾选【焊接内核】复选框，最终效果如图 6-115 所示。

9 继续为茶几模型绘制一个花瓶模型的半截面图形，并为其应用【车削】修改器，最终效果如图 6-116 所示。

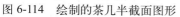

图 6-114　绘制的茶几半截面图形

图 6-115　茶几模型

图 6-116　花瓶模型

10 绘制一本书的截面图形，如图 6-117 所示。为其应用【挤出】修改器，最终效果如图 6-118 所示。

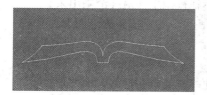

图 6-117　书的截面图形

图 6-118　书的模型

11 绘制 L 图形用于【挤出】墙面及地面模型。使用文字工具将墙面布满数字，效果如图 6-119 所示。

12 继续绘制博古架截面图型并使用【挤出】修改器，对其进行挤出操作，效果如图 6-120 所示。

图 6-119　添加文字效果

图 6-120　最终模型效果

在学过第 9 章以后，用户可以根据自己的喜好为当前场景加入合理的材质。当前场景加入材质后的渲染效果如图 6-121 和图 6-122 所示。

图 6-121　赋予材质后的静物效果 1

图 6-122　赋予材质后的静物效果 2

6.5 本章小结

本章学习了所有二维图形的创建和编辑方法，方便从二维图形转化为三维模型。在本章最后实例中通过图形的绘制并为图形应用不同的修改器，完成简单二维转三维操作，从而熟悉二维图形转三维建模的制作原理。

6.6 本章习题

1. 判断题（正确√，错误×）

（1）在绘制直线时，按住键盘上的"Shift"键移动鼠标光标，光标将约束在 45°角方向上移动。　　　　　　　　　　　　　　　　　　　　　　　　　　　　　（　　）

（2）可以将图形对象以三维实体的方式显示在视图中并最终渲染出来。　　　（　　）

（3）在创建矩形时配合键盘上的"Ctrl"键，可以绘制出正方形图形。　　　（　　）

（4）星形产生的图形最少包含 3 个顶点。　　　　　　　　　　　　　　　（　　）

（5）NURBS 曲线不能绘制光滑的曲线类型。　　　　　　　　　　　　　（　　）

（6）扩展样条线主要用于建筑领域，能快速绘制建筑构件的截面图形。　　（　　）

2. 选择题

（1）下列图形中不是样条线的图形为（　　　）。

　　A）螺旋线　　　　　　B）文本　　　　　　C）W 矩形　　　　　D）截面

（2）使用星形创建的图形最多包含（　　　）个顶点。

　　A）50　　　　　　　　B）100　　　　　　　C）200　　　　　　　D）400

（3）下列工具中可以创建"L"型图形的是（　　　）。

　　A）通道　　　　　　　B）角度　　　　　　C）三通　　　　　　D）宽法兰

（4）下列选项中（　　　）工具可以从几何体中获取图形。

　　A）截面　　　　　　　B）多边形　　　　　C）文本　　　　　　D）螺旋线

3. 操作题

（1）绘制北京奥运标志。

操作提示：

使用 Alt+B 快捷键载入一幅北京奥运标志的图片，使用【线】工具沿着标志边缘进行描绘。

（2）绘制奇瑞汽车标志。

操作提示：

使用 Alt+B 快捷键载入一幅奇瑞汽车标志图片，使用【椭圆】和【文本】工具将标志绘制出来，再将其合并为一个图形，并使用【修剪】工具完成标志最终效果。

（3）绘制酒瓶图形。

操作提示：

使用【线】工具绘制一个酒瓶效果曲线。

（4）绘制二维卡通图形。

第 7 章　常用修改器

教学目标

了解修改器的基本知识；掌握【挤出】、【倒角】、【车削】等图形修改器；熟练应用【弯曲】、【扭曲】、【噪波】、【涟漪】、【积压】、【锥化】、【波浪】等参数化修改器和编辑网格修改器、网格平滑修改器及【FFD 4x4x4】自由变形修改器

教学重点与难点

- ➢ 【挤出】修改器
- ➢ 【倒角】修改器
- ➢ 【车削】修改器
- ➢ 【可渲染样条线】修改器
- ➢ 【弯曲】修改器
- ➢ 【扭曲】修改器
- ➢ 【噪波】修改器
- ➢ 【涟漪】修改器
- ➢ 【积压】修改器
- ➢ 【锥化】修改器
- ➢ 【波浪】修改器
- ➢ 【FFD（4x4x4）】修改器
- ➢ 【网格编辑】修改器
- ➢ 【网格平滑】修改器

7.1　修改器的基本知识

利用图形修改器可以编辑图形形态，并且可以将二维图形修改为三维实体。通过【挤出】、【倒角】、【倒角剖面】和【车削】等图形修改器进行编辑，从而形成用户所需的各种三维模型。利用参数化修改器可以重塑物体的外形。通过使用【弯曲】、【拉伸】、【扭曲】、【噪波】、【松弛】、【涟漪】、【积压】、【锥化】、【波浪】等参数化修改器不但可以改变造型形状，并且可以创建物体的形态变化动画。而【FFD4x4x4】修改器和【网格编辑】修改器可以更加灵活地控制模型外观。【网格平滑】修改器可以将低精度的模型增加细腻程度。

7.1.1　应用修改器

应用在对象上的修改器将存放在修改器堆栈中。通过单击修改器左端的 ⊞ 子对象开关，可以展开修改器子对象列表，用于编辑修改器的子对象。或者可以从修改器堆栈中删除应用的修改器。当删除修改器后，对象基于此修改器的编辑状态也将消失。也可以将当前修改器塌陷为

基础物体，当塌陷后修改器将消失，但物体形态不变。

应用修改器的方法：

方法 1　首先在场景中选中需要添加修改器的对象，然后单击修改面板按钮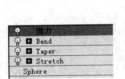，在打开的修改面板中单击 修改器列表 列表，从中选择需要的修改器。

方法 2　选中需要应用修改器的对象，然后打开【修改器】菜单，从中可以选择所需的修改器类型菜单，从此菜单中为场景物体添加修改器。

方法 3　选中场景中需要应用修改器的对象，然后单击修改命令面板按钮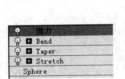，在打开的修改面板中单击所需的修改器按钮。修改器按钮的配置将在"7.1.6　配置修改器按钮"中详细讲解。

例如，为球体应用不同的修改器并设置参数，使其形成耳机模型，则修改器堆栈，如图 7-1 所示。由球体修改为耳机模型的变化过程，如图 7-2 所示。

图 7-1　修改器堆栈　　　　　　图 7-2　应用多个修改器的物体变化效果

7.1.2　使用修改器堆栈

修改器堆栈主要用于记录对象的创建和修改过程，以方便对某个物体进行形态或动画编辑，同时方便对某个修改器的子对象进行编辑修改。当创建了对象并为对象应用多个修改器之后，修改器堆栈中将根据添加修改器的顺序由下至上罗列被应用的修改器。也可以在完成添加修改器之后，对修改器的顺序进行手动调节。修改器堆栈如图 7-3 所示。

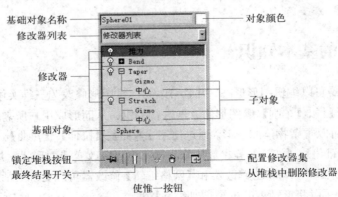

图 7-3　修改器堆栈说明

- 🔦（修改器作用开关）：用于控制当前修改器是否产生编辑作用。为基础对象添加修改器后，此开关将自动显示为🔦（应用图标），表示此修改器对当前基础对象产生作用。单击此图标后将关闭此修改器，其图标显示为🔦（关闭图标）。再次单击此图标后又将应用修改器的编辑能力。

- ■（子对象开关）：单击此图标可以展开修改器中的子对象修改级别，方便对子对象级别进行修改编辑，同时图标显示为⊟（展开状态）图标。再次单击此图标将折叠子对象级别，并且图标还原显示。

- ⇥（锁定堆栈）：单击此按钮可以锁定当前选中对象的修改器堆栈，即便用户选择其他对象时，修改面板也只显示被锁定的对象修改器。

- ‖（显示最终结果开/关标记）：决定对象在视图中是否显示最后一个起作用的修改器。当显示为‖时，无论在修改器堆栈中选择哪个修改器，在视图中始终显示最终结果形态。当再次单击此按钮后显示为‖按钮，表示在视图中显示当前选中的修改器结果。

- ∨（使惟一）：当场景中拥有实例化的多个对象时，此按钮为可用状态。选中实例化对象，单击此按钮使实例化对象成为拥有独立参数的普通操作对象。

- ๒（从堆栈中移除修改器）：单击此按钮可以删除当前选择的修改器，并删除此修改器对基础对象产生的作用。

- ▤（配置修改器集）：单击此按钮将会弹出配置修改集的下拉列表，从中可以用于对修改器的按钮重新排列，或将指定的修改器设置为新的按钮组。配置修改器集下拉列表如图 7-4 所示，修改器按钮组如图 7-5 所示。

图 7-4 配置修改器下列列表

图 7-5 选择修改器按钮组

7.1.3 修改器堆栈编辑子对象

为更精细地编辑对象，用户可以通过编辑对象的子级别或者编辑修改器的子级别，对模型的形态进行控制。单击■子级别开关按钮，将展开拥有子级别的修改器，使用鼠标单击希望编辑的子级别从而选中当前修改器的子对象。在子对象级别中可以控制子对象的卷展栏参数，也可以使用移动、旋转、缩放等工具对子级别对象进行控制修改。

下面将以一个简单的实例讲解如何对子级别进行编辑操作。

本范例的详细制作步骤见配套光盘\视频教学\第 7 章\修改器子级别.avi 文件。

🐾动手做 7-1 如何用修改器堆栈编辑子对象

1 创建一个【半径】为 15，【高度】为 120，【高度分段】为 25，【边数】为 20 的圆柱体。

2 选中圆柱体，打开修改命令面板，在修改器列表中选择【弯曲】修改器。将【角度】设置为 180，其【参数】卷展栏中【弯曲】参数，如图 7-6 所示，圆柱体弯曲效果，如图 7-7 所示。

图 7-6 【参数】卷展栏

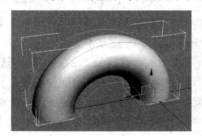

图 7-7 圆柱体弯曲效果

3 展开修改器堆栈中弯曲修改器的子对象列表，并选中【Gizmo】子对象级别，如图 7-8 所示。使用【选择并移动】工具，沿 X 轴向左移动 Giamo 线框，如图 7-9 所示。

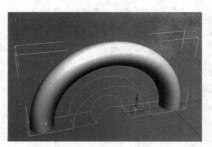

图 7-8　Gizmo 子对象级别　　　　　　图 7-9　移动 Gizmo 线框效果

4 选中修改器堆栈中【中心】子对象级别，然后单击动画记录区的 自动关键点 按钮，为子对象级别的变换记录动画。首先在第 0 帧将中心依 X 轴向右移动，使圆柱体产生最大的弯曲效果，如图 7-10 所示。然后将时间滑块移动至 50 帧，将中心点向左下方移动至合适的位置，如图 7-11 所示。最后将时间滑块移动到 100 帧，将中心向右下方移动，移动至产生最大的弯曲效果。完成对子对象动画的指定。单击播放按钮 ▣，播放动画效果。

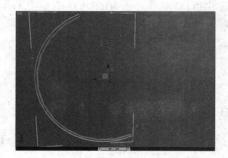

图 7-10　创建第 1 帧动画效果　　　　　图 7-11　创建第 2 帧动画效果

7.1.4　子对象应用修改器

修改器不但可以被应用到对象级别，也可以被应用到子对象级别或修改器子级别。在实际制作时，经常需要单独对某个子对象级别进行选择并赋予不同的修改器，以便快速创建出需要的模型效果。

下面将以一个简单的实例来讲解操作。

本范例的详细制作步骤见配套光盘\视频教学\第 7 章\为子对象应用修改器.avi 文件。

动手做 7-2　如何对子对象应用修改器

1 创建一个【长度】和【宽度】为 50，【高度】为 140，【长度分段】和【宽度分段】为 10，【高度分段】为 30 的长方体。

2 打开修改面板，在【修改器列表】中选择【网格选择】修改器，为当前创建的长方体应用网格选择。然后展开【网格选择】的子级别列表，从中选择【顶点】子级别，如图 7-12 所示。按键盘 "F" 键，打开前视图，使用框选工具对长方体上半部顶点进行选择。

图 7-12　选择【顶点】子级别

3 在场景中物体的顶点被选中和修改器堆栈中【网格选择】的【顶点】级别被选择的状态下，单击修改器列表，从中选择【锥化】命令。将锥化的【数量】设置为 −2.47，【曲线】设置为 1.61，其参数卷展栏如图 7-13 所示。立方体部分顶点使用修改器的效果如图 7-14 所示。

4 继续为当前模型应用【扭曲】修改器，将【角度】设置为 180，并将【扭曲】的【Gizmo】子级别向下稍稍移动，其【参数】卷展栏，如图 7-15 所示，被应用【扭曲】的模型效果，如图 7-16 所示。

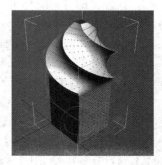

图 7-13　【参数】卷展栏　　图 7-14　模型效果　　图 7-15　【参数】卷展栏　　图 7-16　模型效果

7.1.5　对多个对象应用修改器

可以将一个修改器应用到一个对象上，也可以将一个修改器应用到多个对象上。当为多个对象应用同一个修改器时，需要首先选中要应用修改器的所有对象，然后为其应用需要的修改器类型。应用修改器后，调节这个修改器的参数将同时对应用此修改器的所有对象一同修改，当选择其中任意一个对象时，在【修改】卷展栏中都将显示此修改器。

下面以一个简单实例，对多个对象应用修改器。

本范例的详细制作步骤见配套光盘\视频教学\第 7 章\为多个对象应用修改器.avi 文件。

动手做 7−3　如何对多个对象应用修改器

1 创建 5 个【半径】为 28 的球体，5 个球体的位置关系，如图 7-17 所示。

2 使用框选工具将 5 个球体一同选中，然后打开修改面板，单击【修改器列表】，从中选择【拉伸】修改器，并将【拉伸】值设置为 4，效果如图 7-18 所示。

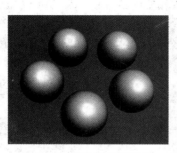

图 7-17　球体的位置关系　　　　图 7-18　拉伸效果

7.1.6　配置修改器按钮

在【修改器列表】和【修改器】菜单中，3ds Max 为用户提供了大量的修改命令，但大量的修改命令为用户的查找和选择带来了不便。虽然系统提供了分门别类的命令按钮组，但在应用修改器时，也要经常重新选择使用。因为每一组按钮都属于一类的命令，无法全面的包括平时用到的常用命令。这样用户必须根据自己的实际需要自定义修改器按钮组。

动手做 7-4 如何配置修改器按钮组

1 单击修改面板按钮 ，进入修改面板。单击修改器堆栈下端的 【配置修改器集】按钮，在弹出的菜单中单击【显示按钮】命令，会将默认的【选择修改器】以按钮的形式显示在【修改器列表】下方。

2 再次单击修改器堆栈下端的 【配置修改器集】按钮，并在弹出的菜单中单击【配置修改器集】命令，打开【配置修改器集】对话框，如图 7-19 所示。

3 在左侧的【修改器】列表中找到【挤出】修改器，然后使用鼠标左键拖动到右侧修改器按钮中的第一个按钮上释放，这时【挤出】修改器将被放置到第一个按钮上。

4 将对话框右侧的【按钮总数】设置为 16，然后使用步骤 3 相同的方法将【倒角】、【倒角剖面】、【车削】、【弯曲】、【拉伸】、【扭曲】、【噪波】、【松弛】、【涟漪】、【积压】、【锥化】、【波浪】、【FFD4x4x4】和【编辑网格】等修改器，依次拖动到对话框右侧的按钮上并释放，效果如图 7-20 所示。

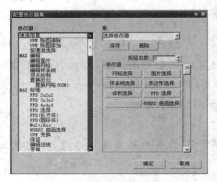 

图 7-19 【配置修改器集】对话框   图 7-20 自定义按钮组

5 当完成以上操作后，在配置修改器集对话框中【集】文本框中输入合适的名称，如"自定义修改器组"，如图 7-21 所示。

6 单击 保存 按钮，保存配置文件，然后单击 确定 按钮，关闭【配置修改器集】对话框。

7 单击【修改面板】按钮 ，进入修改面板。单击修改器堆栈下端的 【配置修改器集】按钮，在弹出的菜单中单击刚刚定义并保存的【自定义修改器组】命令，如图 7-22 所示。单击此命令后会在【修改器列表】下方显示出配置的 16 个修改器按钮，如图 7-23 所示。

图 7-21 为配置设置名称   图 7-22 选择配置   图 7-23 显示配置的修改器

7.2　图形修改器

图形修改器主要应用于二维图形，对二维图形向三维模型转化或对二维图形进行图形形态的编辑。下面将对图形修改器中 3 个最常用的修改器进行详细讲解。

7.2.1　【挤出】

在 3ds Max 中，【挤出】命令是一个应用相当频繁的修改器。它可以将图形当作截面图形沿截面的轴心方向挤出一个厚度，将当前选择的二维图形转化为三维模型，效果如图 7-24 所示。

下面以一个简单实例对多个对象应用修改器。

本范例的详细制作步骤见配套光盘的视频教学，用到的图片和完成后的挤出模型见配套光盘\场景文件\第 7 章\挤出图形.max 文件。

动手做 7-5　如何应用【挤出】修改器

1 执行【文件】菜单→【重置】命令，重新设置系统。

2 单击 按钮，打开图形创建命令面板。单击 线 按钮，绘制一个如图 7-25 所示的图形。

图 7-24　对二维图形应用【挤出】命令效果　　　　图 7-25　绘制图形

3 单击图形创建面板中的 文本 按钮，然后在【文本】输入框中输入"挤出修改器"，并在字体选择下拉列表中选择一种合适的字体。其【参数】卷展栏如图 7-26 所示。

4 将创建的文字图形放置在绘制的图形下方合适位置，如图 7-27 所示。

5 分别选择所有图形，单击 按钮进入修改面板。单击修改器命令组中的 挤出 按钮，为图形应用【挤出】修改器。

6 当应用过【挤出】修改器后，进入修改面板中，依次调节每个模型的【数量】参数，张开书本模型以及闭合书本模型的外皮。设置【数量】为−100，闭合书本模型；设置【数量】值为−97，张开另一本书模型。文字挤出【数量】为 3，最终效果如图 7-28 所示。

图 7-26　输入文字　　　　图 7-27　参数状态　　　　图 7-28　最终图形效果

【挤出】修改器中的各参数作用：

- 数量：此参数用于控制挤出的厚度。
- 分段：此参数用于设置在挤出的厚度方向上的分段数。
- 封口：该组包含【封口始端】和【封口末端】，分别决定挤出模型的开始处和结束处是否封闭处理。其下【变形】单选项用于在制作变形动画时可以在运动过程中保持挤出的模型面数不变，而【栅格】将对边界线进行重新排列，从而以最少的点面数得到最佳的模型效果。
- 输出：该组参数决定挤出模型的输出类型。默认选择【网格】类型，将挤出的模型输出为网格模型。若要将挤出的模型输出为面片模型或 NURBS 模型，则应该选择对应的选项。
- 生成材质 ID：用于将不同的材质 ID 指定给挤出对象侧面与封口。
- 使用图形 ID：当勾选此选项后，图形中线段的 ID 号将向上传递，使挤出三维实体的几何面使用对应线段的 ID 号。
- 平滑：将平滑应用于挤出的模型。

7.2.2 【倒角】

【倒角】修改器将图形挤出为三维模型并在边缘应用平或圆的倒角。此修改器被经常用于标志和倒角文字的制作。在应用过【倒角】修改器的模型中，以图形为三维模型的基础，将图形挤出为 4 个层次，然后对每个层次指定不同的轮廓量，从而形成倒角模型。其效果如图 7-29 所示。

下面将以一个简单的实例，介绍倒角建模的具体操作方法。

本范例的详细制作步骤见配套光盘中的视频教学，用到的图片和最终效果见配套光盘\场景文件\第 7 章\标志.max 文件。

动手做 7-6 如何应用【倒角】修改器

1 执行【文件】菜单→【重置】命令，重新设置系统。

2 单击 按钮，打开图形创建面板。单击 线 按钮，绘制一个如图 7-29 所示的图形。单击图形创建面板中的 文本 按钮，然后在【文本】输入窗口中输入"倒角修改器"，并在字体选择下拉列表中选择【黑体】字体。其【参数】卷展栏如图 7-30 所示。

3 确认图形处于选择状态，然后单击 按钮进入修改面板。单击修改器命令组中的 倒角 按钮，为图形应用【倒角】修改器。

4 在【倒角】修改器的【倒角值】卷展栏中设置如图 7-31 所示。

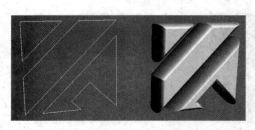
图 7-29 对二维图形应用【倒角】修改器

图 7-30 设置文字

图 7-31 设置倒角

5 当设置过倒角效果后，其倒角间的过渡以直线的方式过渡，如图 7-32 所示。如果希望创建圆弧形的倒角过渡，需要勾选【参数】卷展栏中【曲线侧面】单选项，然后将【分段】设置为 3，并勾选【级间平滑】复选框，如图 7-33 所示，效果如图 7-34 所示。

图 7-32　直线形倒角效果　　　　图 7-33　设置弧形过渡　　　　图 7-34　弧形倒角效果

6 选择文字图形，单击 ✐ 按钮进入修改面板。单击修改器命令组中的 <u>倒角</u> 按钮，为图形应用【倒角】修改器。

7 将【倒角值】卷展栏按图 7-35 所示设置，效果如图 7-36 所示。

图 7-35　【倒角值】参数设置　　　　　　图 7-36　倒角效果

倒角修改器中【参数】卷展栏和【倒角值】卷展栏中各参数作用如下。

1.【参数】卷展栏

- 封口：该组用于确定倒角对象是否要在两端进行封口操作。
  - ➢ 始端：决定挤出模型的开始处是否封闭处理。
  - ➢ 末端：决定挤出模型的结束处是否封闭处理。
- 封口类型：该组包含【变形】和【栅格】类型。【变形】单选项用于在制作变形动画时可以在运动过程中保持挤出的模型面数不变，而【栅格】将对边界线进行重新排列，从而以最少的点面数得到最佳的模型效果。
- 曲面：该组用于控制曲面侧面的曲率、平滑度和贴图等参数。
- 线性侧面：勾选此单选项，级别之间会沿一条直线进行分段插值。
- 曲线侧面：选中此单选项，级别之间会沿一条弧形曲线进行分段插值。【线性侧面】和【曲线侧面】对比效果如图 7-37 所示。
- 分段：用于控制级别之间的分段数目，通常用在【曲线侧面】方式时。分段效果如图 7-38 所示。

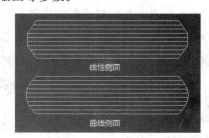

图 7-37　曲线侧面和曲线侧面的效果对比

- 级间平滑：用于控制将平滑组应用到倒角侧面。
- 避免线相交：在制作倒角模型时，经常会出现计算错误。而错误的产生都是由于复杂的图形在倒角时产生图形交叉。当出现这种错误计算时，勾选【避免线相交】复选框可以有效的解决这个问题。其中包含【分离】参数，此参数用于设置分离的边之间所保持的距离。使用【避免线相交】时的效果如图 7-39 所示。

图 7-38　分段数不同的对比效果　　　　图 7-39　使用避免线相交的对比效果

2.【倒角值】卷展栏

- 起始轮廓：设置原始图形的偏移大小。当其数值为 0 时，将以原始图形为基准进行倒角。
- 级别 1、级别 2、级别 3：用于控制倒角效果。其中【高度】和【轮廓】控制倒角的挤出距离和缩放大小。

7.2.3 【车削】

【车削】建模可以将二维图形围绕指定的轴心进行旋转，图形旋转过的区域即可生成轴对称的三维模型，效果如图 7-40 所示。

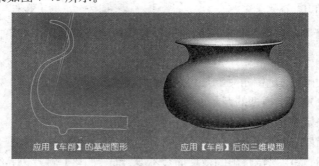

图 7-40　【车削】工具创建的实体模型

下面将以简单的实例学习【车削】的建模方法。

本范例的详细制作步骤见配套光盘中的视频教学，最终结果见配套光盘\场景文件\第 7 章\挤出.max。

动手做 7-7　如何应用【车削】创建模型

1 重新设置系统。单击创建面板中的　　　线　　　按钮，在前视图中绘制如图 7-41 所示的封闭曲线。

2 选中绘制的图形，打开修改面板，单击　　车削　　按钮，生成三维模型，如图 7-42 所示。

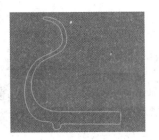

图 7-41 绘制的图形

图 7-42 形成三维模型

3 使用【车削】修改器默认设置创建的模型并不是正确的模型效果，需要手动调节【参数】卷展栏中的相关参数，将对齐方式设置为 最大 ，并勾选【焊接内核】复选框，如图 7-43 所示。得到正确的模型效果如图 7-44 所示。

图 7-43 【参数】卷展栏

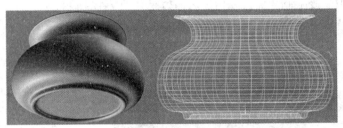

图 7-44 创建的三维模型

【车削】修改器中【参数】卷展栏的主要参数如下：

● 度数：此参数用于控制曲线围绕旋转轴旋转的角度。其效果与球体、圆柱体等物体的切片参数类似，当旋转为 360° 时将成为一个完整的车削模型。度数不同时的效果如图 7-45 所示。

● 焊接内核：当【车削】完成并设置正确的对齐方式后，三维模型经常会在旋转轴位置产生模型撕裂，这主要是由于多个顶点处于同一空间位置的原因。当勾选此复选框后，将焊接这些处于同一位置的顶点，其效果如图 7-46 所示。

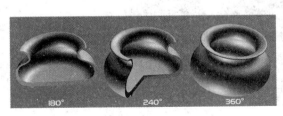

图 7-45 不用度数的不同效果

图 7-46 勾选【焊接内核】的模型效果

● 反转法线：当完成【车削】后，很可能会使旋转对象内外翻转，这时需要勾选【反转法线】复选框来修正这个错误。

● 分段：该参数用于设置车削模型旋转圆周上的分段数。

● 方向：该参数组中包含 X 、 Y 和 Z 按钮，用于控制车削轴的方向。

● 对齐：该参数组中有 3 个按钮，用于控制旋转轴与图形的对齐位置。其中 最小 按钮表示将旋转轴与图形最小边界对齐； 中心 按钮表示将旋转轴与图形中心对齐； 最大 按钮表示将旋转轴与图形最大边界对齐。

7.3 参数化变形器

常用参数化变形器，包括：【弯曲】、【拉伸】、【扭曲】、【噪波】、【松弛】、【涟漪】、【挤压】、【锥化】和【波浪】修改器，这些修改器通过不同的参数来控制物体的形态以及通过在不同关键帧设置不同的参数来记录对象的外形变换动画。通常参数化变形器应用于三维对象，但根据不同的需要也可以应用在二维图形上，是使用相当频繁的修改器类型。

7.3.1 【弯曲】

【弯曲】修改器可以应用到对象级别或对象子级别，对其进行弯曲处理，并可以通过控制物体的弯曲角度、方向和轴向产生各种不同的弯曲变形效果。【弯曲】修改器也可以对几何体的其中一段限制弯曲。几何体弯曲效果如图 7-47 所示。

为几何体应用【弯曲】修改器之后，其【参数】卷展栏如图 7-48 所示。

图 7-47　为立方体施加【弯曲】修改器后的弯曲效果

图 7-48　【参数】卷展栏

- 角度：此参数用于控制对象的弯曲角度。设置不同角度值时产生的变形效果如图 7-49 所示。

图 7-49　设置不同角度时的不同弯曲效果

- 方向：用于设置物体在与弯曲垂直的平面内的弯曲角度。设置不同方向值时产生的变形效果如图 7-50 所示。
- 弯曲轴：其中包括 3 个弯曲轴向 X、Y 和 Z，分别指定要弯曲的不同 Gizmo 轴向，默认设置为 Z 轴。
- 限制：用于对几何体的其中一段限制弯曲效果。要使用【限制】，需要首先勾选【限制效果】复选框，然后设置【上限】和【下限】。勾选【限制效果】后的效果如图 7-51 所示。

图 7-50　设置不同方向值时的不同弯曲效果

图 7-51　设置不同限制时的弯曲效果

7.3.2 【扭曲】

【扭曲】修改器用来对几何体应用扭曲变形。【扭曲】修改器可以使几何体表面的顶点沿着指定轴向进行旋转扭曲，从而获得不同程度的扭曲效果。也可以通过调整限制参数来实现局部扭曲效果。

为立方体应用【扭曲】修改器的效果如图 7-52 所示，其【参数】卷展栏如图 7-53 所示。

- 角度：此参数用于控制对象的扭曲程度。
- 偏移：此参数用于控制扭曲效果的上下偏移程度。设置不同的【偏移】值产生的效果如图 7-54 所示。

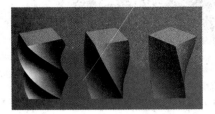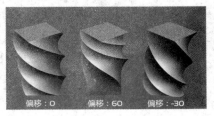

图 7-52 为立方体应用扭曲效果　　图 7-53 【参数】卷展栏　　图 7-54 不同偏移值的不同效果

7.3.3 【噪波】

【噪波】修改器可以沿着对象的 3 个轴向任意调整对象的顶点位置。【噪波】修改器主要用来模拟对象的随机形状或制作随机形态变化的动画。使用【噪波】修改器中【分形】选项，可以制作随机的涟漪模型或动画。例如，冰块模型、山脉模型或海浪动画等。

为立方体应用【噪波】修改器后的效果如图 7-55 所示，其卷展栏如图 7-56 所示。

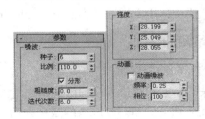

图 7-55 为立方体应用【噪波】修改器　　　图 7-56 【参数】卷展栏

- 噪波：该组参数用于控制噪波的随机化，以及噪波的尺寸和粗糙度等效果。
  - 种子：控制物体生成随机的起始点。在创建形态各异的模型时尤其有用，因为每个数值都可以生成不同的形态。设置不同的【种子】值，效果如图 7-57 所示。
  - 比例：用于设置噪波尺寸的大小。较大的数值可以产生平滑的噪波效果，较小的数值产生更剧烈的噪波效果。设置不同的【比例】值，效果如图 7-58 所示。

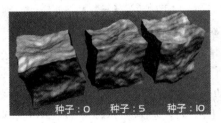

图 7-57 不同种子值的效果　　　　　图 7-58 不同比例值的效果

➤ 分形：当勾选这个选项后，可以创建更为明显的噪波效果。勾选【分形】和不勾选【分形】的效果对比如图 7-59 所示。

➤ 粗糙度：用来设置【分形】的变化程度。对【粗糙度】设置不同的数值时，产生的效果如图 7-60 所示。

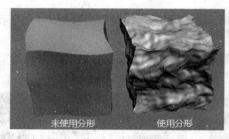

图 7-59　使用【分形】效果对比

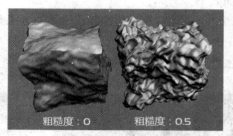

图 7-60　设置不同【粗糙度】的对比效果

➤ 迭代次数：设置【分形】所使用的迭代数目。较少的迭代次数产生较弱分形效果。迭代次数为 1 时不产生分形效果，迭代次数为 10 时产生最强的分形效果。

● 强度：该组参数控制噪波沿着 3 个轴向效果的大小。只有在 3 个轴向中任意一个轴向中应用了【强度】后才会产生噪波效果。【X】、【Y】、【Z】用于控制沿着 3 个轴设置噪波效果的强度。

● 动画：该组参数用于在关键帧上记录不同的【频率】值或【相位】值而产生动画效果。

➤ 动画噪波：调节【噪波】和【强度】参数的组合效果。下列参数用于调整基本波形。

➤ 频率：用于调节噪波动画的速度。较高的频率值使噪波动画播放得更快，较低的频率产生较为平缓的噪波动画。

➤ 相位：用于设置基本波形动画的开始和结束点以产生噪波动画。

7.3.4　【涟漪】

　　【涟漪】修改器可以在几何体对象中产生同心波纹效果。可以使用【涟漪】修改器制作具有涟漪效果的模型和制作水面的雨滴动画。

　　为平面应用【涟漪】修改器的效果如图 7-61 所示，其【参数】卷展栏如图 7-62 所示。

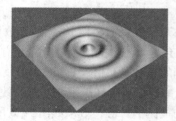

图 7-61　为平面应用【涟漪】修改器效果

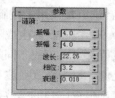

图 7-62　【参数】卷展栏

● 振幅 1、振幅 2：分别控制两个方向上的振幅大小。

● 波长：用于指定每个波峰之间的距离。波长越长涟漪越平缓。当波长值不同时的效果如图 7-63 所示。

● 相位：用于动画制作时，使涟漪产生波动动画效果。

● 衰退：设置涟漪的衰减过程，使涟漪波动产生由剧烈到平缓的效果。设置不同衰退值时的效果如图 7-64 所示。

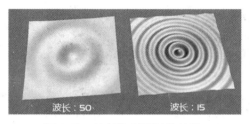

图 7-63 波长值不同时的效果

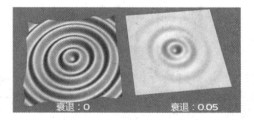

图 7-64 衰退值不同时的效果

7.3.5 【挤压】

【挤压】修改器可以为几何体应用挤压效果。在挤压效果中，与轴心相近的顶点会向内挤压。挤压围绕其 Gizmo 的 Z 轴进行应用。

为立方体应用【挤压】的效果如图 7-65 所示。其【参数】卷展栏如图 7-66 所示。

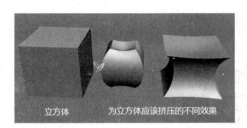

图 7-65 对立方体应用【挤压】修改器的效果   图 7-66 【参数】卷展栏

● 轴向凸出：该组参数主要控制沿着【挤压】Gizmo 的 Z 轴向应用挤压效果。

  ➢ 数量：此参数用于控制挤压的程度，数值为正数时向外凸起，数值为负数时向内凹陷。其效果如图 7-67 所示。

  ➢ 曲线：此参数用于控制挤出产生的凸起或凹陷的曲率。设置不同【曲线】值时的效果如图 7-68 所示。

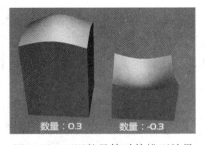

图 7-67 不同数量值时的模型效果

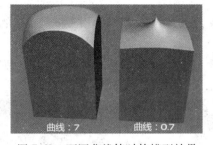

图 7-68 不同曲线值时的模型效果

● 径向挤压：该组参数主要控制沿着【挤压】Gizmo 的 X 和 Y 轴向应用挤压效果。

  ➢ 数量：此参数用于控制对 X 和 Y 轴向的挤压程度。设置不同【数量】值时产生的模型效果如图 7-69 所示 。

  ➢ 曲线：此参数用于控制对 X 和 Y 轴向挤出产生的凸起或凹陷的曲率。设置不同【曲线】值时的效果如图 7-70 所示。

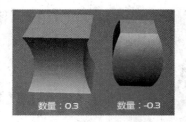 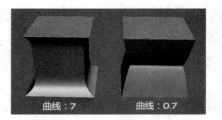

图 7-69　不同数量值时的模型效果　　　　图 7-70　不同曲线值时的模型效果

- 限制：该组参数用于限制在对象的某一段产生挤压效果。
  - 限制效果：勾选此复选框后，将可以使用【上限】和【下限】限制挤压效果的范围。
- 效果平衡：该组参数包括两个参数，一个是【偏移】，用于在保持恒定的对象体积时更改凸起或凹陷的相当数量，一个是【体积】，用于同时增减挤压效果。

7.3.6　【锥化】

【锥化】修改器可以通过缩放几何体的两端产生锥化效果。使用【锥化】修改器可以将几何体制作成锥体效果、代曲率的锥体效果或局部锥体效果。

为立方体应用【锥化】修改器后的效果如图 7-71 所示，其【参数】卷展栏如图 7-72 所示。

图 7-71　对立方体应用【锥化】修改器效果　　　　图 7-72　【参数】卷展栏

- 锥化：此参数组用于控制锥化的程度以及锥化曲率的大小。
  - 数量：用于控制对象的锥化程度。其最小值为 − 10，最大值为 10。
  - 曲线：对锥化对象的侧面应用曲率。
- 锥化轴：该组参数用于控制锥化的使用轴向。为模型应用不同轴向时的效果如图 7-73 所示。
- 对称：当勾选此复选框后，将依据 Gizmo 的主轴产生对称的锥化效果。当使用【对称】时的模型效果如图 7-74 所示。

 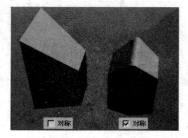

图 7-73　使用不同轴向的锥化效果　　　　图 7-74　使用和不使用对称的模型效果

- 限制：该组参数用于限制在对象的某一段产生锥化效果。

7.3.7 【波浪】

【波浪】修改器用于在几何体上产生波浪效果。【波浪】修改器与【涟漪】修改器十分相似，但不同的是【波浪】修改器产生平行线形式的波形效果，而【涟漪】修改器则产生同心圆形式的波形效果。

为平面应用【波浪】的效果如图 7-75 所示，其【参数】卷展栏如图 7-76 所示。

图 7-75 为平面应用【波浪】修改器效果   图 7-76 【参数】卷展栏

【波浪】修改器中【参数】卷展栏的各种参数与【涟漪】修改器【参数】卷展栏的各种参数功能相同。

7.4 自由变形修改器【FFD】

【FFD】（自由变形）修改器是网格编辑中非常重要的修改器。【FFD】修改器可以通过移动控制点使网格物体产生平滑一致的变形效果，在制作沙发、枕头、坐垫或各种水果等模型时尤为重要。

【FFD】（自由变形）修改器包括【FFD2x2x2】、【FFD3x3x3】、【FFD4x4x4】、【FFD 长方体】和【FFD 圆柱体】5 个修改器。它们的使用方法十分相似，仅是控制点数量和分布状态有所变化。

下面将以坐垫为例，学习【FFD4x4x4】修改器的使用方法。

本范例的制作过程见配套光盘中的视频教学。

动手做 7-8 如何应用自由变形修改器【FFD】创建坐垫

1 创建一个长度、宽度和高度分布为 150、150 和 30 的长方体，并将长度分段、宽度分段和高度分段分别设置为 18、18 和 3。

2 选中创建的长方体，进入修改面板，单击 `FFD 4x4x4` 按钮。

3 在修改器堆栈中打开【控制点】修改级别，并选中需要移动的控制点。然后使用缩放工具沿 X、Y 轴向将选中的所有控制点范围缩小。

4 当完成以上操作后，选中四个角上的所有控制点。实验缩放工具沿 Z 轴向缩小选中的控制点范围。

5 选中【FFD 4x4x4】修改器中中间的 12 个控制点，使用缩放工具沿 Z 轴向放大控制点范围。

6 切换到顶视图，选中四个角的所有控制点。使用缩放工具沿 X、Y 轴向放大控制点范围，并最终完成坐垫模型。

当为几何体应用【FFD 4x4x4】修改器之后，其【参数】卷展栏如图 7-77 所示。

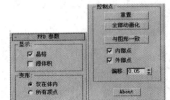

- 显示：其中有两个复选框，永远影响 FFD 在视口中的显示。
  - ➢ 晶格：勾选此复选框将显示连接控制点的框架。
  - ➢ 源体积：勾选此复选框将控制点和晶格以未修改的状态显示。

图 7-77 【参数】卷展栏

- 变形：用于决定控制点的影响范围。
  - ➤ 仅在体内：当选择此单选项后，只有位于晶格内的顶点会产生变形效果。
  - ➤ 所有顶点：当选择此单选项后，将影响所有顶点，无论它位于晶格内部或是晶格外部。选择不同变形方式时的模型效果如图 7-78 所示。

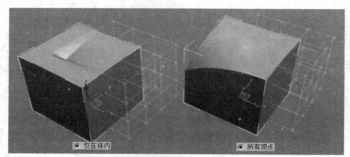

图 7-78 选择不同变形方式时的模型效果

- 控制点：用于设置控制点的状态。
  - ➤ 重置：单击此按钮后，将所有控制点重新设置到原始位置。
  - ➤ 全部动画化：单击此按钮后，将 FFD 晶格控制点显示在【轨迹视图】中，可以为每个控制点指定不同的动画控制器，以便更好地完成晶格变形动画。
  - ➤ 与图形一致：单击此按钮后，控制点将匹配到几何体模型。
  - ➤ 内部点、外部点：当单击【与图形一致】按钮时，控制影响的对象是内部点或外部点。
  - ➤ 偏移：设置当单击【与图形一致】按钮时，控制点匹配模型的曲面偏移距离。

7.5 【编辑网格】修改器

在 3ds Max 中，所有网格物体都是由点线面等基本元素构成的，构成物体的基本元素也被称之为子物体级别或子对象。【编辑网格】修改器中有 5 种子对象修改级别，分别为【顶点】、【边】、【面】、【多边形】和【元素】。在使用【编辑网格】修改器编辑几何体时，可以使用 5 种基本元素中的任意一种对几何体进行编辑，从而使几何体形成各种各样所需的模型效果。

下面将以电影奖杯制作为例，学习利用【编辑网格】修改器制作模型的具体方法。制作的奖杯模型如图 7-79 所示。

本范例的详细制作过程见配套光盘中的视频教学，其范例文件见配套光盘\场景文件\第 7 章\电影奖杯.max 文件。

图 7-79 制作的模型效果

🖊动手做 7-9 如何应用【编辑网格】修改器创建模型

1 打开创建面板，单击【标准基本体】中【长方体】按钮，在视图中创建一个参数设置如图 7-80 所示的长方体模型。

2 选中创建的长方体，单击修改器列表，选择【拉伸】修改器并将拉伸值设置为 0.8，使用 X 拉伸轴，然后选择【拉伸】修改器的 Gizmo 级别，将 Gizom 稍稍向左移动。

3 继续为拉伸过的立方体应用【倾斜】修改器，并将倾斜【数量】设置为 27，使用 Y 轴为倾斜轴。

4 为立方体应用【FFD 2x2x2】晶格变形，使用控制点级别将右侧的控制点稍稍向前移动。

5 继续为立方体模型应用【弯曲】修改器，并将弯曲【角度】设置为 −755。使用 X 轴为弯曲轴。

6 为立方体应用【锥化】修改器，将锥化【数量】设置为 −0.75，锥化【曲线】设置为 −0.55，锥化轴主轴设置为 Y 轴，锥化轴效果轴向设置为 XZ，然后使用【锥化】

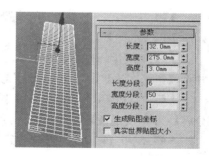

图 7-80　圆柱体创建参数

修改器的 Gizmo 级别，将 Gizmo 向下移动，并将中心移动到【锥化】修改器的中央位置。

7 将立方体应用各类修改器后，奖杯的细节效果并没有制作出来，这时需要为其应用【编辑网格】修改器。在修改器列表下方选择【BOX】立方体项目，然后选择修改器列表中的【编辑网格】修改器。可以单击修改器列表下方的 ▐【显示最终结果开/关切换】按钮，以方便预览模型结果状态。

8 打开【编辑网格】修改器的子对象级别，选择【边】子对象级别，每隔 5 个多边形选择 Y 轴一条边，如图 7-81 所示。

9 单击【编辑几何体】卷展栏中的【切角】按钮，然后将选择的边界进行切角处理，切角值为 1mm。

10 选择立方体横向两端的所有多边形，并使用【挤出】命令，将其挤出 2mm。

11 选择如图 7-82 所示的所有多边形，并将其挤出 1mm。

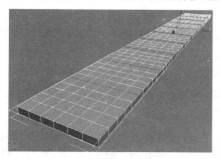

图 7-81　选中所需的边

图 7-82　选择所需的多边形

12 每隔一个多边形选择一个多边形，如图 7-83 所示。然后对选择的多边形进行【挤出】和【倒角】处理，效果如图 7-84 所示。

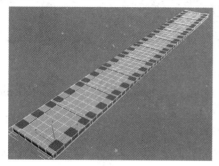

图 7-83　选择所需的多边形

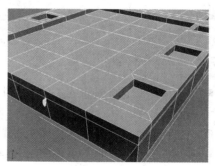

图 7-84　倒角选择所需的多边形

13 选择已经倒角处理的多边形旁边的多边形，并对其进行同样的挤出和倒角处理，效果如图 7-85 所示。

14 在【编辑网格】修改器之上增加【网格平滑修改器】，【细分方法】使用【经典】方式，并将【迭代次数】设置为 2，胶片模型最终效果如图 7-86 所示。

15 在透视图中创建一个【半径】为 25mm，【高度】为 45mm，【圆角】为 1mm，【圆角分段】为 3，【边数】为 50 的【切角圆柱体】。

16 使用【移动】和【旋转】工具，将胶片模型放置到圆柱体的合适位置上，最终效果如图 7-87 所示。

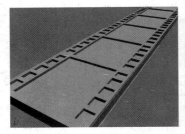
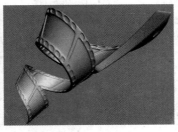

图 7-85　完成模型倒角处理　　　　图 7-86　胶片模型　　　　图 7-87　奖杯最终模型效果

在学习过"第 9 章　材质"后，用户可以利用当前完成的模型练习材质的赋予和调节。

将对象应用【网格编辑】修改器后，其参数卷展栏中主要由【选择】、【软选择】和【编辑几何体】组成，下面对【软选择】和【编辑几何体】卷展栏中的常用参数进行讲解。

1.【软选择】卷展栏

【软选择】卷展栏主要用于控制是否使用软性方式选择子对象级别，以及控制软性选择的影响范围和分别形式。该参数卷展栏如图 7-88 所示。

- 使用软选择：当勾选此选项后，将确认使用【软选择】。并且【软选择】卷展栏中的其他参数处于可用状态。在使用【软选择】编辑几何体时会产生完全不同于普通选择编辑几何体的效果，如图 7-89 所示。

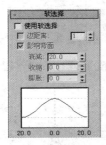
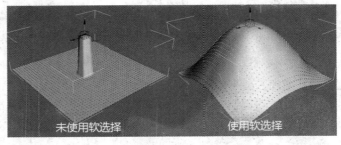

图 7-88　【软选择】卷展栏　　　　图 7-89　【软选择】使用对比效果

- 边距离：勾选此选项，在选择子对象时将以右侧微调器中的边数来限制选择对象的影响范围。
- 影响背面：勾选此选项，【软选择】将可以影响对象背面的子对象。
- 衰减、收缩、膨胀：用于控制影响区域的曲线形状。当设置不同数值时的曲线形状以及对微调的软化编辑效果如图 7-90 所示。

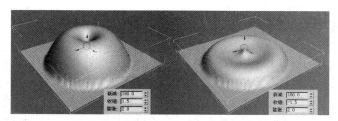

图 7-90 设置不同数值时的软化效果

2. 顶点编辑常用命令讲解

当选择【顶点】子对象级别时,【编辑几何体】卷展栏中顶点编辑参数如图 7-91 所示。

- 创建 ：激活此按钮后，在视图中任意位置单击将会在这个位置创建一个顶点。
- 删除 ：当选中一个或多个顶点时，单击此按钮将会删除当前选择的顶点及与该顶点相接的边和多边形。
- 附加 ：激活此按钮后，在视图中单击另外一个或多个几何体，可将它们附加为一个整体。
- 分离 ：当选中一个或多个顶点时，单击此按钮，会将当前选择的顶点和与之相接的边分离为单独的网格物体或元素。
- 断开 ：当选中一个或多个顶点时，单击此按钮，会将选中的顶点打断为多个相同位置但不相接的顶点。
- 切角 ：单击此按钮，可将选中的顶点沿着与之相接的边的方向进行分割处理，从而产生切角效果。其效果如图 7-92 所示。

图 7-91 顶点编辑参数

图 7-92 【切角】效果

3. 多边形编辑常用命令讲解

- 当选择【面】和【多边形】子对象修改级别,【编辑几何体】卷展栏中常用的工具为 挤出 工具和 倒角 工具。
- 挤出 ：单击此按钮，可以将当前选中的多边形挤出一个厚度，方便外形的向外扩展编辑，其效果如图 7-93 所示。
- 倒角 ：单击此按钮，可将当前选中的多边形挤出一个厚度并将选中的多边形进行放大或缩小操作，其效果如图 7-94。

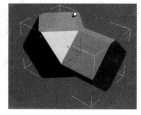

图 7-93 【挤出】操作

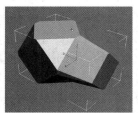

图 7-94 【倒角】操作

7.6 【网格平滑】修改器

当几何体表面精度较低时，可以使用【网格平滑】修改器对几何体进行细分处理，使几何体看起来更加平滑。

【网格平滑】修改器的使用方法相对比较简单，首先选中要平滑处理的几何体，然后为当前几何体应用【网格平滑】修改器。再增加合适的迭代次数，即可得到光滑的模型效果。

1.【细分方法】卷展栏

【细分方法】卷展栏主要用于控制细分物体表面的方法及是否针对整个网格物体，其参数卷展栏如图 7-95 所示。

图 7-95 【细分方法】卷展栏

- 细分方法：该下拉列表中有 3 种细分方式，包括【经典】、【四边形输出】和【NURMS】，如图 7-96 所示。不同的细分方式会得到不同的光滑计算结果，效果如图 7-97 所示。
- 应用于整个网格：当勾选此复选框后，则将平滑应用到整个网格物体；如果去除勾选，将仅对当前选择的子对象级别应用光滑效果。

图 7-96 【细分方法】列表

图 7-97 选择不同【细分方式】时的不同光滑效果

2.【细分量】卷展栏

【细分量】卷展栏用于控制几何体的光滑程度。【细分量】卷展栏如图 7-98 所示。

- 迭代次数：用于控制网格平滑的细分程度，不同迭代次数的模型效果如图 7-99 所示。

图 7-98 【细分量】卷展栏

图 7-99 迭代次数不同时的模型效果

- 平滑度：此选项用于设置细分角的尖锐程度，其取值范围为 0～1。当值为 0 时，表示不对任何角进行细分处理；当值为 1 时，表示细分物体中所有的角。不同平滑度时的模型效果如图 7-100 所示。
- 渲染值：用于控制在最终渲染时的迭代次数和平滑度。当不勾选其中的复选框时，最终渲染

图 7-100 不同平滑度时的模型效果

结果以视图迭代次数和平滑度的参数控制；当勾选【渲染值】中的复选框后视图显示的
光滑效果和最终渲染的光滑效果可使用不同参数。

3.【局部控制】卷展栏

【局部控制】卷展栏提供顶点和边两个子对象修改级别，以便对光滑的网格物体进行局部
调整，其卷展栏如图 7-101 所示。

- 控制级别：用于设置使用不同迭代次数的控制级别，级别越高控制点越多。最高的控制
  级别数为【细分量】卷展栏中迭代的次数。
- 显示框架：当选择顶点修改级别时，此选项用于控制是否显示黄色线框。

4.【参数】卷展栏

【参数】卷展栏主要由【平滑参数】和【曲面参数】组成，如图 7-102 所示。

图 7-101　【局部控制】卷展栏　　　　图 7-102　【参数】卷展栏

- 平滑参数：该组参数仅服务于【经典】和【四边形输出】两种细分方法，其中【强度】
  用于设置添加面的大小，【松弛】用于控制所有顶点的平滑效果。
- 曲面参数：该组参数用于决定是否将平滑结果应用到网格物体，并利用曲线属性限制物
  体表面的平滑效果。

7.7　实例制作——创建陶瓷瓶模型

本节以陶瓷瓶为例，学习【编辑网格】和【网格平滑】的使用技巧。

本范例的详细制作过程见配套光盘中的视频教学，范例完成的模型见配套光盘\场景文件\
第 7 章\陶瓷瓶.max 文件。

本范例的最终模型效果如图 7-103 所示。

图 7-103　完成的陶瓷瓶模型效果

制作流程图（见下图）

单击 圆柱体 按钮，在视口中创建一个圆柱模型。

将圆柱体转换为可编辑网格模型，然后选择模型的 顶点级别，并使用软选择将底部顶点向上移动。

在模型顶点级别中，每隔两个顶点选择两个顶点，向上移动。

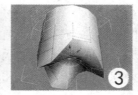

在模型 边级别中，选中模型最底部边界，单击 切角 按钮对所选边进行切角处理。

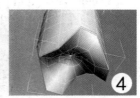

为模型应用 FFD（圆柱体）修改器。

在 FFD（圆柱体）修改器中选择控制点级别，利用控制点将圆柱体修改为圆弧状。

将模型转化为可编辑网格物体后对模型顶点进行调整，并利用倒角命令对瓶口处进行编辑。

最后为模型应用网格平滑修改器。

创建陶瓷瓶模型流程图

具体操作步骤：

1 执行菜单栏中【文件】→【重置】命令，重新设置系统。

2 激活【几何体创建】面板中【圆柱体】按钮，在顶视图创建一个【半径】为50，【高度】为120，【高度分段】为5，【端面分段】为3，【边数】为12的圆柱体。其模型效果如图7-104所示。

3 选中创建的圆柱体，打开【修改】面板，单击 编辑网格 按钮，为长方体应用【编辑网格】修改器。然后激活【选择】卷展栏中顶点子对象级别按钮 。选中圆柱体底部中央的一个顶点，勾选【软选择】卷展栏中【使用软选择】复选框，将【衰减】设置为50，效果如图7-105所示。

4 使用【选择并缩放】工具沿着Z轴向移动选中的点，如图7-106所示。

5 选择圆柱体底部边界的每隔2个顶点的6个顶点，并沿Z轴移动，模型效果如图7-107所示。

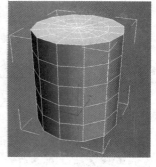

图7-104 创建的圆柱体

图7-105 选择顶点

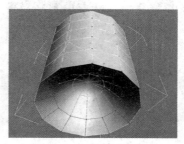

图7-106 沿Z轴移动顶点

图7-107 移动边界顶点

6 选择【编辑网格】修改器中 ◁（边对象级别），选择圆柱体底部的锐角边界，然后取消勾选【使用软选择】，并对其进行切角处理，【切角】值设置为 1。其模型效果如图 7-108 所示。

7 选中圆柱体模型，打开【修改器列表】，应用【FFD 圆柱体】修改器，效果如图 7-109 所示。

8 选择【晶格变形】修改器的【控制点】级别，对其进行合理调整，使其看起来接近陶瓷瓶体的模样，如图 7-110 所示。

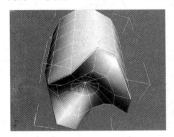
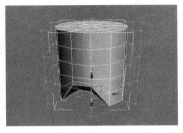
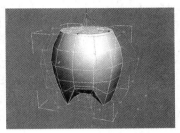

图 7-108　切角选中的边　　　图 7-109　设置细分程度后的效果　　　图 7-110　调整模型形态

9 为晶格变形后的模型再次应用【编辑网格】修改器，调整圆柱体顶部顶点，使其成为陶瓷瓶口的模型状态，如图 7-111 所示。

10 最后根据"第 9 章　材质"中学习的知识，为模型添加材质，并复制出另外一个瓶体，使用【移动和缩放】等工具将其放置到合适位置，然后进行最终的渲染输出，效果如图 7-112 所示。

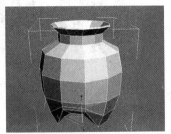

图 7-111　调整瓶口模型　　　　　图 7-112　光辉瓶体模型

7.8　本章小结

本章通过丰富的范例，详细介绍了 3ds Max 9 中常用修改器的使用方法。其中包括【挤出】、【倒角】、【倒角剖面】、【车削】、【圆角/切角】、【弯曲】、【拉伸】、【扭曲】、【噪波】、【松弛】、【涟漪】、【积压】、【锥化】、【波浪】、【编辑网格】、【网格平滑】及【FFD（4x4x4）】自由变形修改器。以上修改器可以满足日常绘图工作的实际需要。

7.9　本章习题

1. 填空题

（1）【弯曲】修改器可以应用到＿＿＿＿或＿＿＿＿，对其进行弯曲处理，并可以通过控制物体的弯曲角度、方向和轴向产生各种不同的弯曲变形效果。

（2）【噪波】修改器主要用来模拟对象的＿＿＿＿或＿＿＿＿的动画工具。

（3）【锥化】修改器可以通过缩放几何体的两端产生锥化效果。使用【锥化】修改器可以将几何体制作成_____、_____或_____。

（4）【FFD】修改器可以通过_____使网格物体产生平滑一致的变形效果。

2. 选择题

（1）下列修改器中属于二维转三维的修改器是（　　　）。

    A）【挤出】　　　　B）【噪波】　　　　C）【积压】　　　　D）【锥化】

（2）下列修改器中可以增加物体表面边面数的修改器是（　　　）。

    A）【编辑网格】　　B）【拉伸】　　　　C）【波浪】　　　　D）【网格平滑】

（3）制作海浪模型可以使用（　　　）修改器。

    A）【噪波】　　　　B）【积压】　　　　C）【FFD（4x4x4）】　　D）【涟漪】

（4）制作酒瓶模型可以使用（　　　）修改器。

    A）【弯曲】　　　　B）【积压】　　　　C）【车削】　　　　D）【锥化】

3. 判断题（正确√，错误×）

（1）【挤出】修改器仅可以用于封闭的二维图形。　　　　　　　　　　　　　（　　）

（2）【圆角/切角】修改器可以将二维图形转换为三维实体。　　　　　　　　（　　）

（3）【网格平滑】修改器仅可以光滑几何体，不能任意改变几何体的形态。　（　　）

4. 操作题

（1）利用【网格编辑】等修改器创建一个咖啡杯模型。其最终效果如图 7-113 所示。

本范例的详细制作过程见配套光盘中的视频教学，场景模型见配套光盘中第 7 章\咖啡杯.max 文件。

操作提示：

- 创建圆柱体，然后利用【倒角】工具挤出咖啡杯的内腔，并应用【网格光滑】修改器。
- 创建立方体，通过【编辑网格】修改器，调整其形态，并应用【网格光滑】修改器。

图 7-113　最终渲染效果图

（2）制作高脚杯模型。

解题思路：

利用【图形】工具绘制一条高脚杯的半截面图形，应用【车削】修改器使其形成高脚杯三维模型。

（3）制作饼干模型。

操作提示：

使用【星形】工具绘制一个星形，使用【挤出】修改器将其挤出为三维模型，并应用【网格平滑】修改器。

（4）制作苹果模型。

操作提示：

绘制一条苹果的半截面图形，应用【车削】修改器使其形成苹果的基础模型效果，然后为模型应用【FFD（4x4x4）】修改器，进入控制点级别并适当调整控制点的位置，为苹果模型制作随机效果。

第 8 章　NURBS 建模

教学目标

掌握 NURBS 曲面模型的创建及修改方法，灵活运用 NURBS 工具箱中的点工具、曲线工具和曲面工具

教学重点与难点

➢ NURBS 曲面的创建方法
➢ 利用子对象级别修改 NURBS 模型
➢ NURBS 建模常用命令的使用
➢ NURBS 工具的使用方法

NURBS 是 Non-Uniform Rational B-Splines 的缩写，意为非均匀有理数 B 样条线。NURBS 建模方式是工业曲面建模的标准，是一种非常重要的建模方法。它由复杂的数学公式计算曲线方向和曲度，并根据曲线的曲度自动控制模型中点的分布情况。可以用较少的点面来创建更加平滑的曲面模型。

8.1　创建 NURBS 曲面

在 3ds Max 9 中文版中，创建 NURBS 模型的方法有 3 种：第一种是绘制 NURBS 曲线，并对 NURBS 曲线应用 NURBS 自身的三维命令，形成三维模型；第二种是直接创建 NURBS 曲面，并对曲面进行深度编辑；第三种是利用可转换为 NURBS 模型的网格物体，将其向 NURBS 模型转换。

8.1.1　NURBS 曲面物体

要创建 NURBS 曲面，选择创建面板几何体类型列表中的【NURBS 曲面】选项，即可打开 NURBS 曲面创建面板。该创建面板中包括两种 NURBS 曲面模型，一种是【点曲面】模型，一种是【CV 曲面】模型，如图 8-1 所示。

图 8-1　NURBS 曲面创建面板

1. 点曲面

点曲面是由许多点阵列形成的一个矩形曲面，这些点全部被约束在 NURBS 曲面上。当点曲面创建完毕后，可以在【点】子对象级别调整点的位置，以形成各种各样的曲面形状，如图 8-2 所示。

单击 NURBS 曲面创建面板中的 点曲面 按钮，将会打开【创建参数】卷展栏，如图 8-3 所示。

● 长度、宽度：用于设置点曲面的长度及宽度。

图 8-2　创建点曲面以及修改后的模型效果　　　　图 8-3　【创建参数】卷展栏

- 长度点数：曲面长度方向上的控制点数。最小可设置为 2，最多可设置为 50。
- 宽度点数：曲面宽度方向上的控制点数。
- 翻转法线：勾选此选项可以反转曲面法线的方向。

2. CV 曲面

CV 曲面是由许多具有控制能力的控制点组成的，这些控制点不依附在曲面上，但对曲面具有很强的控制能力。当 CV 曲面创建完毕后，在【曲面 CV】子对象级别可以移动控制点的位置，以修改 CV 曲面的形态，其效果如图 8-4 所示。

CV 曲面的【创建参数】卷展栏如图 8-5 所示。

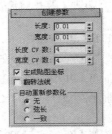

图 8-4　创建的 CV 曲面及修改后的形态　　　　图 8-5　【创建参数】卷展栏

- 长度 CV 数、宽度 CV 数：分别用于设置 CV 曲面宽度和长度方向上的控制点数目。
- 自动重新参数化：使用此参数组中的单选框，可选择不同的自动重新参数化方式。
  - 无：当勾选此单选项后，不重新参数化。
  - 弦长：当勾选此单选项后，重新参数化以弦长算法进行重新参数化。
  - 一致：当勾选此单选项后，均匀隔开各个结。

8.1.2　通过 NURBS 曲线形成曲面

在绘制完成样条线后，可以应用【挤出】、【旋转】、【倒角】和【车削】等修改器，将绘制的二维曲线转换为三维模型。在绘制完成 NURBS 曲线后也可以应用以上修改器，但 NURBS 系统也有属于自己的二维图形转三维模型的命令。针对 NURBS 曲线使用 NURBS 系统自带的修改命令，可以得到更好的模型效果以及更强的模型编辑能力。

NURBS 曲线的创建方法已经在第 6 章中详细讲解，在此仅以一个实例讲解 NURBS 曲线转换为 NURBS 曲面的操作过程。

本范例的详细制作步骤见配套光盘\视频教学\第 8 章\曲线转换为曲面.avi 文件，场景文件见配套光盘\第 8 章\曲线转换为曲面.max 文件。

动手做 8-1　　如何将 NURBS 曲线转换为曲面

1 执行【文件】菜单→【重置】命令，重新设置系统。

2 单击 NURBS 曲线创建面板中的 点曲线 按钮，绘制一条要转换为曲面的点曲线，图形效果如图 8-6 所示。

3 选择绘制的点曲线，打开修改面板。单击【常规】卷展栏中的 （NURBS 创建工具箱），并单击工具箱中的【创建车削曲面】按钮 ，如图 8-7 所示。

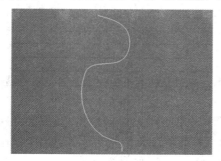

图 8-6　绘制点曲线　　　　　　　　　　图 8-7　NURBS 创建工具箱

4 单击场景中绘制的点曲线，将会对当前图形进行【车削】操作。其模型效果如图 8-8 所示。

5 当完成车削曲面后，可以看到产生了错误的模型效果，这时需要对车削曲面进行调节。单击修改面板【车削曲面】卷展栏中的【最大】按钮，然后勾选【封口】复选框。调节后的曲面效果如图 8-9 所示。【车削曲面】卷展栏如图 8-10 所示。

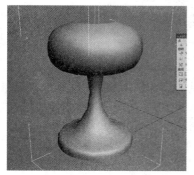

图 8-8　【车削】后的模型效果　　　图 8-9　调节后的模型效果图　　　图 8-10　【车削曲面】
　　　　　　　　　　　　　　　　　　　　　　　　　　　　　　　　　　卷展栏

6 打开修改命令面板中【点】子对象级别，单击 延伸 按钮，可以继续绘制图形，其效果如图 8-11 所示。最终模型效果如图 8-12 所示。

图 8-11　延伸点曲线　　　　　　　图 8-12　点曲线转换后的模型效果

本例仅作为 NURBS 曲线转换为 NURBS 曲面的简单过程，工具箱中的所有工具将会在"8.3NURBS 工具箱"中详细讲解。

8.1.3 其他物体类型转换为 NURBS 曲面模型

在 3ds Max 9 中有很多网格物体可以转换为 NURBS 曲面模型，例如【长方体】、【球体】、【茶壶】、【放样模型】，以及使用【挤出】和【车削】修改器制作的模型等。

1. 将基本体转换为 NURBS 曲面

在 3dsMax 中可以转换为 NURBS 曲面的基本体包括所有的标准基本体，扩展基本体中环形结和三棱柱，复合对象中的放样模型。

转换方法：选择要转换的基本体，然后在选择的基本体上右击鼠标，在弹出的四元菜单中执行【转换为】→【转换为 NURBS】命令，即可将选择的基本体转换为 NURBS 曲面模型。

在转换为 NURBS 曲面后，物体的框架也会进行改变，如图 8-13 所示。

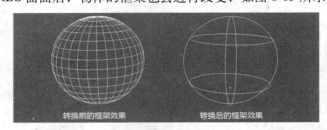

图 8-13　将球体转化为 NURBS 曲面后的框架效果

2. 将挤出模型转化 NURBS 曲面模型

除了基本体之外，利用部分修改器创建的三维模型也支持 NURBS 曲面的转化。例如【挤出】和【车削】修改器编辑的模型。其操作方法与基本体转化为 NURBS 曲面的方法十分相似。首先选择要转化的挤出模型，然后在【输出】卷展栏中选择【NURBS】选项，当挤出完成后右键单击场景中创建的挤出模型，在弹出的四元菜单中执行【转换为】→【转换为 NURBS】命令，即可将挤出模型转换为 NURBS 曲面模型。

8.2　NURBS 物体的次物体层级

在 3ds Max 9 中，NURBS 曲面模型中包括 5 个子对象修改级别：【点】、【曲面】、【曲面 CV】、【曲线】和【曲线 CV】。在实际制作过程中，通常不能够全部显示这 5 个子对象修改级别，而是需要哪些子对象级别便在修改器堆栈中显示其中的一个或几个子对象修改级别。当使用所有的子对象级别时，卷展栏中显示的子对象如图 8-14 所示。

图 8-14　所有次物体级别

8.2.1 点次物体级别

NURBS 曲面中【点】次物体级别可以控制依附在【点曲线】或【点曲面】上的控制点，通过调整点的位置来改变图形或曲面的形状。改变点位置的模型效果如图 8-15 所示。

当选择使用 NURBS 曲面中【点】次物体级别时，将在修改面板中显示【点】卷展栏，如图 8-16 所示。

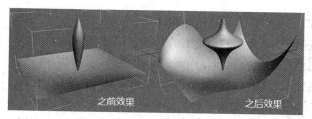

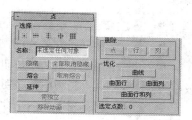

图 8-15　调整点的位置形成不同的 NURBS 曲面效果

图 8-16　【点】卷展栏

- （单个点）：激活此按钮后，当选择 NURBS 曲面中的点时，一次仅能选中其中一个控制点。
- （点行）：当激活此按钮后，单击一次能够选中一行控制点。
- （点列）：当激活此按钮后，可以一次选中一列控制点。
- （点行和列）：当激活此按钮后，单击当前点可以将所在的整列和整行点同时选中。
- （全部点）：当激活此按钮后，单击可以选中独立元素的所有控制点。
- 删除：该组用于删除点曲面上的控制点。当选中一个控制点时，可以单击组中的 点 、 行 或 列 按钮，将删除曲面上的控制点。
- 优化：该组用于对【点曲线】和【点曲面】增加控制点。
  - 曲线 ：用于对点曲线添加点。
  - 曲面行 ：用于对点曲面添加一行点。
  - 曲面列 ：用于对点曲面添加一列点。
  - 曲面行和列 ：用于对点曲面同时添加一行和一列点。

8.2.2　曲面次物体级别

NURBS 物体中曲面是最终表现形态的元素，在【曲面】次物体级别中，通过对 NURBS 曲面的打断、延伸或连接等操作对曲面形态进行修改。改变曲面位置的模型效果如图 8-17 所示。

当选择使用 NURBS 曲面中【曲面】次物体级别时，将在修改面板中显示【曲面公用】卷展栏，如图 8-18 所示。

图 8-17　在曲面次物体级别打断曲面并移动

图 8-18　【曲面公用】卷展栏

- （单个曲面）：当激活此按钮后，单击 NURBS 曲面次物体级仅能选择一个单独的曲面元素。
- （所有连接曲面）：当激活此按钮后，单击 NURBS 曲面次物体能选择所有连接的曲面元素。
- 删除 ：用于删除选定的曲面次物体。
- 硬化 ：用于塌陷选定曲面的控制点，使其无法编辑。
- 创建放样 ：用于依据曲面曲度创建 U 向或 V 向的曲线。
- 创建点 ：用于创建依附于曲面上的控制点。

- 转化曲面 ：用于将点曲面和 CV 曲面进行互相转化。
- 使独立 ：单击此按钮可以将曲面的创建方式塌陷，形成独立的曲面。
- 断开行 ：当激活此按钮后单击曲面，会将曲面横向断开，生成两端分离的曲面。
- 断开列 ：当激活此按钮后单击曲面，会将曲面纵向断开，生成两端分离的曲面。
- 连接 ：用于将两个曲面次物体连接在一起。

8.2.3 曲面 CV 次物体级别

当选择【曲面 CV】次物体级别时，可以控制【CV 曲面】的控制点，以便调节 CV 曲面的形态。通过调整可控点的位置，可以改变整个曲面的形态，如图 8-19 所示。

当选择使用 NURBS 曲面中【曲面 CV】次物体级别时，将在修改面板中显示【CV】卷展栏，如图 8-20 所示。

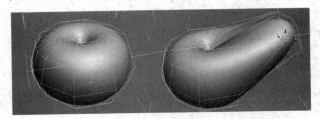

图 8-19　使用【曲面 CV】修改模型形态

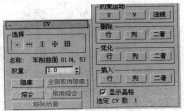

图 8-20　【CV】卷展栏

- 约束运动：该组用于约束移动控制点的方向。
- 删除：该组用于删除 CV 曲面中的控制点。
- 优化：该组用于在 CV 曲面中增加控制点，在增加控制点的同时自动分配周围的控制点。
- 插入：该组用于在 CV 曲面中增加控制点，在增加控制点的同时不自动分配周围的控制点。

8.2.4 曲线次物体级别

在【曲线】次物体修改级别中，可以对 NURBS 曲面模型中的【点曲线】或【CV 曲线】进行调节。通过调整曲线的形态，从而更改曲面的模型效果，如图 8-21 所示。

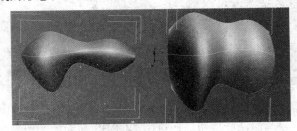

图 8-21　在【曲线】修改级别中编辑曲面模型

【曲线】次物体修改级别中【曲线公用】卷展栏在第 6 章中已经详细讲解，在此不重复。

8.2.5 曲线 CV 次物体级别

【曲线 CV】又被称为可控曲线，是对 NURBS 曲面模型中【CV 曲线】进行编辑的次物体级别。通过调整可控点的位置来改变曲线形态，从而更改与之关联的曲面模型。当调节可控点时，更改的模型效果如图 8-22 所示。

图 8-22　在【曲线 CV】修改级别中编辑曲面模型

【曲线 CV】次物体修改级别中【CV】卷展栏在第 6 章中已经详细讲解，在此不重复。

8.3　NURBS 工具箱

当创建了 NURBS 曲线或 NURBS 曲面时，打开修改面板时通常会自动打开 NURBS 创建工具箱，如图 8-7 所示。如果打开修改面板时没有自动打开 NURBS 创建工具箱，可以单击 ⊞（NURBS 创建工具箱）按钮，这时将弹出工具箱。

【NURBS】创建工具箱的编辑能力十分强大，它提供了三类创建及编辑工具，分别为点工具、曲线工具和曲面工具，利用这些工具可以创建控制点、曲线和曲面，并对创建的控制点、曲线和曲面进行编辑。

8.3.1　点工具

NURBS 创建工具箱中，提供了 6 种控制点创建工具，如图 8-23 所示，用于创建各种类型的控制点。

图 8-23　点工具

- ⚠（创建点）：当激活此按钮后，将可以在视图中任意位置单击创建一个单独的点。这个点配合拟合曲线工具可以创建多个独立式点的曲线。独立点没有附件参数。

- ⬡（创建偏移点）：激活此按钮后，在已有的控制点上单击，可以创建一个新的偏移点，并且可以在【偏移点】卷展栏中调整 X、Y、Z 方向的偏移值，控制偏移点在视图中相对于依附点的位置。当完成创建偏移点后，此偏移点将随着依附点运动。【偏移点】卷展栏如图 8-24 所示。

图 8-24　【偏移点】
卷展栏

当选中【在点上】单选项时，偏移点将不可调节空间中的相对位置。

- ⬡（创建曲线点）：激活此按钮后，可以创建一个依附于曲线的点。将光标置于曲线上，当曲线显示为蓝色时，单击即可创建出这个依附于曲线的点。此点拥有更多的自身参数，可以在【曲线点】卷展栏中控制曲线点的位置、偏移量、修剪曲线以及翻转修剪。其【曲线点】卷展栏如图 8-25 所示。在曲线上创建的曲线点以及曲线修剪后的形状如图 6-26 所示。

  - ➤ U 向位置：用于指定曲线点在曲线上的位置或相对于曲线的位置。
  - ➤ 法线：用于控制在 U 向位置上，沿着曲线法线的方向移动创建的点。
  - ➤ 切线：用于控制在 U 向位置上，沿着切线方向移动创建的点。
  - ➤ 修剪曲线：当勾选此复选框后，将在曲线点与曲线交汇的位置进行剪裁并去除剪裁的曲线。

图 8-25 【曲线点】卷展栏

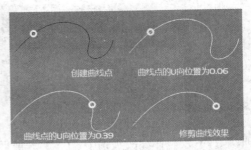

图 8-26 创建的曲线点以及曲线修剪后的效果

- ☒（创建曲线-曲线相交点）：激活此按钮后，在视图中依次拾取同一曲面模型中的两条相交曲线，可在两条曲线相交处创建一个点，并可以在【曲线-曲线点】卷展栏中控制是否修剪或翻转修剪曲线，如图 8-27 所示。创建的【曲线-曲线点】以及曲线修剪后的效果如图 8-28 所示。

图 8-27 卷展栏参数

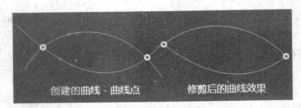

图 8-28 创建于修剪曲线-曲线点的效果

> 种子 1、种子 2：更改两条曲线上种子值的 U 向位置。离种子点最近的相交点会被用于创建交点。

- ▦（创建曲面点）：当激活此按钮后，单击曲面上任意位置将会在曲面上的这个位置创建一个点，创建的点将附着于当前曲面。【曲面点】卷展栏如图 8-29 所示。创建以及移动曲面点的效果如图 8-30 所示。

图 8-29 【曲面点】卷展栏

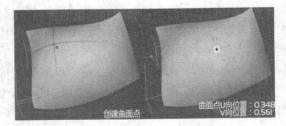

图 8-30 创建并设置曲面点位置效果

- ▦（创建曲面-曲线相交点）：激活此按钮后，将可以在视图中依次拾取同一曲面模型中相交的曲线和曲面，便会在两条曲线相交处创建一个点，并可以在【曲线-曲线点】卷展栏中控制是否修剪或翻转修剪曲线，如图 8-31 所示。

图 8-31 【曲面-曲线】卷展栏

8.3.2 曲线工具

NURBS 创建工具箱提供了强大的曲线创建能力。用于创建和编辑各种类型的曲线，包括点曲线、CV 曲线、拟合曲线、变换曲线、混合曲线、镜像曲线、切角曲线、圆角曲线、偏移曲线等 18 种曲线类型。【曲线】工具箱如图 8-32 所示。

- ● （创建 CV 曲线）：其功能和使用方法与 NURBS 曲线创建面板中的 CV 曲线 相同，用于在当前 NURBS 曲线中绘制 CV 曲线。

- ● （创建点曲线）：其功能和使用方法与 NURBS 曲线创建面板中的 点曲线 相同，用于在当前 NURBS 曲线中绘制点曲线。

- ● （创建拟合曲线）：激活此按钮后，可以捕捉当前 NURBS 曲面中已有的各种控制点，并拟合到这些控制点上。当移动这些控制点时，曲线形态也随之变化。为单独点拟合曲线效果如图 8-33 所示

图 8-32　曲线工具

图 8-33　为单独点拟合曲线效果

- ● （创建变换曲线）：当激活此按钮后，单击当前 NURBS 曲线并左键拖曳，将可以复制出一条与原曲线关联的变换曲线，效果如图 8-34 所示。

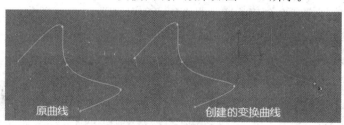

图 8-34　创建变换曲线

- ● （创建混合曲线）：激活此按钮后，可以将两端开放的曲线进行连接。通过其中一个端点以平滑的方式连接到另一个端点，中间形成具有张力的平滑曲线。在【混合曲线】卷展栏中可以分别控制两个端点的张力值，如图 8-35 所示。创建的混合曲线如图 8-36 所示。

图 8-35　【混合曲线】卷展栏

图 8-36　创建的混合曲线

- ➢ 张力：用于控制混合曲线两端的受控强度。

- ● （创建偏移曲线）：激活此按钮后，可以沿曲线的中心向内或向外复制出一条与原曲线相关联的偏移曲线，偏移曲线非常类似样条线中的轮廓线效果。并可以根据需要在【偏移曲线】卷展栏中设置曲线的偏移量，如图 8-37 所示。创建的偏移曲线如图 8-38 所示。

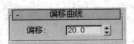

图 8-37 【偏移曲线】卷展栏

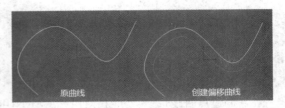

图 8-38　创建的偏移曲线

- 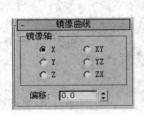（创建镜像曲线）：激活此按钮，可以创建一个沿指定轴向镜像复制的曲线，创建的镜像曲线与原曲线为关联关系。【镜像曲线】卷展栏如图 8-39 所示。创建的镜像曲线如图 8-40 所示。

图 8-39　【镜像曲线】卷展栏

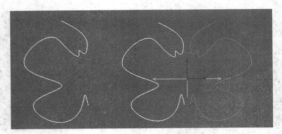

图 8-40　创建的镜像曲线

> 镜像轴：用于控制镜像所依据的轴向，与 ▶◀（镜像工具）中的镜像轴十分相似。

- ◥（创建切角曲线）：用于在两个分离并相交的曲线间创建直线切角。【切角曲线】卷展栏如图 8-41 所示。创建的切角曲线如图 8-42 所示。

图 8-41　【切角曲线】卷展栏

图 8-42　创建的切角曲线

- ◥（创建圆角曲线）：用于在两个分离并相交的曲线间创建弧形圆角。【圆角曲线】卷展栏如图 8-43 所示。创建的圆角曲线如图 8-44 所示。

图 8-43　【圆角曲线】卷展栏

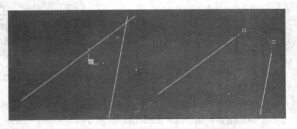

图 8-44　创建的圆角曲线效果

> 半径：用于控制创建圆角曲线的圆角半径大小。

● 　（创建曲面-曲面相交曲线）：用于在两个相交曲面之间创建一条相交曲线，并可以依据创建的曲线对两个曲面进行裁剪，【曲面-曲面相交曲线】卷展栏如图 8-45 所示。创建的曲面-曲面相交曲线并修剪的效果，如图 8-46 所示。

图 8-45　【曲面-曲面相交曲线】卷展栏　　　　　图 8-46　创建的曲面-曲面相交曲线并修剪的效果

● 　（创建 U 向等参曲线）：用于在曲面的水平方向创建等参曲线，并可以依据创建的等参曲线对曲面进行修剪。【等参曲线】卷展栏如图 8-47 所示。创建等参曲线并修剪的效果如图 8-48 所示。

图 8-47　【等参曲线】卷展栏　　　　　　　图 8-48　创建的等参曲线并修剪效果

➢ 位置：用于控制等参曲线在曲面上的位置。

● 　（创建 V 向等参曲线）：用于在曲面的垂直方向创建等参曲线，并可以依据创建的等参曲线对曲面进行修剪。创建等参曲线及修剪的效果如图 8-49 所示。

图 8-49　创建的等参曲线及修剪效果

● 　（创建法向投影曲线）：用于将一条曲线垂直投影到 NURBS 曲面上，根据曲线和曲面的相应位置创建一条新曲线。这条法向透影曲线可以用于修改被投影的曲面。【法向投影曲线】卷展栏如图 8-50 所示。创建法向投影曲线并修剪曲面的效果如图 8-51 所示。

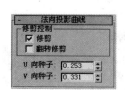

图 8-50　【法向投影曲线】卷展栏　　　　　图 8-51　法向投影曲线并修剪曲面效果

● ▧ (创建矢量投影曲线)：用于将一条曲线垂直于当前视图投影到 NURBS 曲面上，根据曲线和曲面的相应位置创建一条新曲线。这条矢量透射曲线可以用于修改被投影的曲面。【矢量投影曲线】卷展栏与【法向投影曲线】卷展栏十分相似。创建矢量投影曲线并修剪曲面的效果如图 8-52 所示。

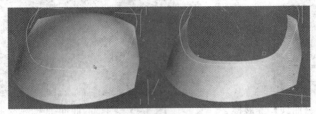

图 8-52　矢量投影曲线并修剪曲面效果

● ▨ (创建曲面上的 CV 曲线)：用于创建依附于曲面上的 CV 曲线，并可以根据创建的曲线对曲面进行修剪。【曲面上的 CV 曲线】卷展栏如图 8-53 所示。创建曲面上的 CV 曲线并对曲面进行修剪效果如图 8-54 所示。

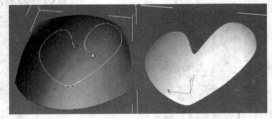

图 8-53　【曲面上的 CV 曲线】卷展栏　　图 8-54　创建曲面上的 CV 曲线并对曲面进行修剪效果

● ▨ (创建曲面上的点曲线)：用于创建依附于曲面上的点曲线，并可以根据创建的曲线对曲面进行修剪。【曲面上的点曲线】卷展栏如图 8-55 所示。创建曲面上的点曲线并对曲面进行修剪效果如图 8-56 所示。

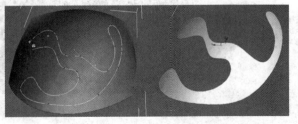

图 8-55　【曲面上的点曲线】卷展栏　　图 8-56　创建曲面上的点曲线并对曲面进行修剪效果

● ▨ (创建曲面偏移曲线)：激活此按钮后，在依附于曲面的曲线上拖曳鼠标将会沿着曲面的垂直方向复制出一条新曲线。【曲面偏移曲线】卷展栏如图 8-57 所示。

● ◎ (创建曲面边曲线)：用于在曲面的边缘创建边缘曲线。【曲面边曲线】卷展栏如图 8-58 所示。

图 8-57　【曲面偏移曲线】卷展栏　　图 8-58　【曲面边曲线】卷展栏

8.3.3 【曲面】工具

图 8-59　【曲面】工具箱

　　【曲面】工具用于创建各种类型的 NURBS 曲面，包括 CV 曲面、点曲面、变换曲面、混合曲面、偏移曲面、镜像曲面、挤出曲面和车削曲面等 17 种曲面类型。【曲面】工具箱如图 8-59 所示。

- 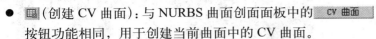（创建 CV 曲面）：与 NURBS 曲面创面面板中的 CV 曲面 按钮功能相同，用于创建当前曲面中的 CV 曲面。

- （创建点曲面）：与 NURBS 曲面创面面板中的 点曲面 按钮功能相同，用于创建当前曲面中的点曲面。

- （创建变换曲面）：在要复制的曲面上单击并拖曳，将会创建一个与原曲面相关联的变换曲面。【变换曲面】卷展栏如图 8-60 所示。创建的变换曲面如图 8-61 所示。

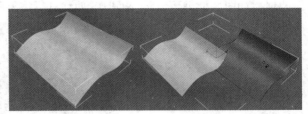

图 8-60　【变换曲面】卷展栏　　　　　　　　图 8-61　创建的变换曲面

- （创建混合曲面）：用于将两个分离的曲面或曲线连接成一个平滑的混合曲面。可以将一个曲面混合到一条曲线上，也可以将曲面和曲面或曲线和曲线进行混合操作。【混合曲面】卷展栏如图 8-62 所示。创建的混合曲面如图 8-63 所示。

图 8-62　【混合曲面】卷展栏　　　　　　图 8-63　为两个曲面创建混合曲面

　➢ 起始点 1 与起始点 2：用于调整混合曲面两边的起始点位置。调整起点会尽可能消除曲面中错误的扭曲。

- （创建偏移曲面）：用于沿着曲面的中心向外或向内偏移复制一个新的关联曲面。【偏移曲面】卷展栏如图 8-64 所示。创建的偏移曲面如图 8-65 所示。

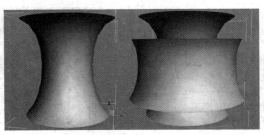

图 8-64　【偏移曲面】卷展栏　　　　　　　图 8-65　创建的偏移曲面

- 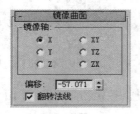 （创建镜像曲面）：用于沿着一个指定的镜像轴复制一个关联曲面。【镜像曲面】卷展栏如图 8-66 所示。创建的镜像曲面如图 8-67 所示。

图 8-66　【镜像曲面】卷展栏

图 8-67　为当前曲面创建镜像曲面

-  （创建挤出曲面）：用于将 NURBS 曲线挤出一个高度而形成曲面。【挤出曲面】卷展栏如图 8-68 所示。对 NURBS 曲线进行挤出曲面效果如图 8-69 所示

图 8-68　【挤出曲面】卷展栏

图 8-69　对 NURBS 曲线进行挤出曲面效果

　　➢ 封口：用于对挤出的曲线进行封口操作，使其端面形成封闭的曲面。

- 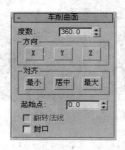 （创建车削曲面）：用于将曲线围绕指定的轴心进行旋转，形成一个车削曲面。【车削曲面】卷展栏如图 8-70 所示。车削曲面如图 8-71 所示。

图 8-70　【车削曲面】卷展栏

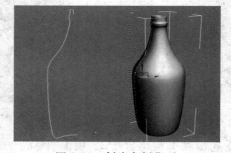

图 8-71　创建车削曲面

- 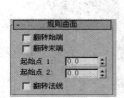 （创建规则曲面）：用于将两条曲线进行连接，在两条曲线之间创建一个曲面。【规则曲面】卷展栏如图 8-72 所示。创建的规则曲面如图 8-73 所示。

图 8-72　【规则曲面】卷展栏

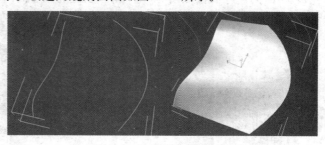

图 8-73　创建的规则曲面

- （创建封口曲面）：用于对一条封闭的曲线或封闭的口状曲面进行沿边界创建一个封口曲面。【封口曲面】卷展栏如图 8-74 所示。创建的封口曲面如图 8-75 所示。

图 8-74 【封口曲面】卷展栏

- （创建 U 向放样曲面）：利用此工具在视图中拾取一组曲线作为放样截面，可以将它们连接为一个平滑的放样曲面，如图 8-76 所示。

图 8-75 创建的封口曲面

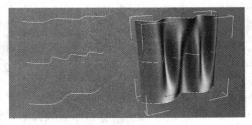

图 8-76 创建 U 向放样曲面

- （创建 UV 向放样曲面）：利用此工具可以先在视图中拾取一组 U 向截面，当拾取完毕后右击鼠标，然后再拾取一组 V 向截面，可以将它们放样为一个平滑的曲面，如图 8-77 所示。

图 8-77 创建 UV 向放样曲面

- （创建单轨扫描曲面）：激活此按钮后，首先拾取一条作为截面形状的曲线，然后再拾取一条作为路径的曲线，右击鼠标即可完成创建单轨扫描曲面。创建单轨扫描曲面的原理与放样建模的原理十分相似。创建的单轨扫描曲面如图 8-78 所示。

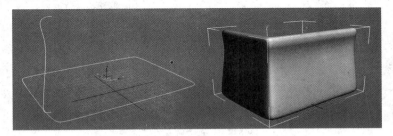

图 8-78 创建单轨扫描曲面

- （创建双轨扫描曲面）：创建双轨扫描曲面的原理与创建单轨扫描曲面相似，不同的是它需要有两条路径曲线对截面曲线进行约束。首先，依次拾取两条作为路径的曲线，然后，再拾取作为截面的曲线，最后，右击鼠标即可完成双轨扫描曲面的创建，如图 8-79 所示。
- （创建多边混合曲面）：创建多边混合曲面与创建混合曲面的原理相同，唯独创建多边混合曲面可以为 3 条或 3 条以上的 NURBS 曲线或曲面边进行混合，如图 8-80 所示。

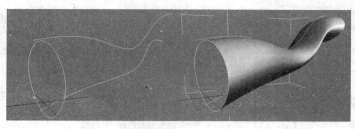

图 8-79　创建双轨扫描曲面

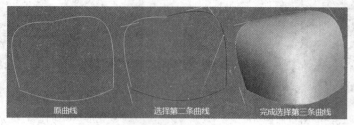

图 8-80　创建多边混合曲面

- 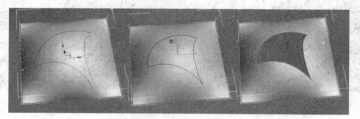 　（创建多重曲线修剪曲面）：用于对一条封闭的依附于曲面上的曲线或多条依附于曲面上的曲线进行修剪，为曲面修剪出一个当前图形形状的洞。创建多重曲线修剪曲面如图 8-81 所示。

图 8-81　创建多重曲线修剪曲面

-  　（创建圆角曲面）：用于在两个分离的相交曲面之间产生平滑的圆角曲面。圆角曲面如图 8-82 所示。

图 8-82　创建圆角曲面

8.4　实例制作——创建音箱模型

本节将利用 NURBS 曲面创建命令以及子对象的修改方法制作音箱模型。

详细制作过程见配套光盘中的视频教学，范例的模型文件见配套光盘\场景文件\第 8 章\音箱.max 文件。

本范例制作的最终模型效果如图 8-83 所示。

图 8-83　音箱最终效果

制作流程图（见下图）

| 在前视图中，使用 NURBS 曲线的 CV 曲线 绘制弧型和垂直的两条 CV 曲线。 | 使用 NURBS 工具箱中 创建挤出曲面，为绘制的曲线挤出表面。 | 使用 NURBS 工具箱中 创建规则曲面，连接相邻的边界，以形成音箱主体的连接面。 | 在前视图中绘制一条用于车削的曲线，并对其应用 创建车削曲面。 |

| 利用 【曲面-曲面相交求曲】面工具对创建的音箱主体和扩音筒进行裁剪操作。 | 在前视图中绘制一条用于车削成音箱筒的曲线，并应用 创建车削曲面。 | 对音箱筒复制，并缩放出另外一个，将其放置到第一个音箱之上。 | 将场景模型指定材质并最终渲染。 |

创建音箱模型流程图

具体操作步骤：

1 将前视图单屏幕最大化显示，选择图形创建面板【NURBS 曲线】中的【CV 曲线】，绘制一条弧型和一条垂直 CV 曲线，如图 8-84 所示。

2 选择其中一条曲线，打开编辑面板，激活【常规】卷展栏中【附加】按钮，然后单击另外一条曲线。

3 激活 NURBS 工具箱中的 按钮，为创建的曲线挤出表面，效果如图 8-85 所示。

4 激活 NURBS 工具箱中的 按钮，单击挤出表面的各个边界，创建边界曲线。

5 激活 NURBS 工具箱中的 按钮，连接相邻的边界，形成音箱主体的连接面，如图 8-86 所示。

图 8-84　绘制 CV 曲线　　　　　图 8-85　挤出 NURBS 曲面　　　　图 8-86　连接主体表面

6 在前视图中绘制一条用于车削的曲线，并单击 按钮创建车削曲面，如图 8-87 所示。

7 重复第 6 步操作创建音箱控制按钮。单击 按钮，创建曲面-曲面相交求曲面进行裁剪操作，效果如图 8-88 所示。

8 在前视图中绘制一条用于车削成音箱筒的曲线，并应用【创建车削曲面】工具，最终效果如图 8-89 所示。

图 8-87　创建车削曲面　　　　图 8-88　裁剪相交曲面　　　　图 8-89　车削音箱筒

9 使用【选择并移动】工具配合 "Shift" 键，复制出另外一个音箱筒，并放置到合适位置。

10 创建一个立方体模型作为音箱筒的底座。选择音箱模型，单击【常规】卷展栏中的【附加】按钮，然后单击创建的立方体模型。使用【曲面 CV】工具将其简单编辑出底座倒角，最终效果如图 8-90 所示。

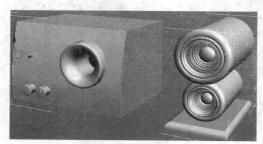

图 8-90　音箱模型最终效果

8.5　本章小结

本章通过图文并茂和范例介绍了 NURBS 控制点、NURBS 曲面和 NURBS 曲线的创建方法，以及 NURBS 创建工具箱中的所有工具的使用方法。本章最后的实例讲解了 NURBS 如何与其他各种工具的搭配使用。

8.6　本章习题

1. 填空题

（1）NURBS 曲面物体有两种曲面创建方式，一种是＿＿＿＿＿，另一种是＿＿＿＿＿。

（2）【点曲面】是由许多点阵列形成的一个矩形曲面，这些点全部被约束在上＿＿＿＿＿。

（3）NURBS 曲面模型中包括 5 个子对象修改级别，分别是＿＿＿＿＿、＿＿＿＿＿、＿＿＿＿＿、＿＿＿＿＿和＿＿＿＿＿。

（4）【NURBS】创建工具箱的编辑能力十分强大，它提供了三类创建及编辑工具，分别为

_____、_____和_____，利用这些工具可以创建控制点、曲线和曲面，并可对创建的控制点、曲线和曲面进行编辑。

2. 选择题

(1) NURBS 工具箱中，点工具 为（　　）工具。

  A）创建单独点   B）创建从属偏移点

  C）创建从属的曲线点   D）创建从属曲面点

(2) NURBS 工具箱中，曲线工具 为（　　）工具。

  A）创建点曲线   B）创建 CV 曲线

  C）创建拟合曲线   D）创建从属变换曲线

(3) NURBS 工具箱中，曲面工具 为（　　）工具。

  A）创建从属混合曲面   B）创建点曲面

  C）创建变换曲面   D）创建 CV 曲面

(4) NURBS 工具箱中，曲线工具有（　　）个。

  A) 6   B) 18   C) 17   D) 16

3. 判断题（正确√，错误×）

(1) NURBS 曲面可以创建绝对光滑的曲面模型。   （　　）

(2) 在 3ds Max 9 中所有标准基本体、扩展基本体都可以转换为 NURBS 曲面。（　　）

(3) 所有的 NURBS 都包含【点】、【曲线】、【曲线 CV】、【曲面】和【曲面 CV】5 个次物体级别。   （　　）

4. 操作题

(1) 利用 NURBS 曲面创建一个水壶模型，如图 8-91 所示。本题的制作过程见配套光盘教演示，模型文件见配套光盘\场景文件\第 8 章\水壶.max 文件。

(2) 使用 NURBS 建模方式创建瓶子模型。

操作提示：

1) 使用 NURBS 曲线绘制一条瓶体的半截面图形。

2) 打开【常规】卷展栏中的【NURBS】工具箱，单击曲面工具中【创建车削曲面】工具，并指定正确的车削轴。

图 8-91　水壶模型

(3) 使用放样建模方式创建窗帘模型，并将创建的窗帘模型转换为 NURBS 模型。

操作提示：

利用放样建模方式创建窗帘模型，选择创建的模型，单击右键打开四元菜单，在【转换为】菜单下选择【转换为 Nurbs】。

(4) 创建相机模型。

操作提示：

1) 使用【创建单轨扫描】工具创建相机机身，利用【创建车削曲面】工具创建相机镜头和快门。

2) 使用【创建挤出曲面】工具创建闪光灯模型，然后使用【创建圆角曲面】工具对相机进行光滑处理。

第9章 材　质

教学目标

了解【材质编辑器】的组成以及各个组成部分的功能，掌握常用材质类型的使用以及常用贴图类型的使用

教学重点与难点

➤ 【材质编辑器】的使用
➤ 常用材质类型的使用
➤ 常用贴图类型的使用
➤ 贴图坐标的设置指定

9.1　材质编辑器

【材质编辑器】是用于编辑场景模型纹理和质感的工具。它可以编辑材质表面的颜色、高光和透明度等物体质感属性，并且可以指定场景模型所需的纹理贴图，使模型更加真实。

【材质编辑器】的视频讲解见配套光盘\视频教学\第9章\材质编辑器及标准材质使用.avi 文件。

单击工具栏中 （材质编辑器）按钮，将会打开【材质编辑器】。编辑器中主要由材质示例窗、材质编辑器工具和材质参数卷展栏三部分组成，如图 9-1 所示。使用材质编辑器编辑的材质效果如图 9-2 所示。

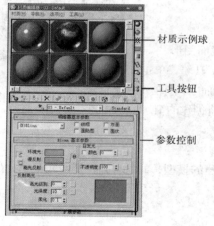

图 9-1　【材质编辑器】对话框

图 9-2　材质效果

9.1.1　材质示例窗

材质示例窗用于显示材质和贴图的编辑效果。在每次编辑材质参数后，材质的变化效果立即显示在示例球上，通过示例球的变化情况可以随时调节合适的材质效果。

材质示例窗中共由 24 个示例球组成，默认情况下显示 6 个，通过拖动示例窗口右侧和下侧的滑块，可以将隐藏的材质示例球显示在示例窗中。也可以在示例球上右键单击弹出右键菜单，选择【5×3 示例窗】或【6×4 示例窗】。当选择【6×4 示例窗】时将显示全部的材质示例球。右键菜单如图 9-3 所示，当选择【5×3 示例窗】时，示例窗显示的材质示例球如图 9-4 所示；当选择【6×4 示例窗】时，示例窗显示的材质示例球如图 9-5 所示。

图 9-3　右键菜单　　　　图 9-4　5×3 示例窗　　　　　图 9-5　6×4 示例窗

在材质示例窗中，每一个材质示例球代表一个材质，其中赋予到场景物体上的材质为同步材质或"热"材质。未赋予到场景物体上的材质为非同步材质或"冷"材质。"热"材质在材质示例球的 4 个角上有 4 个空心三角形标志，如图 9-6 所示，第 1 个和第 2 个材质示例球为"热"材质，第 3 个材质示例球为"冷"材质，而第 1 个"热"材质为当前材质示例球选中状态。

当在场景中选中被赋予材质的模型后，空心三角形会变成实心三角形，如图 9-7 所示，第 1 个材质示例球表示场景中已经选中这个材质所在的对象模型，第 2 个材质表示为未选中这个材质所在的对象模型。

图 9-6　"热"材质和"冷"材质的显示效果　　　　图 9-7　选中当前材质所在对象

当双击材质示例窗中的示例球时，将会单独打开这个材质示例窗，并可以任意调节这个单独材质示例窗的大小，以便清楚观察当前材质效果，如图 9-8 所示。

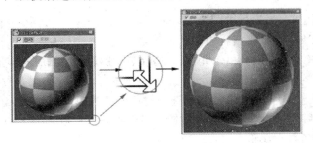

图 9-8　打开独立材质示例窗并放大

9.1.2　材质编辑器工具

材质编辑器工具是材质编辑中不可缺少的编辑工具，用于控制材质示例球形态、材质示例窗的显示状态、按材质选择、材质导航、赋予当前材质到选定物体、删除材质、保存材质和纹理显示等功能。

材质编辑器工具分两部分，一部分在材质示例窗右侧，一部分在材质示例窗下侧。

1. 右侧材质编辑器工具

- ⊙（采样类型）：当单击此按钮右侧箭头并停顿片刻后将弹出 ⊙▣▣ 按钮组，选择其中任意形状将在材质示例窗中显示不同形状的材质示例球。如图 9-9 所示为 3 个示例球形状。
- ⊙（背光）：用于为材质示例球增加背光照明。如图 9-10 所示为取消背光效果，图 9-9 所示为增加背光照明效果。

图 9-9　指定不同形状的示例球　　　　　图 9-10　取消背光显示

- ▨（图案背景）：用于为材质示例球增加彩块背景，以便观察透明或反射材质的质感效果，如图 9-11 所示。
- （采样 UV 平铺）：按住此按钮片刻会打开 ▬▥▦▦ 按钮组，用于控制示例球中贴图平铺次数，如图 9-12 所示。

 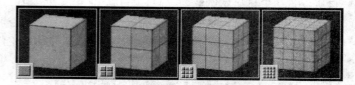

图 9-11　显示背景效果　　　　　图 9-12　选择不同方式的不同显示效果

 此工具仅控制示例球的显示效果，不影响最终材质效果。

- ▥（视频颜色检查）：在电视上播放的电影是使用 NTSC 制或 PAL 制的视频颜色阈值，而电视上的颜色数量要少于计算机中的颜色数量。当使用 3dsMax 制作电影镜头、广告或动画片时，单击此按钮，可以检查示例对象上的材质颜色是否超过安全 NTSC 或 PAL 的颜色阈值。
- ▤（生成预览）：当为材质设置动画时，可以使用这个工具观察材质的动画效果。同样拨动动画滑块也可以观察材质的动画效果。
- ▣（材质编辑器选项）：单击此按钮，可以打开【材质编辑器选项】对话框，用于设置材质示例窗的各种显示选项。
- ▣（按材质选择）：用于选择当前选中材质所在的模型。
- ▣（材质/贴图导航器）：单击此按钮，可以打开【材质/贴图导航器】对话框，用于查看和选择材质各个层级。

2. 下侧材质编辑工具

- ▣（获取材质）：单击此按钮，将会弹出【材质/贴图浏览器】对话框，用于打开已保存的材质库，并调用材质库中的材质和贴图。
- ▣（将材质放入场景）：当场景中物体的材质和活动材质示例窗中的材质同名时，此按钮将显示为可用状态。当单击此按钮时，会将当前材质替换场景中具有同名称的对象材质。

- ●　(将材质指定给选定对象)：当在场景中选择一个或多个对象后，此按钮才可以使用。单击它可以将当前选择的材质赋予场景中选择的物体。
- ●　(重置贴图/材质为默认设置)：单击此按钮，将会弹出【重置材质/贴图参数】对话框，用于清除当前活动材质的信息。
- ●　(生成材质副本)：单击此按钮，可以将选择的同步材质复制成一个具有相同参数的非同步材质，可以理解为当单击此按钮后将打断当前材质与场景物体的关联关系。
- ●　(使惟一)：当材质编辑器中存在具有关联关系的材质贴图时，这个工具将显示为可用状态。单击此工具后将打断两个材质贴图的关联关系。
- ●　(放入库)：当选中已经编辑完成的材质时，单击此工具会打开【入库】对话框。【名称】文本框用于定义当前材质的保存名称，如图 9-13 所示。
- ●　(材质效果通道)：按住此按钮片刻将会弹出材质 ID 选择组，如图 9-14 所示。用于选择将材质标记为 Video Post（视频合成）效果或渲染效果中所对应 ID 号的特效。

图 9-13　【入库】对话框

图 9-14　材质 ID 号

- ●　(在视口中显示贴图)：当激活此按钮后，可以在【光滑＋高光】显示的视图中显示材质贴图效果。
- ●　(显示最终结果)：当打开子级材质编辑器时，此工具将显示为可用状态。例如，打开贴图编辑层级时将显示此工具为可用状态。单击此工具将在子编辑层级显示材质的最终效果，如图 9-15 所示。
- ●　(转到父级)：如果当前处于子材质级别时，当前工具将显示为可用状态。单击此按钮将返回到父材质级别。例如，当前应用了【多维/子对象】材质并处于子材质级别中，单击此工具将返回到父材质级别，如图 9-16 所示。

图 9-15　显示最终结果

图 9-16　返回父级

- ●　(转到下一个同级项)：如果当前处于子材质级别时，此工具将显示为可用状态。单击此按钮将会在同级间跳转。

9.1.3　材质参数卷展栏

　　【材质编辑器】中包括 7 个参数卷展栏，分别为【明暗器基本参数】、【BLinn 基本参数】、【扩展参数】、【超级采样】、【贴图】、【动力学属性】和【mental ray 连接】卷展栏。其中【明暗器基本参数】、【BLinn 基本参数】、【扩展参数】和【贴图】卷展栏中的参数可完成各种材质质感的编辑。

1.【明暗器基本参数】卷展栏

用于选择材质的明暗方式，以及控制材质表面的基本效果，如图 9-17 所示。

-  下来列表：其中共有 8 种明暗方式，如图 9-18 所示。

图 9-17　【明暗器基本参数】卷展栏 　　　　　图 9-18　明暗器下拉列表

> 各向异性：适用于椭圆形表面或不规则球形表面，如头发、陶瓷、磨沙金属或冰块等。
> Blinn：适用于大多数材质的质感表现。Blinn 的高光要比 Phong 柔和。
> 金属：适用于金属材质制作。
> 多层：适用于高光较为混乱的材质表现。
> Oren-Nayar-Blinn：适用于无光表面的材质表现。例如，黏土或纤维等。
> Phong：与 Blinn 十分相似，可应用到对大多数材质的表现，但较 Blinn 有更为光滑清晰的高光。
> Strauss：适用于金属表面的材质表现。
> 半透明明暗器：　适用于表现次表面散射效果的材质。

- 线框：勾选此复选框后，将模型以网格线框形式渲染在视口中并可最终渲染输出，如图 9-19 所示，第 1 个材质示例球为不勾选【线框】的效果，第 2 个材质示例球为勾选【线框】后的效果。
- 双面：勾选此复选框后将强制模型内外表面都显示材质效果。如图 9-20 所示，第 1 个材质示例球为不勾选【双面】的效果，第 2 个材质示例球为勾选【双面】后的效果。

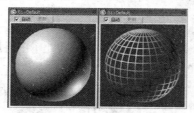

图 9-19　线框显示

图 9-20　显示双面

- 面贴图：勾选此复选框后，将强制场景模型中的每一个几何体面都放置一个当前载入的纹理贴图。如图 9-21 所示，第 1 个材质示例球为不勾选【面贴图】的效果，第 2 个材质示例球为勾选【面贴图】后的效果。
- 面状：当勾选此复选框后，将强制场景模型以面状方式显示。如图 9-22 所示，第 1 个材质示例球为不勾选【面状】效果，第 2 个材质示例球为勾选【面状】后的效果。

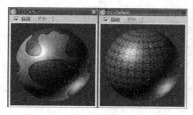

图 9-21　显示面贴图

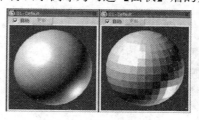

图 9-22　显示面状效果

2.【Blinn 基本参数】卷展栏

主要用于设置材质颜色、自发光效果、不透明和高光级别以及光泽度等属性。【Blinn 基本参数】卷展栏中的参数，如图 9-23 所示。

- 环境光：用于控制环境光颜色。当单击右侧的色块时将会打开【颜色选择器：环境光颜色】对话框，如图 9-24 所示，可从中选择所需的颜色。

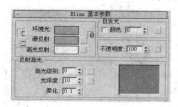
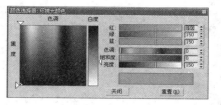

图 9-23　【Blinn 基本参数】卷展栏　　　图 9-24　【颜色选择器：环境光颜色】对话框

- 漫反射：用于控制漫反射颜色，是位于直射光中的颜色。可理解为材质的颜色。当单击右侧的色块时同样会打开颜色选择器，可以从中选择所需的颜色。当单击右侧的█按钮，将会打开【材质/贴图浏览器】对话框，用于为漫反射指定所需的纹理贴图。
- 高光反射：用于控制高光的颜色。当单击右侧的色块或是█按钮时，将会得到与【漫反射】右侧色块或█按钮同样的功能。
- █按钮：当激活该按钮时，可以将【环境光】或【高光反射】与【慢反射】锁定在一起，保持颜色相同。当再次单击该按钮时将解除它们的颜色关联。
- █按钮：当激活此按钮后将锁定【环境光】和【漫反射】的贴图关联，以保存使用相同的贴图和参数并同步参数。当再次单击█按钮时解除锁定。
- 自发光：当勾选【颜色】左侧的复选框后，【颜色】右侧的微调器将更换为颜色选择色块。这时可以选择【自发光】颜色与【漫反射】颜色叠加显示。当取消勾选【颜色】左侧的复选框后，可以使用微调器设置【漫反射】的自发光效果。通常使用【自发光】设置光源材质，例如设置日光灯材质。
- 不透明度：此选项用于控制材质的不透明属性，当数值为 100 时，材质完全不透明；当取值为 0 时，材质完全透明。通常使用【不透明度】设置玻璃等透明或半透明的材质。设置不同数值时的不透明效果如图 9-25 所示。
- 反射高光：用于设置材质的高光强度和反光度等参数。
- 高光级别：用于控制材质高光区域的亮度。
- 光泽度：用于控制高光区域影响范围，其数值越大影响范围越小，模型材质看起来越光滑。
- 柔化：用于对高光区域的反光进行模糊处理，使其变得柔和。

当设置以上参数不同数值时材质的高光效果如图 9-26 所示。

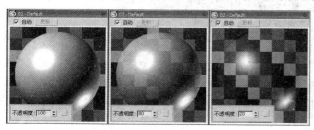
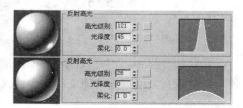

图 9-25　设置不同的不透明参数时材质效果　　　图 9-26　不同反射高光的效果

3.【扩展参数】卷展栏

【扩展参数】卷展栏如图 9-27 所示。

● 衰减：用于选择在内部还是在外部进行衰减。当选择【内】单选项时，内部的透明程度
要比外部的透明程度高，如图 9-28 所示。

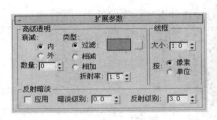

图 9-27 【扩展参数】卷展栏

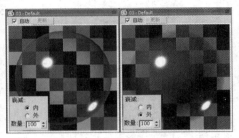

图 9-28 透明衰减效果

● 数量：指定最外或最内的不透明度程度。
● 类型：用于控制如何应用不透明效果。其中包含 3 种类型：【过滤】、【相减】和【相加】。
   ➢ 过滤：当单击【过滤】右侧的色块后可以选择一种所需的颜色，然后使用这个颜色
      与透明区域后面的颜色相乘后所得的过滤色。
   ➢ 相减：从透明区域后面的颜色中减除。
   ➢ 相加：增加到透明区域后面的颜色中。设置不同类型时的效果如图 9-29 所示。

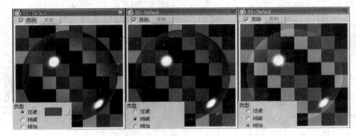

图 9-29 设置不同类型时的效果

● 折射率：设置使用光线跟踪贴图所形成透明效果的折射率。常见折射率：空气为 1.0，
水为 1.3，玻璃为 1.5～1.7。如图 9-30 所示为不同折射率时的材质效果。

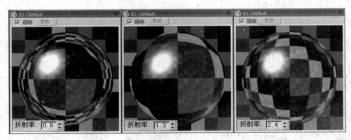

图 9-30 不同折射率时的材质效果

在物理世界中，当光线以不同的速度穿透不同的透明物质时，便产生了折射现象。透明物
质的密度越高光线穿透的速度就越慢，这时产生的折射现象越强烈，表示这种物质的折射率也
越高。

- 应用：当勾选此选项时，将应用反射贴图的黯淡效果。
- 暗淡级别：用于控制阴影中的暗淡量。
- 反射级别：用于控制不在阴影中的反射贴图强度。

4.【贴图】卷展栏

该栏中包含每个贴图类型的存放按钮。单击此按钮，可以载入各种程序贴图或者硬盘中的纹理贴图。当选择任意程序贴图或纹理贴图时，其名称将会显示在按钮上。【贴图】卷展栏如图9-31 所示。

当勾选或去除勾选贴图名称左侧的复选框时，将会控制是否使用左边贴图类型【None】按钮所载入的程序贴图或纹理贴图。

- 数量：该微调器用来决定该贴图影响的使用数量。例如对【漫反射颜色】进行载入纹理贴图，当数量设置为"100"时，将百分之百显示载入的纹理贴图，当设置为 50 时，将仅显示一半的纹理贴图颜色，其效果如图 9-32 所示。

图 9-31　【贴图】卷展栏　　　　　　　图 9-32　数量不同时的材质效果

- 环境光颜色：在默认情况下【环境光颜色】与【漫反射颜色】被锁定在一起，改变【漫反射颜色】将一同更改【环境光颜色】。如果要单独设置【环境光颜色】，首先要确保解除右侧的锁定按钮。当解除锁定后，单击【环境光颜色】的贴图类型按钮，可以载入程序贴图或纹理贴图，以将图像颜色映射到材质的环境颜色上。
- 漫反射颜色：这是在 3dsMax 中最常使用的贴图方式，主要用于表现材质表面的纹理效果，如图 9-32 所示。
- 高光颜色：此贴图方式用于将载入的程序贴图或纹理贴图指定给高光区域，即在材质的高光区域显示此贴图颜色。如果 9-33 所示，第 1 个示例球未载入【高光颜色】贴图，第 2 个材质示例球载入【高光颜色】贴图。
- 高光级别：可以选择一个程序贴图或纹理贴图为当前材质指定反光强度。如图 9-34 所示，第 1 个示例球未载入【高光级别】贴图，第 2 个示例球载入【高光级别】贴图。

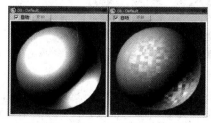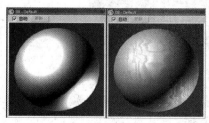

图 9-33　载入高光颜色贴图效果　　　　图 9-34　载入高光级别贴图效果

- 光泽度：该贴图方式可以根据指定的贴图类型决定材质表面光泽的分布情况，载入光泽度贴图的效果如图 9-35 所示。

● 自发光：该贴图方式可以将贴图以自发光的形式贴在物体表面，贴图中的黑色区域对材质不产生影响，纯白色区域将以自身的颜色产生自发光效果，并且发光区域不受光照和阴影的影响。为材质载入自发光的效果如图 9-36 所示。

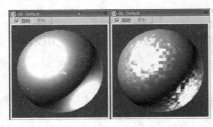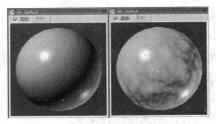

图 9-35　载入光泽度贴图效果　　　　　图 9-36　载入自发光贴图效果

● 不透明度：该贴图方式可以根据贴图的明暗分布情况，在材质表面产生透明或透明过渡效果，常被用于制作镂空材质效果。贴图中黑色部分完全透明，白色区域完全不透明，中间色则产生半透明效果，如图 9-37 所示。

● 过滤色：可以在不透明度的基层上为透明色加入过滤色纹理贴图，如图 9-38 所示。

图 9-37　载入不透明贴图效果　　　　　图 9-38　载入过滤色贴图效果

● 凹凸：该贴图方式可以根据贴图的明暗强度使材质表面产生凹凸效果。当【数量】大于 0 时，贴图中黑色产生凹陷效果，白色产生凸起效果；当【数量】小于 0 时，效果相反。凹凸材质效果如图 9-39 所示。

● 反射：该贴图方式可以用贴图来模拟物体表面的反射效果，从而使材质表面产生各种复杂的光影效果。通常用于制作镜面、金属等具有明显的反射效果的材质，如图 9-40 所示。

图 9-39　凹凸贴图效果　　　　　　图 9-40　为立方体应用反射贴图效果

● 折射：该贴图方式用于模拟水、玻璃、宝石等带有透明属性的材质效果，如图 9-41 所示。

● 置换：该贴图方式可以根据贴图的灰度信息对物体曲面进行置换位移，贴图中白色部分隆起，黑色部分凹陷。置换贴图方式不同于凹凸贴图，它会在渲染时增加模型精度，产生真正的凹凸效果，而凹凸贴图仅是一个模拟凹凸效果的纹理，并未真正使模型产生几何体的变化。【置换】贴图方式可以直接应用于 NURBS 曲面物体、可编辑的网格物体、可编辑的多边形。对于标准基本体、扩展基本体或复合物体将不可以直接使用。如图 9-42 所示，使用同样的球体和纹理贴图，但其中一个被载入到凹凸贴图中，另一个被载入到置换贴图中。

　　　　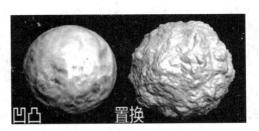

图 9-41　折射材质效果　　　　　图 9-42　置换贴图效果

9.2　常用材质类型

当单击【材质编辑器】底部工具栏中的 Standard 按钮时，将打开【材质/贴图浏览器】对话框，其中系统提供了 15 种默认材质。如果 3ds Max 中安装了某些渲染插件或材质插件，将会在【材质/贴图浏览器】中显示附加材质。在这 15 种默认材质中，【标准】材质、【顶/底】材质、【双面】材质、【多维/子对象】材质和【无光/投影】材质是最为常用的材质类型，而【标准】材质是所有复合材质的基础材质。

9.2.1　【顶/底】材质

【顶/底】材质是一种常用材质，可以将两个不同的材质以局部坐标或世界坐标进行以顶/底的方式混合在一起。也可以根据需要调整两种材质所占的比例和混合位置，材质顶／底混合效果如图 9-43 所示。

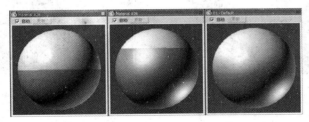

图 9-43　赋予顶/底材质并编辑的材质效果

单击【材质编辑器】底部工具栏中的 Standard 按钮，在打开的【材质/贴图浏览器】中选择【顶/底】材质，将会打开如图 9-44 所示的【替换材质】对话框。选择【将旧材质保存为子材质】选项，然后单击 确定 按钮，打开【顶/底基本参数】卷展栏，如图 9-45 所示。

图 9-44　【替换材质】对话框　　　　图 9-45　【顶/底基本参数】卷展栏

1.【替换材质】对话框

用于决定是否将旧材质作为【顶/底】材质的子材质，选择【丢弃旧材质】选项，将会去除旧的材质信息，创建全新的顶/底材质子材质。选择【将旧材质保存为子材质】，将会把旧的材质作为【顶/底】材质的【顶材质】。

2.【顶/底基本参数】卷展栏

● 顶材质、底材质：单击右侧的 `02 - Default （Standard）` 按钮，可以进入顶材质层级，单击 `Material #29 （Standard）` 按钮，将进入低材质层级，分别用于设置【顶材质】和【底材质】中的标准材质。

【顶/底】材质的视频讲解见配套光盘\视频教学\第9章\顶底材质.avi 文件。

● `交换` ：单击此按钮后，可将【顶材质】和【底材质】进行交换。

● 坐标：在 3dsMax 中，系统将法线向上的面定义为顶面，法线向下的面定义为底面，而【坐标】组用于决定如何定义物体的顶面和底面。

  ➤ 世界：当选择此信息后，顶面和底面之间的边界不随几何体的旋转而变化。

  ➤ 局部：当选择此信息后，顶面和底面之间的边界将随着几何体的旋转而变化。

● 混合：用于控制顶材质和底材质的混合程度。【混合】的取值范围是 0~100。当数值为 0 时，将不进行混合处理；当值为 100 时，两个材质将完全混合到一起。其效果为两个材质之间界线的清晰与模糊程度。当【混合】值不同时的材质效果如图 9-46 所示，第 1 个示例球的混合值为 30，第 2 个示例球的混合值为 3。

● 位置：用于控制顶／底材质界线的位置，即两个材质的混合比例。不同【位置】值时材质效果如图 9-47 所示，第 1 个示例球的【位置】值为 30，第 2 个示例球的【位置】值为 80。

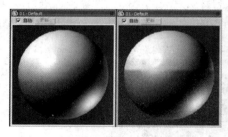
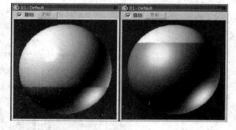

图 9-46　不同【混合】值的材质效果　　　图 9-47　不同【位置】的材质效果

9.2.2 【双面】材质

在所有三维软件中，三维模型都由几何体面构成。而构成模型的这些几何体面仅可以显示其中一面，即法线向外的面，而法线向内的面是不可见的。这就是为什么创建了一个【平面】模型在模型的顶部可以看见几何体面，而在背面却看不见几何体面。

【双面】材质的视频讲解见配套光盘\视频教学\第9章\双面材质.avi 文件。

在 3dsMax 中可以利用许多方法使其看见另一面，例如在材质的【明暗器基本参数】中勾选【双面】，或强制几何体双面，但这样所达到的效果仅是两个面显示同一种材质效果，如果需要使正反两个面显示不同的材质效果，必须借助【双面】材质。

【双面】材质可以为物体的双面分别指定不同的材质，并且可以控制两个面的透明度，其效果如图 9-48 所示。

当选择了【双面】材质类型后，【双面基本参数】卷展栏如图 9-49 所示。

图 9-48 赋予双面材质后的模型效果　　　图 9-49 【双面基本参数】卷展栏

● 半透明：此选项用于设置双面材质的透明度。当设置不同【半透明】值时的材质效果如图 9-50 所示。

图 9-50 设置不同【半透明】值时的材质效果

● 正面材质、背面材质：分别用于设置物体外表面和内表面的材质。

9.2.3 【多维/子对象】材质

【多维/子对象】材质可以为同一模型分配不同材质。【多维/子对象】材质是由多个材质组合成的一种复合材质，可以根据同一模型的不同表面 ID，分别指定不同的子材质。【多维/子对象基本参数】卷展栏如图 9-51 所示，材质示例球效果如图 9-52 所示。

【多维/子对象】材质的视频讲解见配套光盘\视频教学\第 9 章\多维子对象材质.avi 文件。

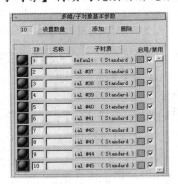

图 9-51 【多维/子对象基本参数】卷展栏　　　图 9-52 多维/子对象材质示例球

● 设置数量 ：单击此按钮，可打开【设置材质数量】对话框，如图 9-53 所示。可以在【设置材质数量】对话框中设置需要使用的材质数，在 3dsMax 中允许设置 1 000 个子材质。

图 9-53 【设置材质数量】对话框

● 添加 ：单击此按钮，可以在【多维/子对象基本参数】卷展栏中增加一个子材质。

● 删除 ：单击此按钮，可以将【多维/子对象基本参数】卷展栏中的子材质从后面向前面删除一个子材质。

- **ID** 、 **名称** ：用于决定子材质与模型表面的 ID 对应关系。
- **子材质** ：用于显示子材质按钮，单击对应的子材质按钮后，将进入子材质的编辑卷展栏。

当使用【多维/子对象】材质时，首先要为物体应用【编辑网格】修改器，然后为【面】、【多边形】或【元素】子对象修改级别设置材质 ID 号。当设置过模型的材质 ID 号后，可以在材质编辑器中分别指定不同的子材质到对应的模型表面上，具体操作见 9.5 节实例制作。

9.2.4 【无光/投影】材质

当需要为真实影片或照片合成虚拟模型或场景时，通常都需要使用【无光/投影】材质。【无光/投影】材质可以使物体成为一种在渲染时不可见的物体，但可以产生阴影投射效果。它不会对渲染背景进行遮挡，但可以对场景中其他物体产生遮挡作用。【无光/投影】材质效果如图 9-54 所示。

【无光/投影】材质的视频讲解见配套光盘中的视频教学。

当选择【无光/投影】材质类型后，其参数卷展栏如图 9-55 所示。

图 9-54 【无光/投影】材质效果

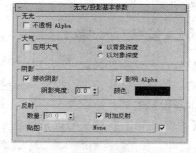

图 9-55 【无光/投影基本参数】卷展栏

- 不透明 Alpha：确定无光材质是否显示在 Alpha 通道中。如果不勾选【不透明 Alpha】，无光材质将不会影响 Alpha 通道的渲染效果。默认为不勾选状态。
- 应用大气：启用或禁用隐藏对象的大气环境效果。
- 以背景深度：这是一种二维的计算方法，当为场景应用大气【雾】时，阴影不会因为雾化而变亮。通常在场景中渲染背景、大气和【无光/投影】材质时，选择【以背景深度】单选项可以得到正确的渲染结果。
- 以对象深度：当选择此单选项后，渲染器先渲染阴影然后雾化场景。分别设置不同的应用【大气】方法时的场景效果，如图 9-56 所示。

图 9-56 应用不同【大气】方法的场景效果

- 接收阴影：勾选此复选框后将渲染无光曲面上的阴影。
- 影响 Alpha：勾选此复选框后将投射于无光材质上的阴影应用于 Alpha 通道。
- 阴影亮度：用于设置阴影的亮度。当此值设置为 1 时，阴影使无光曲面的颜色变亮；此值设置为 0 时，阴影变暗使无光曲面不可见。
- 颜色：用于控制阴影颜色，单击右侧的色块后，将打开颜色拾取器，可以选择所需的颜色。
- 数量：当在【贴图】按钮中载入一幅贴图时，此参数将处于可用状态，用于控制要使用的反射数量。

9.3　常用贴图类型

在为场景模型提供材质时，最常使用的材质并非单色材质，而是带有纹理效果的材质。当需要制作具有纹理的材质时，用户需要使用系统提供的各种贴图类型完成这类材质的编辑。单击【贴图】卷展栏中【贴图类型】按钮时将会打开【材质/贴图浏览器】，如图 9-57 所示。在【材质/贴图浏览器】中，默认提供了 35 种贴图类型。

根据各种贴图类型的功能，这 35 种贴图类型被分为 5 类，包括【2D 贴图】、【3D 贴图】、【合成器】、【颜色修改器】和【其他】。这 5 类贴图类型的分类方式可以通过选择【材质/贴图浏览器】左下角的分类方式进行查看。当选择【2D 贴图】单选项时，【材质/贴图浏览器】所显示的贴图类型如图 9-58 所示。

图 9-57　【材质贴图浏览器】对话框

图 9-58　选择【2D 贴图】时的显示状态

在众多的贴图类型中，【凹痕】贴图、【噪波】贴图、【光线跟踪】贴图、【渐变】贴图、【平铺】贴图、【棋盘格】贴图、【大理石】贴图和【木材】贴图即可完成日常工作的材质编辑。下面将对这几种常用贴图类型的调制过程分别进行讲解。

9.3.1　【凹痕】贴图

【凹痕】贴图通常用于制定给凹凸贴图，是根据分形噪波产生的一种随机图案，从而可以通过凹凸贴图，使物体表面形成风化腐蚀的效果。此贴图在完成生锈的铁板和岩石等材质效果时尤为重要。编辑的凹凸材质如图 9-59 所示。

【凹痕】贴图的视频讲解见配套光盘\视频教学\第 9 章\凹痕.avi 文件。

当选择了【凹痕】贴图时，其【凹痕参数】卷展栏如图 9-60 所示。

图 9-59　凹痕贴图效果　　　　图 9-60　【凹痕参数】卷展栏

- 大小：此参数用于设置凹痕的尺寸。其数值越大，凹痕尺寸越大。当设置不同【大小】值时的材质效果，如图 9-61 所示。

图 9-61　设置不同【大小】值的凹痕效果

- 强度：此参数用于设置凹痕的凹陷程度。其数值越大，凹痕效果看起来越深。当设置不同【强度】值时，效果如图 9-62 所示。

图 9-62　设置不同【强度】值的材质效果

- 迭代次数：此参数用于设置凹痕的重复次数，数值越大纹理的复杂程度越强。当设置不同【迭代次数】值时的材质效果如图 9-63 所示。

图 9-63　设置不同【迭代次数】值时的材质效果

- 颜色#1、颜色#2：用于设置产生凹痕图案的两种颜色。

9.3.2　【噪波】贴图

【噪波】贴图通常被应用到凹凸贴图中，可以将两种颜色或贴图进行随机混合，从而使物体表面产生噪波效果，如图 9-64 所示。

【噪波】贴图的视频讲解见配套光盘\视频教学\第 9 章\噪波.avi 文件。

当选择了【噪波】贴图后，【噪波参数】卷展栏如图 9-65 所示。

图 9-64 噪波贴图效果

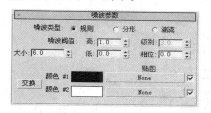

图 9-65 【噪波参数】卷展栏

● 噪波类型：用于设置噪波产生的类型，其中有 3 种类型：【规则】、【分形】和【湍流】。
当使用不同噪波类型时的材质效果如图 9-66 所示。

图 9-66 设置不同噪波类型时的材质效果

● 噪波阈值：用于设置生成噪波效果的两种颜色的混合量。通过【高】和【底】值来控制
两种颜色的混合程度。当设置不同的【高】、【底】值时噪波效果如图 9-67 所示。

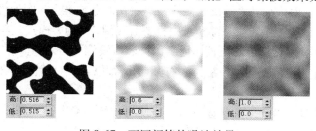

图 9-67 不同阈值的噪波效果

● 大小：用于设置噪波的大小，数值越大噪波越大。
● 级别：当使用【分形】或【湍流】类型时，用于控制噪波的混乱程度。
● 相位：用于记录噪波动画。
● 颜色#1、颜色#2：用于设置形成噪波的两种颜色。

9.3.3 【光线跟踪】贴图

【光线跟踪】贴图用于【反射】或【折射】贴图。使
用【光线跟踪】贴图可以正确计算场景反射材质和折射材
质的材质效果。例如，金属、镜面、玻璃、液体等。利用
【光线跟踪】贴图制作的材质效果如图 9-68 所示。

【光线跟踪】贴图的视频讲解见配套光盘\视频教学\
第 9 章\光线跟踪.avi 文件。

当选择【光线跟踪】贴图后，其参数控制由【光线
跟踪器参数】、【衰减】、【基本材质扩展】和【折射材质

图 9-68 使用【光线跟踪】贴图效果

【扩展】参数卷展栏组成，其中【光线跟踪器参数】卷展栏如图 9-69 所示，【衰减】卷展栏如图 9-70 所示。

图 9-69 【光线跟踪器参数】卷展栏

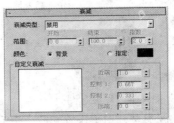

图 9-70 【衰减】卷展栏

1.【光线跟踪器参数】卷展栏

● 启用光线跟踪：勾选此复选框将启用光线跟踪计算场景反射或折射。

● 光线跟踪大气：勾选此复选框后将在反射或折射中计算大气效果，包括火、雾、体积光等。

● 启用自反射/折射：勾选此复选框后，将计算对自身表面的反射或折射效果。

● 反射/折射材质 ID：勾选此复选框后，将会计算材质 ID 的各种特效的反射或折射效果。例如，在反射或折射中计算【Video Post】的光晕效果。

● 自动检测：选择此单选项，系统将会自动检测用户将【光线跟踪】应用到了反射贴图或是折射贴图中。

● 反射、折射：用户可以手动设置光线跟踪所在的贴图类型，例如将【光线跟踪】贴图应用到反射贴图类型中，在跟踪模式中也要对应到【反射】模式。当应用到折射贴图类型中时需要设置为【折射】模式，通常保持默认设置即可。

● 局部排除... ：单击此按钮后，会打开【排除/包含】对话框，用于设置场景中哪些物体可以被渲染在反射材质中。

● 使用环境设置：当选择此单选项后，将使用场景环境进行反射计算。

● ▉：选中此选项后，将使用指定颜色覆盖环境进行反射计算。

● 无 ：选择此选项后，将使用指定贴图覆盖环境进行反射计算。

● 启用：当勾选此复选框后，将启用抗锯齿处理功能。

2.【衰减】卷展栏

● 衰减类型：用于设置光线跟踪是否产生衰减效果和衰减的类型。衰减类型下拉列表中包括【禁用】、【线性】、【平方反比】、【指数】和【自定义衰减】，如图 9-71 所示。

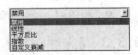

图 9-71 衰减类型下拉列表

  ➢ 禁用：当选择【禁用】时，表示不产生衰减。

  ➢ 线性：当选择【线性】时，将以线性过渡的方式产生衰减。衰减范围由【开始】和【结束】值控制。

  ➢ 平方反比：当选择【平方反比】衰减类型后，衰减也是由【开始】和【结束】值控制，但由于【平方反比】产生的衰减过渡比较生硬，一般很少使用。

  ➢ 指数：选择此类型，可以使用指数的方式计算衰减过程，其衰减效果由【指数】参数来控制。

  ➢ 自定义衰减：当选择此方式时，将使用下端【自定义衰减】中的衰减曲线来控制衰减。

- 颜色：用于设置衰减结束时光线消失的颜色。
- 近端、控制 1、控制 2、远端：用于控制【自定义衰减】中的曲线形态，以决定当选择了【自定义衰减】类型后衰减效果。

9.3.4 【渐变】贴图

【渐变】贴图可以在物体表面产生 3 种颜色或贴图的渐变过渡效果，如图 9-72 所示。当选择【渐变】贴图类型后，【渐变参数】卷展栏如图 9-73 所示。

【渐变】贴图的视频讲解见配套光盘\视频教学\第 9 章\渐变.avi 文件。

图 9-72　渐变贴图效果

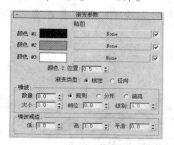

图 9-73　【渐变参数】卷展栏

- 颜色#1、颜色#2、颜色#3：分别用于控制载入 3 种颜色或贴图。
- 颜色 2 位置：此选项用于设置中间第 2 种颜色的位置，默认为 0.5，表示颜色 2 位于颜色 1 和颜色 3 的中间。当设置为 0 时，颜色 2 将代替颜色 3；当设置为 1 时，颜色 2 代替颜色 1。
- 渐变类型：系统提供了两种渐变类型，一种是【线性】，一种是【径向】。选择不同类型的贴图效果如图 9-74 所示。
- 数量：用于设置噪波程度。当值为 0 时，表示不会产生噪波效果；当值为 1 时，产生最强烈的噪波效果。当【数量】值不同时的噪波效果如图 9-75 所示。

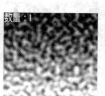

图 9-74　选择不同渐变类型时的渐变贴图效果

图 9-75　不同【数量】值时的噪波效果

- 规则、分形、湍流：用于设置噪波的产生类型。设置不同类型贴图时的效果如图 9-76 所示。

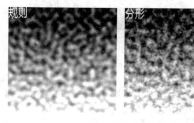

图 9-76　不同噪波类型的贴图效果

- 大小：用于控制噪波的尺寸，数值越大噪波尺寸越大。
- 相位：当需要产生贴图动画时，可以通过记录【相位】值的不同而产生噪波动画。
- 级别：当使用【分形】和【湍流】噪波时，用于控制噪波的强弱效果。

9.3.5 【平铺】贴图

利用【平铺】贴图可以制作地板、砖墙或瓷砖等有一定纹理规律的材质。使用【平铺】贴图制作的砖墙效果，如图 9-77 所示。选择【平铺】贴图后，打开的【标准控制】和【高级控制】卷展栏，如图 9-78 所示。

【平铺】贴图的视频讲解见配套光盘\视频教学\第 9 章\平铺.avi 文件。

图 9-77　平铺砖墙效果

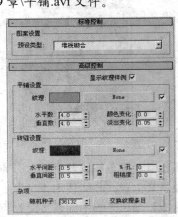

图 9-78　【标准控制】和【高级控制】卷展栏

1.【标准控制】卷展栏

【标准控制】卷展栏中的选项，主要用于选择平铺图案的预设类型。在【预设类型】中有 8 种平铺图案预设类型，分别为【自定义平铺】、【连续砌合】、【常见荷兰式砌合】、【英式砌合】、【1/2 连续砌合】、【堆栈砌合】、【连续砌合 Fine】和【堆栈砌合 Fine】。选择不同类型的平铺图案时，效果如图 9-79 所示。

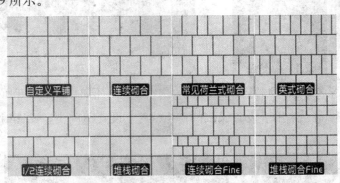

图 9-79　选择不同平铺图案预设类型时的平铺贴图效果

2.【高级控制】卷展栏

- 显示纹理样例：当勾选此选项后，将会在【平铺设置】和【砖缝设置】组【纹理】右侧的颜色色块中显示载入的纹理样本图。
- 纹理：此选项用于指定平铺图案的颜色或为平铺颜色指定贴图。

- 水平数、垂直数：分别用于设置平铺图案的行数或列数。当设置不同数值时的平铺效果如图 9-80 所示。

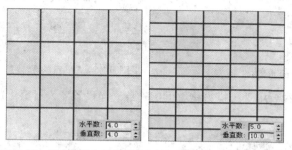

图 9-80　设置不同【水平数】和【垂直数】的平铺效果

- 颜色变化：此参数用于控制平铺图案的颜色变化情况。此数值越大，平铺颜色的变化程度越明显。当设置不同【颜色变化】时的平铺效果如图 9-81 所示。

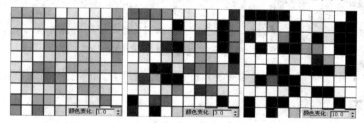

图 9-81　设置不同【颜色变化】的贴图效果

- 淡出变化：用于控制平铺图案的淡出变化情况。
- 纹理：用于为平铺贴图中的缝隙指定颜色或贴图。
- 水平间距、垂直间距：分别用于设置水平和垂直方向上砖缝的粗细程度。在系统默认状态下，这两个选项处于锁定状态。调整其中任意数值，两个数值将同时变化。当希望分别设置不同间距时，需要取消锁定。设置不同水平和垂直间距时，贴图效果如图 9-82 所示。
- 粗糙度：此选项用于设置砖缝边缘的粗糙程度。设置不同【粗糙度】时的平铺效果如图 9-83 所示。

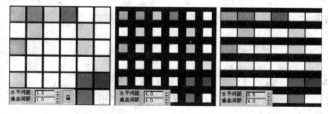

图 9-82　设置不同水平和垂直间距的贴图效果

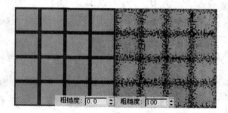

图 9-83　不同粗糙度产生的效果

- 随机种子：当对平铺图案进行颜色变化时，此选项用于选择颜色变化的随机图案。
- 交换纹理条目：单击此按钮后，可以交换平铺和砖缝的纹理颜色或贴图。

9.3.6　【棋盘格】贴图

利用【棋盘格】贴图可以制作布料、地砖或国际象棋盘等材质。【棋盘格】贴图效果如图

9-84 所示。当选择【棋盘格】贴图后，打开的【棋盘格参数】卷展栏如图 9-85 所示。

图 9-84 【棋盘格】贴图效果

图 9-85 【棋盘格参数】卷展栏

- 柔化：设置此参数用于模糊方格之间的边缘。当设置不同【柔化】值时的效果如图 9-86 所示。

图 9-86 设置不同【柔化】值的贴图效果

- 交换：单击此按钮后，会将【颜色#1】和【颜色#2】的颜色或贴图进行调换。

9.3.7 【大理石】贴图

利用【大理石】贴图，可以制作类似大理石纹理效果的材质。【大理石】贴图效果如图 9-87 所示。当选择【大理石】贴图后，打开的【大理石参数】卷展栏如图 9-88 所示。

【大理石】贴图的视频讲解见配套光盘\视频教学\第 9 章\大理石、木材.avi 文件。

图 9-87 大理石纹理效果

图 9-88 【大理石参数】卷展栏

- 大小：用于设置大理石纹理的尺寸大小。取值范围是 0～100，取值越小纹理的尺寸越小。
- 纹理宽度：用于设置大理石纹理的宽度。取值范围同样为 0～100。

9.3.8 【木材】贴图

利用【木材】贴图可以制作地板、家具等材质效果。【木材】贴图效果如图 9-89 所示。选择【木材】贴图后，打开的【木材参数】卷展栏如图 9-90 所示。【木材】贴图的视频讲解见配套光盘\视频教学\第 9 章\大理石、木材.avi 文件。

图 9-89 木材纹理效果

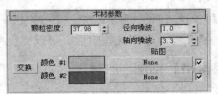

图 9-90 【木材参数】卷展栏

- 颗粒密度：用于控制生成木质纹理的彩条密度。数值越高密度越小。当设置不同【颗粒密度】时的贴图效果如图 9-91 所示。

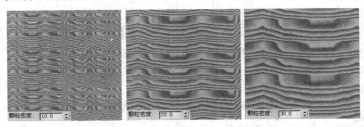

图 9-91　设置不同【颗粒密度】值时的贴图效果

- 径向噪波：用于控制在纹理的垂直方向上创建相对随机的噪波效果。
- 轴向噪波：用于控制在纹理的平面方向上创建相对随机的噪波效果。

9.4　贴图坐标

通常在为模型指定具有纹理贴图材质后，默认情况下不会得到正确的贴图效果，这是由于贴图坐标没有正确指定的原因。贴图坐标的指定通常有两种方法进行控制，一种是利用材质参数调节贴图坐标，另外一种是利用【UVW 贴图】修改器调节贴图坐标。

9.4.1　材质参数调节贴图坐标

当为各种贴图类型指定【2D 贴图】或【3D 贴图】后，会在各种贴图编辑卷展栏中显示【坐标】卷展栏，如图 9-92 所示。该卷展栏中的参数用于设置材质贴图的平铺次数、平移距离以及各种轴向的旋转角度。为平面模型指定贴图后的默认效果如图 9-93 所示。

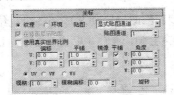

图 9-92　【坐标】卷展栏

图 9-93　默认贴图效果

- 纹理：选择此单选项后，可以将贴图作为纹理指定到模型表面。通常为物体调节材质时使用【纹理】方式。当指定为【纹理】方式时，贴图效果将受到纹理坐标的控制。
- 环境：选择此单选项后，将贴图贴到场景的环境中，场景的环境可以被视为一个包围整个场景的不可见球体。当指定为【环境】方式时，贴图将不受纹理坐标的控制。
- 偏移：分别用于设置贴图在横向和纵向上的偏移距离。【U】代表横向，【V】代表纵向。当设置不同偏移值时的贴图效果如图 9-94 所示。

图 9-94　设置不同偏移值的贴图效果

- 平铺：分别用于设置贴图在横向和纵向上的平铺次数。【平铺】值越大，纹理重复越多，如图 9-95 所示。

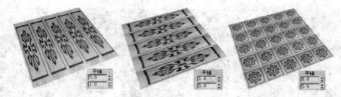

图 9-95 设置不同平铺值的贴图效果

- 角度：分别用于控制贴图在横向、纵向和景深方向上相对于物体的旋转角度。设置不同旋转角度时的贴图效果如图 9-96 所示。

图 9-96 设置不同旋转角度时的贴图效果

- 模糊、模糊偏移：用于控制贴图的模糊程度。

9.4.2 【UVW 贴图】修改器调节贴图坐标

利用【UVW 贴图】修改器可以对模型的 UVW 坐标系统进行重新指定和调整。UVW 坐标是一个独立的坐标系统，当它与 XYZ 坐标系统平行时，U 方向类似 X 轴，代表贴图的水平方向；V 方向类似 Y 轴，代表垂直方向；W 方向类似 Z 轴，代表景深方向。当对模型应用【UVW 贴图】修改器后，将替换模型原有的坐标系统。

绘制一条瓷碟的截面图像，并为其应用【车削】修改器，使其成为一个三维实体。当为此模型应用如图 9-97 所示的材质后，单击【渲染】按钮会弹出【缺少贴图坐标】对话框，如图 9-98 所示。

图 9-97 材质效果   图 9-98 【缺少贴图坐标】对话框

单击 继续 按钮，忽略对话框提示，将得到如图 9-99 所示的模型材质效果。当对此模型应用【UVW 贴图】修改器并简单调节后，再次渲染的效果如图 9-100 所示。

为模型应用【UVW 贴图】修改器之后，模型上将会显示一个黄色的 Gizmo 线框。当在修改器堆栈中进入【Gizmo】修改级别时，边界盒将显示为黄绿色，此时可以利用【选择并移动】、【选择并旋转】或【选择并均匀缩放】等工具进行 Giamo 的移动、旋转和缩放，这样模型表面的贴图效果也将变化，如图 9-101 所示。

图 9-99 未应用【UVW 贴图】修改器效果   图 9-100 应用【UVW 贴图】修改器的效果

图 9-101 移动、旋转和缩放调整贴图效果

【UVW 贴图】修改器的【参数】卷展栏如图 9-102 所示。

● 平面：可以沿模型的某一个平面投射贴图。其贴图原理如图 9-103 所示。

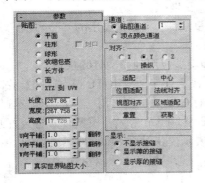

图 9-102 【参数】卷展栏   图 9-103 平面贴图原理

● 柱形：可以将贴图沿圆柱体的侧面包裹投射到物体表面，并可以为顶面和底面指定平面贴图坐标。当勾选【封口】复选框时将为顶面和底面分别应用平面贴图坐标；当取消勾选后将按照侧面包裹方式应用到顶面和底面。其贴图原理如图 9-104 所示。

● 球形：可以将贴图沿球体表面投射到物体表面。此坐标方式适用于球体或近似球状的模型。其原理如图 9-105 所示。

● 收缩包裹：可以将贴图包裹到整个模型上，最终贴图的四个角将会相接。这种贴图坐标不会产生接缝。此贴图坐标适用于指定球体或不规则物体的贴图坐标，其贴图原理如图 9-106 所示。

● 长方体：将贴图以平面方式分别指定给长方形的 6 个空间面，使 6 个方向产生相同的纹理效果，其贴图原理如图 9-107 所示。

图 9-104 柱形   图 9-105 球形   图 9-106 收缩包裹图   图 9-107 长方体

- 面：当使用此贴图坐标方式时，将会在模型的每个几何体面放置一个贴图，其效果与【材质编辑器】中【面】贴图所达到的效果相同。
- XYZ 到 UVW：针对系统提供的【3D 贴图】，使【3D 贴图】匹配模型的变化。
- 长度、宽度、高度：用于设置 UVW 贴图的边界盒大小。
- U 向平铺、V 向平铺、W 向平铺：分别用于设置贴图在 U、V、W 方向的平铺次数。
- X、Y、Z：用于指定贴图坐标对齐的轴向。
- 适配：单击此按钮后，系统将自动调整 Gizmo 的大小和位置，使其与物体的轮廓边界相匹配。
- 中心：单击此按钮后，系统自动将 Gizmo 的中心对齐到物体中心上。
- 位图适配：单击此按钮后，可以打开【选择图像】对话框，从中选择一个位图，则将 Gizmo 的长宽比例适配到位图的长宽比例上。
- 法线对齐：激活此按钮后，将可以在场景模型上按住鼠标拖曳，使 Gizmo 对齐到模型中鼠标拖动当前位置的法线上。
- 视图对齐：单击此按钮后，可以将 Gizmo 对齐到当前场景视口视角上。通常在透视图中定义一个合适的位置，然后单击此按钮以适配坐标。
- 区域适配：激活此按钮后，可以在视图中拖曳鼠标，根据拖曳出的 Gizmo 大小来定义贴图坐标的大小及角度。
- 重置：单击此按钮后，将 Gizmo 恢复到刚被应用到模型时的状态。
- 获取：激活此按钮后，可以在视图中点选另外一个应用【UVW 贴图】修改器的模型，可以将另外模型【UVW 贴图】修改器的 Gizmo 类型、角度、大小和位置信息获取并赋予到当前模型的【UVW 贴图】修改器中。当单击另外模型时，将会打开【获取 UVW 贴图】对话框，其中【获取相对值】表示仅获取 Gizmo 的类型、角度、和大小信息。【获取绝对值】表示拾取 Gizmo 的所有信息，包括位置信息。

9.5 实例制作——赋予电影奖杯模型材质

本节以奖杯模型为例，学习为物体赋予材质的制作过程。

本范例的详细制作过程见配套光盘中的视频教学，使用到的场景文件见配套光盘\场景文件\第 9 章\电影奖杯.max 文件。

制作流程图（见下图）

打开场景文件。　　　　单击工具栏中 🎨材质编辑按　编辑材质球中的材质属性。　最后指定灯光并渲染。
　　　　　　　　　　　钮，打开材质编辑器，将材
　　　　　　　　　　　质球指定给场景模型。

赋予电影奖杯模型材质流程图

🔎**具体操作步骤：**

1 打开电影奖杯.max 文件，选择第 1 个材质示例球，将其拖曳到电影奖杯模型上。

2 打开【明暗器基本参数】卷展栏，选择【金属】方式，将【金属基本参数】中【环境光】

和【漫反射】颜色设置为 255，204，0。将【高光级别】设置为：296，【光泽度】设置为 24。单击【贴图】卷展栏中【反射】右侧的【none】按钮，在打开的【材质贴图浏览器】中选择【光线跟踪】贴图。然后再次单击【反射】右侧的【Raytrace】按钮，在打开的【光线跟踪参数】卷展栏中设置【背景】，单击【none】按钮后载入配套光盘\第 9 章\js-029.jpg 文件，完成金属材质编辑。材质示例球效果如图 9-108 所示。

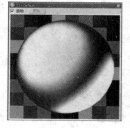

图 9-108　材质效果

3 选择第 2 个材质示例球，将其拖曳到电影奖杯底座模型和地面模型上，将【blinn 基本参数】中【环境光】和【漫反射】颜色设置为 230，230，230。将【高光级别】设置为 99，【光泽度】设置为 10，即可完成材质编辑。

9.6　本章小结

　　在 3ds Max 9 中，为场景中的模型赋予材质是表现物体真实质感的一个重要途径。通过本章学习，了解了【材质编辑器】对话框中各个部分的功能，掌握了各种贴图方法、贴图类型、材质类型以及贴图坐标的调整方法。

9.7　本章习题

　1. 填空题

　（1）【材质编辑器】是用于编辑表现场景模型＿＿＿＿＿＿＿和＿＿＿＿＿＿＿的工具。

　（2）🌑（获取材质）用于打开已保存的＿＿＿＿＿＿＿，并调用＿＿＿＿＿＿＿中的材质和贴图。

　（3）【多维/子对象】材质可以为同一模型分配＿＿＿＿＿＿＿。【多维/子对象】材质是由多个材质组合成的一种＿＿＿＿＿＿＿，可以根据同一模型的不同表面 ID，分别指定不同的子材质。

　（4）【光线跟踪】贴图用于＿＿＿＿＿＿＿或＿＿＿＿＿＿＿贴图，使用【光线跟踪】贴图可以正确计算场景＿＿＿＿＿＿＿和＿＿＿＿＿＿＿的效果。

　2. 选择题

　（1）【材质编辑器】中提供了（　　　）个材质示例球。

　　　A）6 个　　　　　　B）15 个　　　　　　C）24 个　　　　　D）36 个

　（2）为屏幕模型的正反两面分别设置不同材质时，需要使用（　　　）材质类型。

　　　A）顶/底　　　　　B）标准　　　　　　C）多维/子对象　　D）双面

　（3）以下用于控制模型表面纹理效果的贴图类型是（　　　）。

　　　A）【反射】　　　　B）【过滤色】　　　　C）【环境光颜色】　D）【漫反射颜色】

　（4）当需要为真实影片或照片中合成虚拟模型或场景时，通常都需要使用（　　　）材质。

　　　A）【无光/投影】　B）【多维/子对象】　C）【标准】　　　D）【合成】

　3. 判断题（正确√，错误×）

　（1）【光线跟踪】贴图仅能应用到【反射】和【折射】贴图中，可以用来模拟金属、玻璃或具有反射属性的材质效果。　　　　　　　　　　　　　　　　　　　（　　　）

　（2）场景中所有模型都必须应用【UVW 贴图】修改器，才能得到正确的纹理贴图效果。

　　　　　　　　　　　　　　　　　　　　　　　　　　　　　　　　　（　　　）

　（3）一个【多维/子对象】材质仅为一个场景模型指定不同材质效果。　（　　　）

第 10 章　灯光和摄影机

教学目标

学习和了解灯光的基础知识、透视的基本原理、灯光的类型和各种灯光的功能，熟练运用常用灯光和摄影机的设置方法

教学重点与难点

➢ 灯光的基础知识
➢ 灯光的功能分类
➢ 灯光布局的原理
➢ 灯光类型和适用范围
➢ 灯光的常用参数
➢ 摄影机的架设方法
➢ 摄影机常用参数

10.1　灯光

灯光在各种三维作品中的作用非常重要。无论是单帧艺术作品、动画作品或者建筑效果图，灯光都可用来模拟真实光源。所以在 3ds Max 中提供了各种灯光类型，不同灯光类型用不同的方法投射光线和阴影。当场景中没有用户定义的灯光时，系统则使用默认的场景灯光提供场景编辑时的模型着色和渲染时的光源效果。但如果用户在场景中创建了自定义的灯光时，创建的灯光将会替换场景默认灯光，产生用户定义的光线效果。当用户删除了场景中的所有灯光时，则系统将重新打开默认照明。

10.1.1　灯光的基础知识

在 3ds Max 9 中系统提供了【标准】灯光和【光度学】灯光两大类以及阳光系统。

【标准】灯光中提供了 8 种灯光类型，如图 10-1 所示。其中【mr 区域泛光灯】和【mr 区域聚光灯】是针对 3ds Max 中 Mental Ray 渲染器而设计的，【泛光灯】通常用于辅助光源使用，而聚光灯和平行光通常作为人工光源使用，【天光】则用于制作环境光。

【光度学】灯光同样提供了 10 种灯光类型，如图 10-2 所示。【光度学】灯光使用光度学值影响光线效果，通过光度学值可以更精确地表现光线效果，如同真实世界的光线一样。其中点光源、线光源和面光源用于模拟人工光源，而【IES 太阳光】和【IES 天光】用于表现太阳光和环境光效果。

图 10-1　【标准】灯光光源

阳光系统包括【太阳光】和【日光】，如图 10-3 所示。该灯光系统遵循太阳在地球上某一

给定位置，符合地理学的角度和运动。用户可以选择位置、日期、时间和指南针方向。

图 10-2 【光度学】灯光光源　　　　　图 10-3 阳光系统

1. 灯光的功能分类与布光方法

根据不同灯光的不同功能，通常分为主光源、辅光源和背光源 3 种，其中主光源和辅光源用于突出主题和照亮模型，而背光源主要用于照亮阴影区域、营造场景气氛和衬托场景主体。灯光布局原理如图 10-4 所示，渲染效果如图 10-5 所示。

灯光布局原理的场景文件见配套光盘\场景文件\第 10 章\灯光示例.max 文件。

图 10-4 布光原理示意图　　　　　　图 10-5 光影效果图

- 主光源：主要用于照亮整个场景，并负责使物体产生阴影，使用户能够清楚地看到光线的投射方向，并能够展现场景深度和明暗关系。在室内场景中，主光源可以只有一个，也可以有多个，用于模拟室内的主要照明光源。在室外场景中，主光源同样可以有一个或多个，但其中一个用于模拟日光或月光，其他光源用于模拟人工光源，例如路灯、车灯等。
- 背光源：主要用于照亮阴影区域，因为真实场景中照明产生的阴影不会产生纯黑色。用于对物体边缘照射形成亮部区域，以便使物体从背景中分离出来，从而勾勒出物体的外轮廓。
- 辅光源：用于照亮场景阴影区域或被主光源忽略的阴暗区域，突出物体外形，增强画面的深度和层次。

2. 灯光布局的基本原则

掌握合理的布光原则可以丰富场景色彩效果，增强空间感和层次感，使画面更为生动和逼真。

- 布置灯光需要先从主光源开始，然后加入辅光源，最后设置背光源。背光源通常亮度较主光源要微弱，而且背光源的颜色通常是与主光源的冷暖相对颜色。例如，主光源为暖色光源，则背光源通常应设置为冷色光源。
- 设置灯光前先对画面的明暗和色彩分布进行规划，使灯光布局有明确的目的性。
- 布置灯光时还要注意使灯光和材质相协调。除去设置阵列灯光外，切忌光源设置过亮、过多，而且每一盏灯光都有切实的效果，对于那些效果微弱、可有可无的灯光要坚决删除。

● 灵活运用灯光的排除和衰减功能，合理的衰减和排除可以得到柔和真实的光源效果，但不要每盏灯光都设置排除和衰减，这样将会增加灯光的控制难度。

10.1.2 灯光类型

在 3ds Max 9 中，系统有两种常用灯光类型，分别为【标准】和【光度学】灯光，当安装了某些渲染插件或灯光插件后将会增加另外的灯光类型。其中【标准】灯光是 3ds Max 的传统光源，操作方法相对比较简单。【光度学】灯光则相对复杂，但可以准确地计算光源光线，从而产生逼真的光影效果。

单击创建面板中的 ▼ 按钮，即可进入灯光创建面板。在灯光类型下拉列表中选择【标准】或【光度学】类型，即可进入对应的灯光创建面板。

1. 标准灯光

在【标准】灯光创建面板中有 8 种标准灯光，这 8 种灯光在场景中的形状如图 10-6 所示。

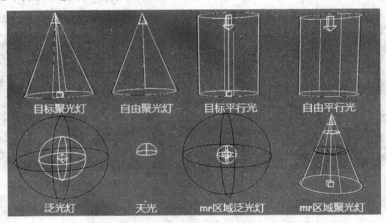

图 10-6   不同灯光在视图中的显示形状

其中【目标聚光灯】、【自由聚光灯】和【mr 区域泛光灯】的设置方法和应用十分相似，【目标平行光】和【自由平行光】的设置方法十分相似，【泛光灯】和【mr 区域泛光灯】基本相同，唯独【天光】的应用和参数与其他几种灯光类型大有不同，但参数相对较少。

● 目标聚光灯：用于产生锥形的照射区域，照亮锥形光束内的所有模型，并在模型背面产生锥形阴影。目标聚光灯由投射点和目标点组成。投射点位置是光源所在位置，用于投射光线，目标点用于控制光线照射到的位置。通过调整投射点和目标点的位置可以改变聚光灯的照射方向和角度。

● 自由聚光灯：仅包含一个投射点，而不具备目标点，只能利用旋转工具控制灯光的照射方向。

目标聚光灯和自由聚光灯产生的光照和阴影效果如图 10-7 所示。

● 目标平行光：用于产生圆柱形的照射区域，常用于模拟太阳光或探照灯等各种平行光源，其用法与目标聚光灯相同。

● 自由平行光：产生圆柱形的照射区域，与自由聚光灯相似，只能利用旋转工具控制灯光的照射方向。

目标平行光和自由平行光产生的光照和阴影效果如图 10-8 所示。

图 10-7　聚光灯的光照及阴影效果　　　　图 10-8　平行光的光照及阴影效果

- 泛光灯：是一种典型点光源，具有全局照明功能，光线从一点向四面八方均匀照射。泛光灯没有明确的照射对象，但可以灵活调整它的照射范围和阴影效果。

泛光灯产生的光照和阴影效果如图 10-9 所示。

- 天光：用于模拟天空光效果和环境光效果，是一种模拟大气散射效果的一种标准灯光。在场景中创建一盏天光后，不必考虑天光的位置及角度，即可在场景中产生平缓柔和的阴影效果和明暗过渡效果。天光产生的光照和阴影效果如图 10-10 所示。

图 10-9　泛光灯产生的光照及阴影效果　　　图 10-10　天光产生的光照及阴影效果

- mr 区域泛光灯和 mr 区域聚光灯：是针对 Mental ray 渲染器而设计的，其功能和用法与泛光灯和聚光灯十分相似。

mr 区域泛光灯和 mr 区域聚光灯产生的光照和阴影效果，分别如图 10-11 和图 10-12 所示。

 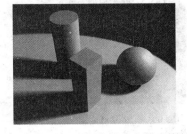

图 10-11　mr 区域泛光灯产生的光影效果　　　图 10-12　mr 区域聚光灯产生的光影效果

2.【光度学】灯光

　　【光度学】灯光是一种基于真实物理场景模拟光线在空间中传播的效果，可以更为精准地计算光线分布情况和光照衰减效果。在光度学灯光创建面板中共有 8 种灯光类型，分别为目标点光源、自由点光源、目标线光源、自由线光源、目标面光源、自由面光源、IES 太阳光和 IES 天光。各种光度学灯光在场景中的效果如图 10-13 所示。

- 目标点光源：与泛光灯比较相似，但目标点光源有目标点，并且可以设置灯光光线的分布状态。其中有 3 种光线分布状态：web、等向和聚光灯，其图标如图 10-14 所示，照射效果如图 10-15 所示。

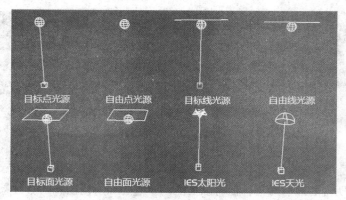

图 10-13　【光度学】灯光在视图中的形状

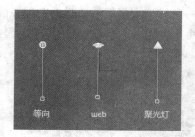

图 10-14　不同分布状态的图标效果

图 10-15　不同分布状态产生的光线效果

- 自由点光源：设置不同的灯光光线分布状态，包括 web、等向和聚光灯，但自由点光源不具备目标点。

- 目标线光源：通常用于模拟荧光灯管光源，它可以产生由圆柱状向外发射的光线，用户可以设置线光源的长度。此种类型的灯光可设置两种灯光光线分布：web 和漫反射。其图标效果如图 10-16 所示，不同分布状态产生的灯光效果如图 10-17 所示。

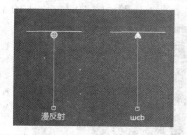

图 10-16　不同分布状态的图标效果

图 10-17　不同分布状态产生的光线效果

- 自由线光源：设置不同的灯光光线分布状态，包括 web 和漫反射，但自由线光源不具备目标点。若要控制灯光方向，需要使用旋转工具进行设置。

- 目标面光源：可以产生一个面片光源，用户可以设置面片的长和宽。面光源可以产生柔和的灯光照射效果。目标面光源由发射点和目标点组成，可以设置不同的光线分布状态，包括 web 和漫反射。

- 自由面光源：产生面片光源，可以设置它的长度和宽度，与目标面光源相比惟一的不同点就在于自由面光源不具备目标点。

- IES 太阳光：是基于物理阳光光照效果模拟太阳光的一种灯光类型。在使用 Mental ray 渲染器时，可以得到更为精准的光照效果。

- IES 天光：可以根据真实的物理环境效果来模拟天光效果。当使用 Mental ray 渲染器时使用 IES 天光可以得到更为理想的环境光效果。

10.1.3　灯光常用参数调整

在 3ds Max 9 中，灯光有非常多的可调参数，而且每种灯光的参数也不完全相同，下面对灯光参数中比较重要的参数进行详细讲解。

1. 常规参数

【常规参数】卷展栏主要用于控制是否应用灯光照明、灯光类型、是否应用目标点、是否应用阴影以及阴影类型和排除等参数。【标准】灯光类型中除去天光，【光度学】灯光类型中除去 IES 天光以外的所有灯光都具备【常规参数】卷展栏，如图 10-18 和图 10-19 所示。

图 10-18　标准灯光【常规参数】卷展栏　　　　图 10-19　光度学灯光【常规参数】卷展栏

2.【灯光类型】参数组

- 启用：此复选框用于控制灯光的开启和关闭，当勾选【启用】前面的复选框后将应用灯光照明，否则将不会产生任何灯光效果。
- 灯光类型列表：在标准灯光的【常规参数】卷展栏和光度学灯光的【常规参数】卷展栏中显示不同的灯光类型。

当单击 聚光灯 下拉列表后，将会显示聚光灯、平行光和泛光灯 3 种灯光类型。下方的【目标】用于设置产生的灯光是否带有目标点。当在灯光类型列表中选择了聚光灯后并勾选【目标】，则当前灯光将会是【目标聚光灯】，如果去除勾选【目标】复选框，将产生【自由聚光灯】。

当单击 点光源 下拉列表后，将会显示点光源、线光源和区域 3 种灯光类型。当选择了【点光源】灯光类型后，勾选下方的【定向】复选框后将会产生【目标点光源】，反之会形成【自由点光源】类型。

3.【阴影】参数组

- 启用：此复选框用于控制灯光是否产生灯光投影。
- 使用全局设置：勾选此复选框后将会使用相同的阴影设置，修改其中一个灯光的阴影将会修改其他勾选此复选框的所有灯光阴影。
- 阴影类型下拉列表：光线跟踪阴影 下拉列表中默认有 5 种阴影类型，当安装了某些渲染插件或灯光插件后，此下拉列表将会同时存在其他阴影类型。默认阴影类型分别为【高级光线跟踪阴影】、【区域阴影】、【mental ray 阴影贴图】、【光线跟踪阴影】和【阴影贴图】，其中最常用的是【阴影贴图】和【光线跟踪阴影】类型。

4.【排除/包含】照明对象

在三维软件中灯光的控制非常灵活，可以设置灯光有选择性地照亮场景模型。单击 排除...

按钮，可打开如图 10-20 所示的【排除/包含】对话框，用于设置灯光单独对某个模型进行照明作用，或对某个模型不进行照明。

　　【排除/包含】对话框有两个对象列表，当选择【排除】单选项后，左侧的【场景对象】列表中显示的对象是将会受到照明的对象。当选择【包含】单选项后，左侧的【场景对象】列表中显示的对象将会成为不受光照的对象。对于右侧的对象列表与左侧的【场景对象】列表正相反，当选择【排除】单选项后，右侧对象列表中显示的对象将会不受光照影响，当选择【包含】单选项后右侧对象列表中显示的对象将会受到光照影响。场景中选择【排除】后的渲染效果如图 10-21 所示。

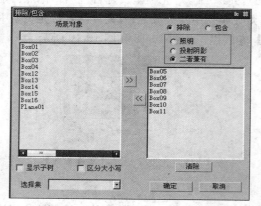

图 10-20　【排除/包含】对话框

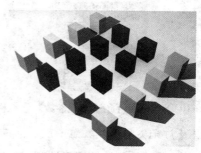

图 10-21　选择【排除】后的渲染效果

- ⟫、⟪按钮：用于移动所选的对象到另外一个列表中。当在左侧列表中单击选择一个或拖选多个对象后单击⟫按钮，会将选择的一个或多个对象移动到右侧的列表中；如果在右侧的列表中选择一个或多个对象后，单击⟪按钮，会将选择的对象移动到左侧的列表中。

- 排除、包含：用于设置右侧列表中的对象是属于排除照明的对象还是包含照明的对象。当选择【排除】后，右侧中的对象将属于排除在光照以外的对象，选择【包含】时，右侧列表中的对象将会属于包含在光照中的对象。而左侧的列表始终与右侧列表的作用是相反的。

- 照明、投射阴影、二者兼有：用于设置灯光排除或包含对象的内容。其中【照明】表示灯光仅排除对象表面的照明效果，【投射阴影】表示灯光仅排除或包含对象投射的阴影，【二者兼有】表示灯光排除或包含照明和投射阴影两种功能。

- 清除 按钮：单击此按钮后，将会清除右侧列表中的所有对象。

　　5. 强度/颜色/衰减

　　【强度/颜色/衰减】卷展栏中的选项主要用于控制灯光的强度、颜色和衰减效果。【强度/颜色/衰减】卷展栏如图 10-22 所示。

- 倍增：此选项用于控制灯光的发光强度，即灯光的亮度。【倍增】值越大，灯光越明亮，通常此参数设置在 0.2～1.2 之间。如果设置了【衰退】类型，通常需要设置在 8～30 之间。另外，如果场景中的某一物体在主体光的照射下产生曝光现象，也可以将辅助灯光的【倍增】值设置为负值，以平衡光照强度，从而得到较为理想的光照效果。当设置不同的【倍增】值后，得到的场景效果如图 10-23 所示。

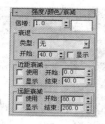

图 10-22 【强度/颜色/衰减】卷展栏

图 10-23 设置不同的【倍增】值后得到的场景效果

- 灯光颜色：单击【倍增】微调器右侧的色块，将会打开【颜色选择器：灯光颜色】对话框，在对话框中可以手动调节颜色，也可以输入颜色数值。
- 类型：在下拉列表中有【倒数】和【反向平方】两种衰退方式，这两种衰退方式是基于真实光线的衰退方式。其中【倒数】衰退方式适用于空气环境的衰退方式，【反向平方】适用于深水下的光线衰退方式。
- 开始：设置光线开始衰退的位置到光源的距离。
- 显示：当对当前灯光失去选择作用时，灯光的衰退范围框将会隐藏起来，如果希望显示衰退的范围框时，可以勾选【显示】复选框。
- 使用：勾选此复选框后将会使用近距衰减效果，衰减效果与衰退效果比较相似，但衰减是使用另外一种比较简单的计算方式，得到的衰减效果不如衰退效果好，只是计算速度要快于衰退。
- 开始、结束：用于设置近距衰减的开始位置和结束位置。
- 显示：当对当前灯光失去选择作用时，灯光的衰减范围框将会隐藏起来，如果希望显示衰减的范围框时，可以勾选【显示】复选框。
- 使用：勾选此复选框将应用远距衰减效果。
- 开始、结束：用于设置远距衰减的开始和结束位置。泛光灯和聚光灯的近距衰减和远距衰减示意图如图 10-24 所示。

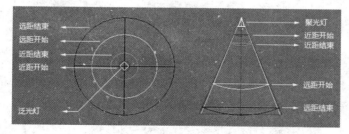

图 10-24 泛光灯和聚光灯的近距衰减和远距衰减示意图

6. 聚光灯参数

当创建聚光灯后，在灯光参数卷展栏中将会出现如图 10-25 所示的【聚光灯参数】卷展栏，用于控制聚光灯的照射范围和照射区域的形状。

- 显示光锥：默认聚光灯只有被选择时才显示锥形框，若想在失去选择的时候依然显示锥形框，需要勾选【显示光锥】复选框。
- 泛光化：当勾选此复选框后，光线将不受【聚光区/光束】和【衰减区/区域】的约束，灯光将在各个方向投射光线。但只有衰减圆锥体内的模型才产生阴影。当应用【泛光化】和不应用【泛光化】时的效果对比如图 10-26 所示。

图 10-25 【聚光灯参数】卷展栏

图 10-26 不应用【泛光化】和应用【泛光化】效果对比

- 聚光区/光束：用于设置聚光灯发光区域的照射范围，在此区域内的灯光强度不会向四面产生衰减。
- 衰减区/区域：衰减区是聚光灯照射的最外边界，在此区域内灯光亮度向四周逐渐衰减，此区域以外的范围不受光照影响。
- 圆、矩形：用于设置聚光灯照射区域的形状。使用【圆】时可以用于模拟普通灯光。当使用【矩形】时可以设置矩形照射区域的长宽比，用于模拟电影院的影片效果。
- 纵横比：当选择【矩形】时，此选项用于设置矩形照射区域的长宽比。也可以单击右侧 位图拟合 按钮，选择一幅图像，并根据图像的长宽比来匹配灯光矩形照射区域的长宽比。

7. 高级效果

【高级效果】卷展栏用于调整灯光照射区域的对比度、漫反射边的柔化程度以及是否使用投影贴图等选项设置。【高级效果】卷展栏如图 10-27 所示。

- 对比度：此参数用于控制曲面物体漫反射区域和环境光区域的对比度。增大【对比度】可以产生对比强烈的光照效果，如图 10-28 所示。

图 10-27 【高级效果】卷展栏

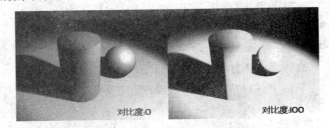

图 10-28 不同对比度的光照效果

- 柔化漫反射边：此参数用于设置圆滑曲面的阴影过渡效果。较高的取值将会得到更为柔和的物体表面阴影过渡。设置不同【柔化漫反射边】时的效果如图 10-29 所示。

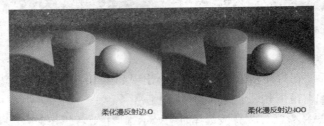

图 10-29 设置不同【柔化漫反射边】的不同效果

- 漫反射、高光反射：分别控制灯光是否产生漫反射效果和高光反射效果。
- 仅环境光：勾选此选项后，灯光仅影响照明的环境光颜色。应用【仅环境光】后，【对比度】、【柔化漫反射边】、【漫反射】和【高光反射】不可用。

当分别设置【漫反射】、【高光反射】和【仅环境光】后的模型效果如图 10-30 所示。

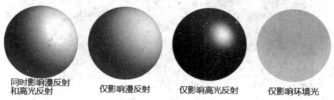

同时影响漫反射 仅影响漫反射 仅影响高光反射 仅影响环境光
和高光反射

图 10-30 设置不同光照效果时的模型效果

● 贴图：当勾选该复选框后将可以应用一幅图片作为灯光的射影图像，从而实现电影院的
影片效果，如图 10-31 所示。

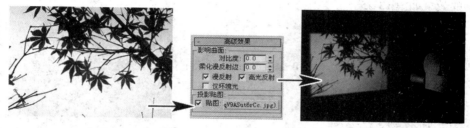

图 10-31 勾选【贴图】效果

利用灯光贴图不但可以完成影片效果，同时也可以用于水面反射的斑驳光影效果或阳光透
过树的枝叶产生的树影效果。

8. 阴影参数

当启用了【常规参数】卷展栏中的【阴影】选项后，将在
物体的背面产生阴影效果，并可以在【阴影参数】卷展栏中设
置阴影的颜色和密度，或为阴影指定阴影贴图。【阴影参数】卷
展栏如图 10-32 所示。

● 颜色：单击右侧的颜色色块，可以在弹出的【颜色选
择器：阴影颜色】对话框中拾取一种颜色作为阴影的
颜色。其设置方法以及设置颜色后的渲染效果如图
10-33 所示。

图 10-32 【阴影参数】卷展栏

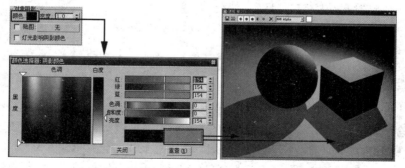

图 10-33 阴影颜色设置方法及渲染后的阴影效果

● 密度：此参数用于设置阴影的密度。增加【密度】值可以增加阴影的暗度，减小【密度】
值，光照产生的阴影将会呈现透明效果，如图 10-34 所示。

图 10-34　不同【密度】值时的阴影效果

● 贴图：当单击 ＿＿＿无＿＿＿ 按钮后，可以载入一幅图片作为阴影。【贴图】左侧的复选框用于确定是否产生贴图阴影。通常使用此方法制作假的光线焦散效果。为阴影指定贴图的效果如图 10-35 所示。

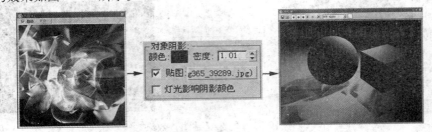

图 10-35　为阴影指定贴图效果

● 灯光影响阴影颜色：此选项用于决定设置的灯光颜色是否影响投射的阴影颜色。
● 启用：当勾选此复选框后将会对大气效果应用阴影。默认情况下灯光产生的阴影不会对火焰、雾等大气效果产生阴影，如果有对大气效果产生阴影的需要时，可以勾选此选项。
● 不透明度：用于控制大气阴影的不透明度。此参数类似【密度】，如果【不透明度】低于 100 时，将会产生半透明的阴影效果。
● 颜色量：用于控制透过带有颜色大气效果后产生带有颜色阴影的颜色使用量。例如将【颜色量】设置为 100 后，透过火焰产生的阴影将会呈现火焰的橘红色阴影；如果将【颜色量】设置为 0，那么透过火焰的阴影将会是灰色的。

9. 阴影贴图参数

当在阴影类型列表中选择了【阴影贴图】类型后，将会在【灯光】卷展栏中找到【阴影贴图参数】卷展栏，如图 10-36 所示。

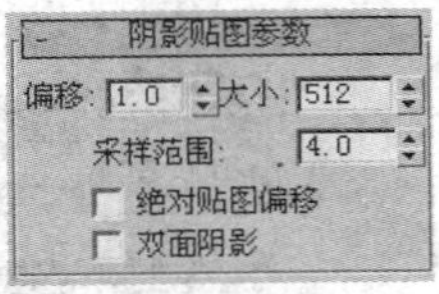

【阴影贴图】的渲染计算速度非常快，并且容易形成较为真实的阴影效果。其缺点是无法为精细的模型投射准确的阴影，并且无法真实地表现玻璃等半透明材质的阴影效果。这是因为【阴影贴图】不是用光线对模型进行描绘形成的真实阴影，而是根据光线的照射方向和模型的大致外形在模型背面产生的阴影贴图。在制作灯光阵列时使用【阴影贴图】类型是最为理想的阴影方式。

图 10-36　【阴影贴图参数】卷展栏

● 偏移：此参数用于控制阴影在对象底部偏移的距离。其数值越大，阴影向灯光反向偏移的距离也越大，如图 10-37 所示。
● 大小：此参数用于控制阴影贴图的品质。其数值越大阴影贴图的品质越好，但渲染速度也越慢。当设置不同【大小】值时的阴影效果如图 10-38 所示。

图 10-37 设置不同【偏移】值时的阴影效果

图 10-38 设置不同【大小】值时的阴影效果

● 采样范围：此参数用于设置阴影边缘的虚化效果，取值越小产生的阴影越锐利。当设置不同【采样范围】时的阴影效果如图 10-39 所示。

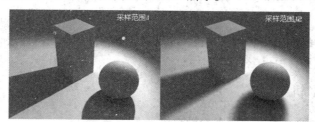

图 10-39 设置不同【采样范围】值的阴影效果

10. 光线跟踪阴影参数

当在阴影类型列表中选择了【光线跟踪阴影】类型后，将会在【灯光】卷展栏中找到【光线跟踪阴影参数】卷展栏，如图 10-40 所示。【光线跟踪阴影】与【阴影贴图】不同，是系统经过精确计算所得到的真实光线阴影。【光线跟踪阴影】可以正确计算精细模型的阴影和半透明材质阴影，但光线跟踪阴影无法渲染出阴影边界模糊的效果。

● 光线偏移：与【阴影贴图参数】中【偏移】相同，用于控制阴影在对象底部偏移的距离。其数值越大，阴影向灯光反向偏移的距离也越大。

● 双面阴影：勾选此复选框后，将会正确计算有表面缺损的模型阴影。将场景模型的顶部表面删除，然后应用【双面阴影】参数的效果如图 10-41 所示。

图 10-40 【光线跟踪阴影参数】卷展栏　　　　图 10-41 应用【双面阴影】参数后的阴影效果

● 最大四元深度：其参数越大，计算阴影时占用的内存越多，但渲染的速度越快。参数范围是 1～10，默认为 7。

10.2 摄影机

摄影机的作用与真实世界的摄影机和照相机相同，可以为用户提供一个有利的观察角度以及摄影机视野或各种摄影机效果，例如景深效果和运动模糊效果。摄影机位置示例效果以及摄影机画面效果如图 10-42 所示。

图 10-42　摄影机示例及摄影机视图渲染效果

单击创建面板中的 （摄影机）按钮，即可进入摄影机创建面板，该面板中共有两种摄影机类型：目标摄影机和自由摄影机。

10.2.1 自由摄影机

自由摄影机是一种不具备目标点的摄影机类型，要旋转摄影机方向需要借助旋转工具。适用于设置摄影机路径动画或将摄影机绑定到某个物体上进行拍摄。自由摄影机的移动和旋转示例如图 10-43 所示。

图 10-43　自由摄影机的移动和旋转示意图

10.2.2 目标摄影机

目标摄影机与自由摄影机的使用方法基本相同。其区别在于目标摄影机具有一个目标点，可以通过调整摄影机和目标点的位置来控制摄影机的拍摄方向。在制作建筑效果图时，通常使用目标摄影机拍摄场景。在制作动画时将目标摄影机的目标点绑定到运动物体上，可以制作目标跟随拍摄的效果。目标摄影机的移动及旋转示意如图 10-44 所示。

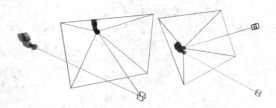

图 10-44　目标摄影机的移动及旋转示意图

10.2.3 摄影机常用参数调整

摄影机参数卷展栏主要由【参数】和【景深参数】两部分组成，如图 10-45 所示。

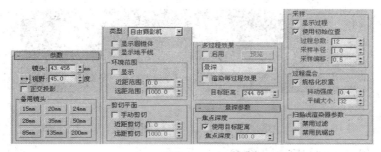

图 10-45 摄影机参数卷展栏

- 镜头、视野：分别用于设置摄影机的镜头尺寸和视野范围，其单位分别为【毫米】和【度】。镜头越长，视野范围越小。在系统默认情况下，【视野】值为 45 度，这是近似于人眼的焦距和视野范围。通常情况保持默认的【视野】值即可得到理想的图像效果。
- 正交投影：当勾选此复选框后，摄影机中的模型效果类似用户视图中的模型效果。
- 备用镜头：其中包含 9 个按钮，每个按钮将记录一个标准的镜头值。当单击其中任意一个按钮后，【镜头】值将随之变化为当前按钮记录的参数。单击不同【备用镜头】按钮，效果如图 10-46 所示。

图 10-46 选择不同【备用镜头】时的拍摄效果

- 显示圆锥体：当勾选此复选框后，在失去对摄影机的选择时，也显示摄影机视野定义的四棱锥范围框。
- 显示地平线：勾选此复选框后，将在摄影机视口中的地平线层级显示一条深灰色的线条。
- 环境范围：当为场景添加【雾】效果时，可以使用此参数组来控制雾的产生和雾最浓密的位置。勾选【显示】可以将控制雾效范围框显示在场景中。【近距范围】和【远距范围】可控制影响雾效的两个范围框位置。当设置不同【近距范围】和【远距范围】时的雾效果如图 10-47 所示。

图 10-47 设置不同【近距范围】和【远距范围】时的雾效果

- 剪切平面：当需要穿过某些模型看到对面的场景时，需要使用【剪切平面】对其进行设置。当勾选【手动剪切】时，可以利用【近距剪切】和【远距剪切】对两个剪切平面进行设置。当设置不同【近距剪切】和【远距剪切】时的场景效果如图 10-48 所示。

图 10-48　设置不同【近距剪切】和【远距剪切】时的场景效果

10.2.4　摄影机多重过滤渲染效果

摄影机可以创建两种渲染效果。一个是景深效果，另一个是运动模糊效果。多重过滤渲染效果通过渲染不同的效果在每次渲染之间轻微移动摄影机，并将渲染的多幅图像合成为一幅渲染图像，便可以产生用户所需的摄影机效果。

1. 景深效果

对于初学者，景深是一个非常陌生的词汇。它有一个非常复杂的计算公式，是一种光学现象。简单来说，景深就是调节焦距的范围，其中主要包括焦点和弥散圆。当光线透过摄影机镜头时，理想的镜头会将所有的光线聚集在一点上，而这个聚集所有光线的一点，就叫作焦点。在焦点前后，光线开始聚集和扩散，点的影像变模糊并形成一个扩大的圆，这个圆就叫做弥散圆。景深示意图如图 10-49 所示。

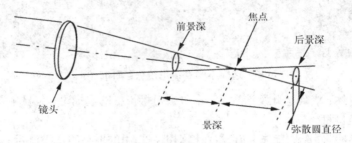

图 10-49　景深示意图

使用景深效果后靠近焦点的位置清晰，远离焦点的位置逐渐模糊。其效果如图 10-50 所示。

图 10-50　应用景深效果

要打开摄影机的景深效果，需要勾选【摄影机参数】卷展栏中【多过程效果】中的【启用】复选框，并确认在效果下拉列表中选中【景深】选项，如图 10-51 所示。

- 预览 按钮：当启用【景深】效果后单击此按钮，可在视图中预先查看景深效果。
- 效果下拉列表：用于选择需要的摄影机效果，其中包括 3 个选项，分别为景深（Mental ray）和运动模糊。其中景深（Mental ray）是针对 Mental ray 渲染器而设计的。

- 渲染每过程效果：启用此选项后，如果指定任何一种摄影机效果，则将渲染效果应用于多重过滤效果的每个过程。
- 目标距离：当设置不同目标距离时将会控制摄影机的目标点位置，并以当前目标点位置为焦点。当设置不同【目标距离】时的预览效果如图 10-52 所示。

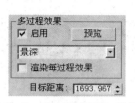

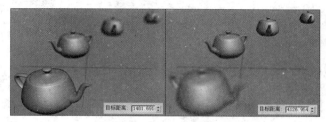

图 10-51　选择【景深】效果　　　　　图 10-52　设置不同【目标距离】时的场景效果

启用【景深】效果后，将会在摄影机参数中找到【景深参数】卷展栏，如图 10-45 所示，其中可以控制景深的深度和品质等参数。

- 使用目标距离：勾选此复选框后，将会使用摄影机的目标点来控制景深焦点的位置。
- 焦点深度：当取消勾选【使用目标距离】时，将可以使用此参数控制景深焦点的位置。
- 显示过程：当勾选此复选框后，将会在渲染过程中看到渲染景深的过程。
- 使用初始位置：勾选此复选框后，第一个渲染过程位于摄影机的初始位置。
- 过程总数：用于设置景深的品质。较高的数值将会使用较长的渲染时间，方可得到理想的景深效果。
- 采样半径：此参数相当于弥散圆半径，较高的半径会得到更为模糊的景深效果。通常采用默认值即可。
- 采样偏移：增大该数值将会增加景深模糊的数量，产生更均匀的过渡。减小该数值将减小景深数量，产生更随机的效果。

2. 运动模糊效果

运动模糊是由胶片的曝光时间而引起的现象。真实摄影机会在很短的时间里把场景映射在胶片上曝光。场景中的光线投射在胶片后，引起化学反应形成图片的过程就是曝光。如果在曝光的过程中，场景仍然发生变化，则就产生了具有方向性的模糊效果，而这种模糊效果就是运动模糊效果。运动模糊效果并不局限在摄影机当中，人的眼睛也可以产生运动模糊效果。运动模糊效果如图 10-53 所示。

要打开摄影机的运动模糊效果，需要勾选【摄影机参数】卷展栏中【多过程效果】中的【启用】复选框，并确认在效果下拉列表中选中【运动模糊】选项。

当启用【运动模糊】效果后，将会在【摄影机参数】卷展栏中找到【运动模糊参数】卷展栏，其中有可以控制运动模糊的模糊程度和品质等参数。【运动模糊参数】卷展栏如图 10-54 所示。

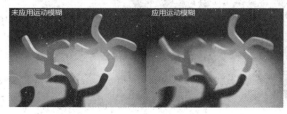

图 10-53　运动模糊效果　　　　　　　图 10-54　【运动模糊参数】卷展栏

● 持续时间（帧）：此参数相当于真实摄影机的曝光时间，数值越大产生的运动模糊效果越强烈。

10.3 实例制作——室内灯光布置

本节将以室内灯光布置为例，讲解室内灯光布置的方法。

本范例的详细制作过程见配套光盘中的视频教学，涉及到的场景文件见配套光盘\场景文件\第 10 章\室内模型.max 文件，完成的灯光布置场景文件见配套光盘\场景文件\第 10 章\灯光示例.max 文件。

制作流程图（见下图）

打开配套光盘中场景文件。

单击灯光列表中 泛光灯 按钮，在场景任意位置创建泛光灯，并调节灯光参数。

配合"Shift"键将场景创建的泛光灯复制出多个作为灯光阵列。

  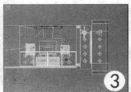

 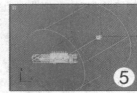 

调整泛光灯的亮度、颜色和引用参数，以达到合理光影效果。

单击 目标平行光 在场景中创建用于模拟太阳光的平行光，并调整其参数。

渲染最终效果。

室内灯光布置流程图

具体操作步骤：

1 执行【文件】菜单→【打开】命令，打开配套光盘\第 10 章\室内模型.max 文件，如图 10-55 所示。

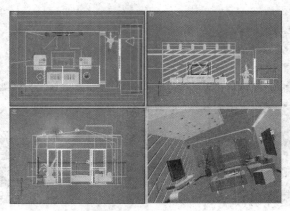

图 10-55 打开的场景文件

2 在创建面板中单击 （灯光）按钮，进入灯光创建面板，使用【标准】灯光类型。

3 激活灯光创建面板中的 <u>　泛光灯　</u>按钮，在场景任意位置单击创建泛光灯。

4 选择创建的灯光，打开【常规参数】卷展栏，按图 10-56 和图 10-57 所示进行设置。

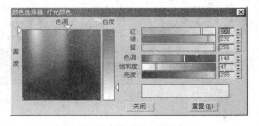

图 10-56　编辑灯光参数　　　　　　　　图 10-57　设置灯光颜色

5 将编辑过的泛光灯放置到室内场景的一个角落处，如图 10-58 所示。

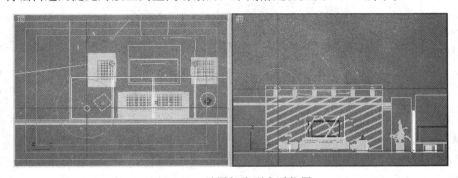

图 10-58　放置灯光到合适位置

6 配合键盘 "Shift" 键，以【实例】方式关联复制灯光阵列，在窗口附近复制出另外多盏用于模拟天光的泛光灯，如图 10-59 所示。当任意调节其中一盏灯光时其余灯光将随之同步更新。

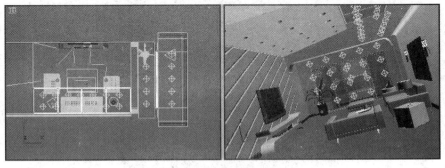

图 10-59　复制关联灯光

7 配合键盘 "Shift" 键，以【复制】方式复制出一盏用于模拟间接光照的泛光灯。

8 将复制的泛光灯的【倍增】设置为 0.07，将灯光颜色设置为 255、223、195。其他参数与模拟天光的参数相同，并使用关联复制出 10×4×4 盏泛光灯，如图 10-60 所示。

9 在顶视图中创建一盏【光度学】的【自由点光源】，【灯光类型】设置为【点光源】，启用【阴影贴图】，将【强调/颜色/分布】卷展栏中【强度】设置为【cd】方式，并将强度设置为

2，并放置到室内顶部灯筒内部，然后根据灯筒的数量关联复制出其他点光源。渲染场景效果如图 10-61 所示。

图 10-60　间接光照的设置方式

图 10-61　目标聚光灯复制位置

10 在场景中创建一盏【目标平行光】，启用【区域阴影】，将【强度/颜色/衰减】卷展栏中【倍增】设置为 1.4 颜色设置为 255、198、130，【平行光参数】卷展栏中【聚光区/光束】设置为 500。目标平行光的场景位置如图 10-62 所示。当增加直接光照后的效果如图 10-63 所示。

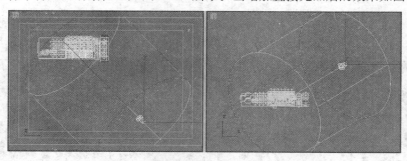

图 10-62　目标平行光的场景位置

图 10-63　当前灯光效果

10.4　本章小结

本章介绍摄影机和灯光的相关知识，其中包括灯光和摄影机的功能分类、灯光布局以及灯光和摄影机的调节参数等。灯光的布置是一个比较耗时的工作，需要反复地精心调节。希望读者多加练习，熟练掌握灯光和摄影机的创建方法和使用方法。

10.5　本章习题

1. 填空题

（1）标准灯光中可以产生锥形照射区域的灯光有_____和_____。

（2）灯光的衰退类型有两种，一种是_____，另一种是_____。

（3）摄影机可以生成两种摄影机效果，分别为_____和_____。

（4）摄影机中有_____种备用镜头，其中最接近人眼效果的是_____。

2. 选择题

（1）标准灯光中提供了 8 种灯光类型，其中（　　）常用于阵列灯光模拟现实光效。
　　A）目标聚光灯　　　B）泛光灯　　　　　C）自由平行光　　　D）天光

（2）下列灯光中用于模拟室外天空散射光效的一种灯光是（　　）。
　　A）目标聚光灯　　　B）泛光灯　　　　　C）自由平行光　　　D）天光

（3）自由摄影机是一种不具备（　　）的摄影机类型。
　　A）动画捕捉　　　B）运动模糊效果　　C）景深效果　　　D）目标点

（4）下列灯光中（　　）灯光可以根据位置、日期、时间和指南针方向控制灯光效果。
　　A）自由平行光　　　B）目标聚光灯　　C）太阳光　　　D）天光

3. 判断题（正确√，错误×）

（1）灯光中【倍增】是用来设置灯光亮度的参数，其最小数值为 0。　　　（　　）

（2）目标聚光灯和自由聚光灯惟一的区别在于是否拥有目标点。　　　（　　）

（3）在摄影机视口中仅能显示场景的透视关系，无法显示互相平行的正交效果。（　　）

（4）当对摄影机应用不同的多过程效果时将会在下方出现对应的卷展栏。　（　　）

第 11 章　空间扭曲和粒子系统

　教学目标

掌握空间扭曲的创建和参数设置方法，熟练使用粒子系统的调节方法

　教学重点与难点

➢ 空间扭曲的创建和设置方法
➢ 粒子系统的创建和设置方法

11.1　空间扭曲

空间扭曲体是一种可以影响对象外观的不可渲染物体。空间扭曲产生使其他对象形变的力场，从而创建出重力、风力、波浪和涟漪等效果。空间扭曲使对象形变的方式与修改器相似，修改器仅影响具体对象，而空间扭曲体影响世界空间。

要创建空间扭曲体，首先单击创建面板中的 ≈ （空间扭曲）按钮，进入空间扭曲创建命令面板。在空间扭曲类型列表中提供 6 种空间扭曲对象，其中常用的有【力】、【导向器】、【几何/可形变】和【基于修改器】类型。其创建命令面板如图 11-1 所示。

图 11-1　常用空间扭曲物体创建命令面板

- 力：可以对粒子施加漩涡、重力或风力等作用，从而影响粒子的运动形态。
- 导向器：可以用于制作各种导向板，从而阻挡粒子的正常运动，形成粒子在导向板上反弹的运动效果。
- 几何/可形变：用于对场景中的几何体产生形变约束，包括 FFD（长方体）、FFD（圆柱体）、波浪和涟漪等。
- 基于修改器：是建立在对象修改器基础上的空间变形，包括倾斜、噪波、弯曲等。

11.1.1　空间扭曲绑定

在使用空间扭曲时，首先要创建所需的空间扭曲体并且利用 按钮，将对象绑定到空间扭曲体上，在完成绑定之后才能产生空间扭曲形变。

下面将以实例的方式讲解如何将对象绑定到空间扭曲体上。

本范例详细的操作步骤见配套光盘\视频教学\第 11 章\绑定空间扭曲.avi 文件。

动手做 11-1　如何将对象绑定到空间扭曲体上

1 打开创建命令面板，单击 ◉（几何体）按钮，在创建类型下拉列表中选择【粒子系统】，在打开的粒子系统创建面板中激活　喷射　按钮，在前视图中创建一个喷射平面，并拨动时间滑块观察粒子喷射动画，如图 11-2 所示。

2 单击 ≋（空间扭曲）按钮，在创建类型中选择【力】，激活空间扭曲创建面板中的　重力　按钮，在透视图中单击并拖曳出一个重力对象，如图 11-3 所示。

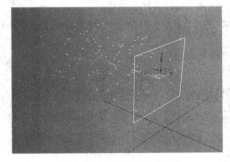

图 11-2　观察粒子动画

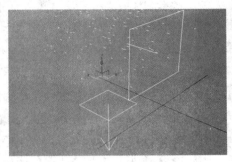

图 11-3　创建重力对象

3 激活工具栏中的 ▧（绑定到空间扭曲）按钮，然后单击粒子对象并拖曳到重力对象上，当光标变成如图 11-4 所示的形状时释放鼠标。完成绑定后粒子产生了重力影响，如图 11-5 所示。

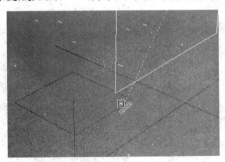

图 11-4　绑定到空间扭曲的光标形状

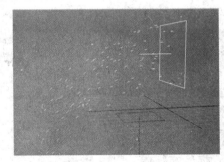

图 11-5　重力对粒子产生影响

4 在空间扭曲类型列表中选择【导向器】，激活　导向板　按钮，在场景适当位置创建一个导向板，如图 11-6 所示。

5 激活工具栏中的 ▧（绑定到空间扭曲）按钮，依据步骤 3 将粒子绑定到导向板上，最终导向板对粒子产生阻挡作用，如图 11-7 所示。

图 11-6　创建导向板

图 11-7　导向板对粒子产生阻挡作用

11.1.2 力

【力】空间扭曲创建面板中包括多种作用力工具。其中【漩涡空间扭曲】、【粒子爆炸空间扭曲】、【重力空间扭曲】和【风力空间扭曲】是常用的几种空间扭曲工具。

1. 漩涡空间扭曲

【漩涡】可以约束粒子在一个旋转的漩涡中，使其形成龙卷风状的粒子运动效果。在制作漩涡、龙卷风或黑洞等效果时漩涡空间扭曲具有非常重要的作用。

【漩涡】空间扭曲的详细制作方法见配套光盘\视频教学\第 11 章\漩涡.avi 文件。场景文件见配套光盘\第 11 章\漩涡.max 文件。

动手做 11-2　如何将对象绑定到【漩涡】空间扭曲中

1 在几何体类型列表中选择【粒子系统】选项，进入粒子系统创建面板。

2 激活粒子系统创建面板中的 雪 按钮，在顶视图中拖曳鼠标创建一个雪粒子系统，如图 11-8 所示。

3 在【参数】卷展栏中将【速度】设置为 20。

4 单击 ≋（空间扭曲）按钮，打开【力】空间扭曲创建面板，激活 漩涡 按钮，然后在顶视图中拖曳鼠标创建一个【漩涡】空间扭曲。

5 激活工具栏中的 ▩（绑定到空间扭曲）按钮，然后单击漩涡对象并拖曳到雪粒子上释放鼠标，如图 11-9 所示。

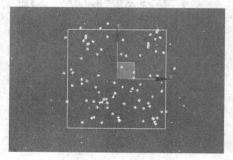
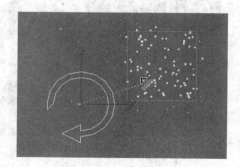

图 11-8　创建雪粒子系统　　　　图 11-9　将雪粒子绑定到【漩涡】空间扭曲中

6 释放鼠标后，即可将雪粒子和漩涡空间扭曲绑定到一起。激活透视图，单击动画控制区中的 ▶（播放动画）按钮，可以看到场景中的雪粒子已经在漩涡空间扭曲的影响下产生漩涡状的运动效果，如图 11-10 所示。

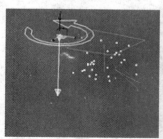
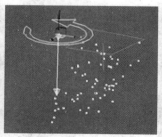
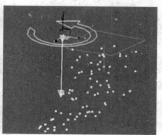

图 11-10　粒子运动效果

在场景中创建【漩涡】空间扭曲后，其【参数】卷展栏如图 11-11 所示。

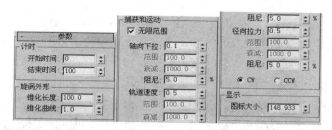

图 11-11 漩涡【参数】卷展栏

- 计时：该组包含两个参数，分别为【开始时间】和【结束时间】，用于控制漩涡空间扭曲作用的开始时间和结束时间。
- 漩涡外形：该组用于控制漩涡的作用形状。
  - ➤ 锥化长度：用于控制漩涡的长度，其数值越大产生的漩涡越长，如图 11-12 所示。

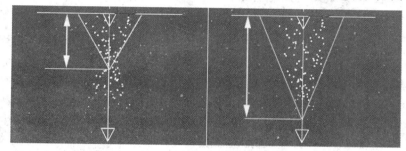

图 11-12 【锥化长度】示例图

  - ➤ 锥化曲线：用于控制漩涡的外形。数值越低创建的漩涡口越宽大。
- 捕获和运动：该组有以下参数：
  - ➤ 无限范围：勾选该选项后，漩涡会在无限范围内施加全部阻尼强度。
  - ➤ 轴向下拉：此参数用来设置粒子沿下拉轴方向移动的速度。当未勾选【无限范围】时，【范围】和【衰减】将处于可用状态。【范围】以表示距漩涡图标中心的距离；【衰减】用于设置在轴向范围外阻尼的衰减距离；【阻尼】用于控制粒子在下拉轴方向运动时受到的阻挡程度。
  - ➤ 轨道速度：用于控制粒子围绕轴心旋转的速度。
  - ➤ 径向拉力：用于控制粒子旋转距下落轴的距离。
  - ➤ CW、CCW：决定漩涡旋转的方向是顺时针还是逆时针。CW 表示顺时针，CCW 表示逆时针。

2.【粒子爆炸】空间扭曲

【粒子爆炸】空间扭曲能对粒子系统产生爆炸的冲击波影响。主要用于动画中的爆炸效果。

【粒子爆炸】空间扭曲的详细制作方法见配套光盘\视频教学\第 11 章\粒子爆炸.avi 文件，场景文件见配套光盘\第 11 章\粒子爆炸.max 文件。

动手做 11-3　如何用【粒子爆炸】制作空间扭曲效果

1 在几何体类型列表中选择【粒子系统】选项，进入粒子系统创建面板。

2 激活粒子系统创建面板中的 暴风雪 按钮，在前视图中拖曳鼠标创建一个暴风雪粒子系统。

3 将【基本参数】中的【粒子数百分比】设置为100%，在【粒子生成】卷展栏的【粒子计时】组中将【发射停止】设置为100，拨动时间滑块观察粒子发射，效果如图11-13所示。

4 单击 ≋（空间扭曲）按钮，打开【力】空间扭曲创建面板，激活空间扭曲创建面板中的 粒子爆炸 按钮，然后在适当位置创建两个【粒子爆炸】空间扭曲，如图11-14所示。

图 11-13　粒子发射动画

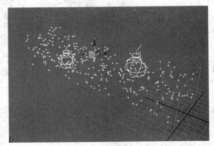
图 11-14　创建【粒子爆炸】空间扭曲效果

5 激活工具栏中的 ❧（绑定到空间扭曲）按钮，然后分别单击两个【粒子爆炸】并拖曳到【暴风雪】粒子上释放鼠标。

6 选中其中一个【粒子爆炸】并进入修改面板，将【基本参数】中的【开始时间】设置为58，选中另外一个【粒子爆炸】并将【基本参数】中的【开始时间】设置为75，这样第一个【粒子爆炸】将会在第58帧产生爆炸影响，另外一个【粒子爆炸】将会在第75帧产生爆炸影响。

在场景中创建【粒子爆炸】空间扭曲后，其参数卷展栏如图11-15所示。

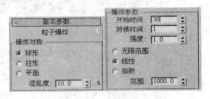

- 球形：当选择此单选项后，其图标是一个球形炸弹。爆炸力从粒子爆炸图标向外朝所有方向发射。
- 柱形：当选择此单选项后，其图标显示为一个炸药棒形态。爆炸力从柱形图标的核心向外发射。

图 11-15　【基本参数】卷展栏

- 平面：当选择此单选项后，其图标是一个带箭头的平面。爆炸力垂直于平面图标所在的平面朝上或下方发射。当选择不同选项时的图标和爆炸效果如图11-16所示。

图 11-16　选择不同选项时的图标和爆炸效果

- 混乱度：用于控制爆炸后粒子方向的混乱程度。
- 开始时间：可以理解为炸弹的引爆时间，其中的数值表示引爆所在的帧数。
- 持续时间：设置爆炸后应用力的帧数，数值越大爆炸的持续时间越久。
- 强度：用于控制沿爆炸向量的速率变化，增加【强度】会增加粒子从爆炸图标向外爆炸的速度和范围。
- 无限范围：勾选此单选项后爆炸图标的效果能影响整个场景中所有绑定的粒子。

- 线性、指数：决定使用线性方式或是指数方式的衰减效果。
- 范围：用于设置粒子爆炸图标影响绑定粒子系统的最大距离。

3.【重力】空间扭曲

【重力】空间扭曲可以对粒子系统产生自然重力的影响。重力具有方向性，通常将重力的图标箭头指向下方。

【重力】空间扭曲的详细制作方法见配套光盘\视频教学\第11章\重力.avi 文件，场景文件见配套光盘\第11章\重力.max 文件。

动手做 11-4　如何用【重力】制作喷洒粒子效果

1 在几何体类型列表中选择【粒子系统】选项，进入粒子系统创建面板。

2 激活粒子系统创建面板中的 喷射 按钮，在顶视图中拖曳鼠标创建一个喷射粒子系统。

3 使用空间栏中的 （镜像）工具，将粒子发射平面沿着 Z 轴向镜像翻转，将粒子向上喷射。

4 打开修改面板，将【参数】卷展栏中喷射器的【宽度】和【长度】分别设置为 5，将【变化】也设置为 5，【视口计数】设置为 500，修改后的喷射状态如图 11-17 所示。

5 单击 （空间扭曲）按钮，打开【力】空间扭曲创建面板，激活面板中的 重力 按钮，然后在透视图中创建一个【重力】空间扭曲。

6 激活工具栏中 （绑定到空间扭曲）按钮，然后将【重力】空间扭曲拖动到【喷射】粒子上释放鼠标，【重力】对【喷射】粒子产生重力影响，效果如图 11-18 所示。

图 11-17　编辑过的喷洒粒子　　　　图 11-18　喷射粒子的重力运动效果

在场景中创建【重力】空间扭曲后，其参数卷展栏，如图 11-19 所示。

- 强度：用于控制重力的影响程度，较高的参数将会得到较强的重力影响。当设置不同【强度】时的场景效果如图 11-20 所示。

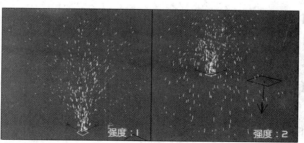

图 11-19　【参数】卷展栏　　　　图 11-20　不同【强度】时的模型效果

- 衰退：当设置【衰退】为 0 时，【重力】空间扭曲将使用相同的强度应用于整个世界空间。当增大【衰退】时，可使重力强度从【重力】扭曲对象的所在位置开始随距离的增加而减弱。
- 平面、球形：用于控制使用平面的方式或是使用球形的方式产生重力。当选择【球形】方式时将以重力扭曲对象为重力的中心。

4.【风】空间扭曲

【风】可以沿着指定的方向吹动粒子，具有方向性。当粒子逆着风的方向运动将产生减速运动，当粒子顺着风的方向运动将产生加速运动。为粒子绑定【风】空间扭曲后的场景效果如图 11-21 所示，其【参数】卷展栏如图 11-22 所示。

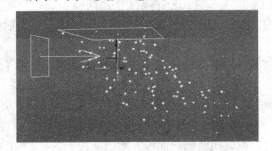 

图 11-21　为雪粒子绑定【风】空间扭曲的场景效果　　　　　图 11-22　【参数】卷展栏

- 湍流：用于控制风力的散乱程度。值越大粒子运动得越加杂乱无章。当设置不同【湍流】值后的效果如图 11-23 所示。

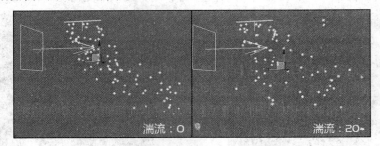

图 11-23　不同【湍流】值的场景效果

- 频率：此参数用于设置湍流效果随周期变化的频率。
- 比例：此参数用于缩放湍流效果。其数值越大，风力的散乱程度也越强。

11.1.3　导向器

【导向器】对粒子具有阻挡作用，可以反弹粒子从而更改粒子的运动方向。下面将以【导向球】和【导向板】为例，学习【导向器】的创建与设置。

1. 导向球

【导向球】是一个球形的【导向器】，用于模拟球状物体对粒子的阻挡效果。

下面以实例的方式讲解导向球的创建与设置方法。

动手做 11—5　如何创建与设置导向球

1 在几何体类型列表中选择【粒子系统】选项，进入粒子系统创建面板。激活该面板中的

■暴风雪■按钮，在顶视图中拖曳鼠标创建一个暴风雪粒子系统。

2 单击 ≋（空间扭曲）按钮，打开【力】空间扭曲创建面板，激活该面板中的 ■重力■ 按钮，然后在透视图中创建一个【重力】空间扭曲。

3 单击 ≋（空间扭曲）按钮，打开【导向器】空间扭曲创建面板，激活该面板中的 ■导向球■ 按钮，然后在视图合适位置创建一个【导向球】空间扭曲，如图 11-24 所示。

4 激活工具栏中的 ■（绑定到空间扭曲）按钮，然后将【重力】空间扭曲拖动到暴风雪粒子系统上释放，继续将【导向球】拖动到暴风雪粒子系统上释放。最终形成暴风雪粒子碰撞到【导向球】后反弹，并受到重力的影响继续向下坠落，如图 11-25 所示。

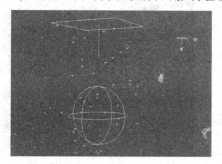 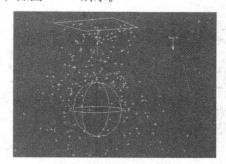

图 11-24 三个对象的相对位置　　　图 11-25 产生粒子与【导向球】碰撞的效果

2. 导向板

【导向板】与【导向球】的使用方法基本相同，其区别在于【导向球】是以球体方式阻挡粒子，而【导向板】以平面方式阻挡粒子。两个【导向器】的参数也非常相似，如图 11-26 和图 11-27 所示。

图 11-26 【导向板】参数　　　图 11-27 【导向球】参数

- 反弹：此选项用于控制粒子在受到【导向器】阻挡后的反弹强度。较大的数值将会得到剧烈的反弹效果。
- 变化：用于设置每个粒子反弹时的随机变化量。
- 混乱：此参数用于设置粒子偏离完全反射角度的变化量，其数值越大反弹后粒子的混乱程度越强。
- 摩擦力：用于控制粒子与【导向器】碰撞时速度的减慢程度。
- 继承速度：此参数用于设置粒子继承【导向器】运动力的程度。

11.1.4 几何／可变形

【几何／可变形】中的各种空间扭曲工具与修改器面板中的对应名称的修改器十分相似。修改器仅影响具体对象，当对模型应用修改器后修改器成为模型的一部分。而空间扭曲体影响世界空间，场景模型和空间扭曲体为不同的对象。

1. FFD（长方体）

【FFD（长方体）】空间扭曲是一种类似于原始 FFD 修改器长方形的晶格变形对象。 它提供了一种通过调整晶格的控制点使对象发生变形的方法。控制点相对原始晶格源体积的偏移位置会引起受影响对象的扭曲。其参数卷展栏如图 11-28 所示，创建的 FFD（长方体）如图 11-29 所示。

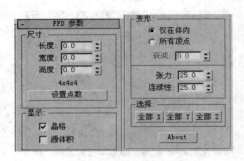

图 11-28 【FFD 参数】卷展栏

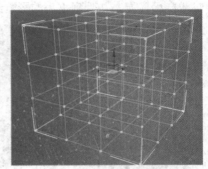

图 11-29 创建的 FFD 长方体

- 尺寸：该组参数用于控制 FFD 长方体的大小以及控制点数目。
  - ➤ 长度、宽度、高度：分别用于控制 FFD 长方体的长、宽和高的各个尺寸。
  - ➤ 设置点数 按钮：当单击此按钮后会打开【设置 FFD 尺寸】对话框，如图 11-30 所示。当设置不同长、宽、高时的对象效果如图 11-31 所示。

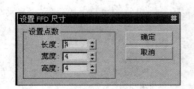

图 11-30 【设置 FFD 尺寸】对话框

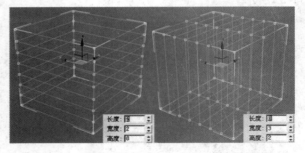

图 11-31 设置不同长、宽、高数时的对象效果

- 显示：该组参数用于控制显示 FFD（长方体）空间扭曲的外观。【晶格】用于显示黄色的晶格线框，【源体积】用于控制当编辑过控制点后空间扭曲的外观效果是否以原始形状进行显示。
- 变形：该组参数用于控件指定哪些顶点受 FFD 影响。
  - ➤ 仅在体内：当选择此选项后，只有位于 FFD 内的顶点会受到影响从而产生形变。
  - ➤ 所有顶点：当选择此选项后，被绑定对象的所有顶点都会变形，无论是位于 FFD 内部还是外部。
  - ➤ 衰减：此参数仅在选择【所有顶点】时可用，用于控制 FFD 效果减为零时离晶格的距离。
  - ➤ 张力、连续性：用于控制在移动控制点时相连表面的张力值与连续性。

2.【FFD（圆柱体）】空间扭曲

【FFD（圆柱体）】空间扭曲使用柱形控制点阵列。其参数卷展栏如图 11-32 所示，创建的 FFD（圆柱体）如图 11-33 所示。

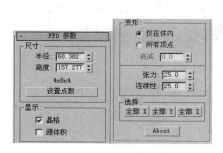

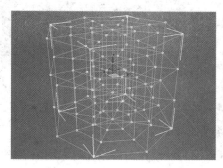

图 11-32　【FFD 参数】卷展栏　　　　　　　图 11-33　创建的 FFD 圆柱体

3.【波浪】空间扭曲

【波浪】空间扭曲可以对场景中的网格物体施加波浪作用。波浪效果如图 11-34 所示。【波浪】空间扭曲参数卷展栏如图 11-35 所示。

振幅 1、振幅 2：分别用于控制【波浪】空间扭曲沿着 X 轴向和 Y 轴向的波动幅度。当设置不同数值时，可以创建交叉的波浪变形效果，如图 11-36 所示。

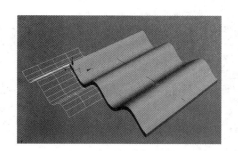

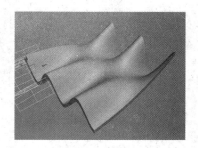

图 11-34　【波浪】空间扭曲效果　　　图 11-35　波浪参数　　　图 11-36　不同振幅效果

- 【波长】：沿着波浪起伏方向，相邻两个波峰之间的长度称为波长。波长越长，波浪的密度越小，如图 11-37 所示。

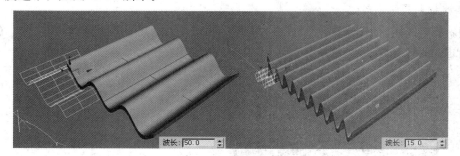

图 11-37　设置不同波长时的模型效果

- 相位：用于控制波浪沿起伏方向开始偏移的位置。此参数用于设置波浪动画。
- 衰退：增加【衰退】值会使振幅从波浪扭曲对象的所在位置开始随距离的增加而减弱。当设置不同【衰退】值时的模型效果如图 11-38 所示。

图 11-38   设置不同【衰退】值时的模型效果

● 显示：该组参数用于控制【波浪】空间扭曲图标在视图中的显示大小。

4.【涟漪】空间扭曲

【涟漪】空间扭曲可以将场景中的网格物体生成同心波纹效果，涟漪效果如图 11-39 所示。【涟漪】空间扭曲【参数】卷展栏如图 11-40 所示。【涟漪】空间扭曲与【波浪】空间扭曲的创建方法和参数修改方法十分相似。

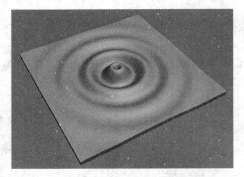

图 11-39   涟漪空间扭曲效果   图 11-40   【参数】卷展栏

11.1.5   基于修改器

【基于修改器】空间扭曲和标准对象修改器的编辑效果相同，而且与其他空间扭曲一样，必须将对象和空间扭曲绑定在一起才能发生作用。如果用户希望对散布得很广的多个对象应用倾斜、噪波等效果时，【基于修改器】空间扭曲将会十分有用。

1.【倾斜】空间扭曲

【倾斜】空间扭曲用于影响一个或多个模型的倾斜效果。其效果如图 11-41 所示，【参数】卷展栏如图 11-42 所示。

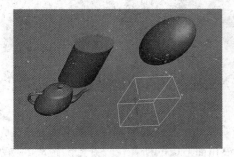

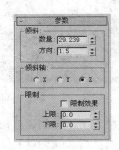

图 11-41   【倾斜】空间扭曲效果   图 11-42   【参数】卷展栏

- 数量：用于控制模型的倾斜程度。
- 方向：用于控制倾斜的方向角度。
- 倾斜轴：用于控制依据哪个轴向进行倾斜操作。
- 限制：该组参数用于控制在某个区域内产生倾斜效果。
- 限制效果：当勾选此复选框后，将会应用【限制】。其中【上限】和【下限】用于控制限制区域的大小。

2.【噪波】空间扭曲

【噪波】空间扭曲用于影响一个或多个模型的噪波效果。其效果如图 11-43 所示，【参数】卷展栏如图 11-44 所示。

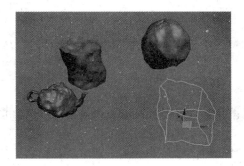

图 11-43　【噪波】空间扭曲效果　　　　　图 11-44　【参数】卷展栏

11.2　粒子系统

在制作三维动画时，粒子系统可以用于制作雨、雪、喷泉、爆炸或烟雾等效果。粒子特效是动画作品或单帧作品中重要的组成部分。粒子系统提供了 7 种粒子工具，通过参数的不同设置可以完成多种特效的制作。

11.2.1　粒子系统类型

打开创建面板，在几何体类型列表中选择【粒子系统】，即可打开粒子系统创建面板，如图 11-45 所示。

- PF Source：称之为粒子流，是一种新型且功能强大的粒子系统。它使用粒子视图中的各种"事件"进行搭配组合粒子参数，以便产生所需的粒子效果。根据不同的需要可以选择使用不同的粒子发射图标，如图 11-46 所示。

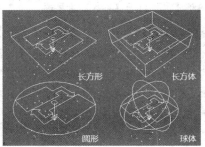

图 11-45　粒子系统创建面板　　　　　图 11-46　不同的粒子发射图标效果

- **喷射**：此工具可以垂直发射粒子，通常用于模拟雨滴效果。
- **雪**：此粒子工具常用于创建飘落的雪花效果。
- **暴风雪**：较【雪】有更多的编辑参数，不但可以创建各种雪效果，而且可以模拟气泡、烟雾、火花等效果。
- **粒子云**：用于指定某个物体为粒子发射对象，并可以在空间内部产生粒子效果，常用制作堆积的不规则模型。
- **粒子阵列**：与【粒子云】相似，可以指定某个物体作为粒子发射对象。但不同的是，它从指定对象的表面向外发射粒子。
- **超级喷射**：用于创建发射线形或锥形的粒子。

11.2.2 粒子系统常用参数讲解

下面将以【雪】和【暴风雪】为例讲解两种粒子的常用参数，而其他粒子类型的参数与【雪】和【暴风雪】大致相同，将不再复述。

1.【雪】粒子工具

【雪】粒子【参数】卷展栏由【粒子】、【渲染】、【计时】和【发射器】组成，如图 11-47 所示。

- 粒子：该组参数用于设置粒子的数量、粒子大小、发射速度、翻滚状态和粒子在视图中显示的形状等内容。
  ➢ 视口计算：用于控制粒子发射时，视口中显示粒子的最多数量。

 此参数不影响最终渲染的粒子数量，所以此参数通常设置小于【渲染计数】中的数值。当设置不同【视口计数】值时的效果如图 11-48 所示。

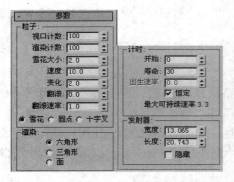

图 11-47 【雪】粒子【参数】卷展栏

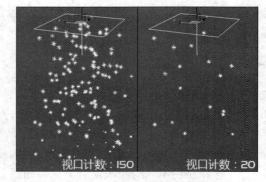

图 11-48 不同【视口计数】值的场景效果

  ➢ 渲染计数：用于设置渲染场景时，渲染图像中可以显示的最多粒子数量。
  ➢ 雪花大小：此参数用于设置【雪】粒子的大小。当设置不同【雪花大小】时，渲染的粒子效果如图 11-49 所示。
  ➢ 速度：此参数用于设置粒子离开粒子发射器时的运动速度。
  ➢ 变化：此参数用于控制雪粒子发射方向和发射速度的变化量。当此参数为 0 时，所有粒子的速度和方向都相同；当增大此参数时，所有粒子的速度和方向将会产生区别。当设置不同【变化】值时的粒子效果如图 11-50 所示。

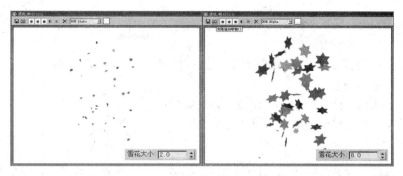

图 11-49　设置不同【雪花大小】值时【雪】粒子的渲染效果

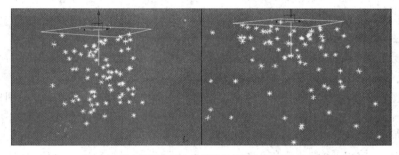

图 11-50　设置不同【变化】量时的粒子效果

➢ 翻滚、翻滚速率：分别用于控制【雪】粒子的随机旋转量和旋转速度。

➢ 雪花、圆点、十字叉：用于设置粒子在视图中的显示形状。当选择不同类型时场景粒子的效果如图 11-51 所示。

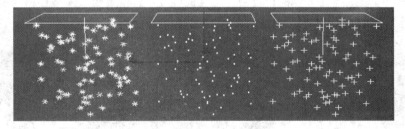

图 11-51　选择不同形状时场景粒子效果

● 渲染：其中有 3 个单选项，分别为【六角形】、【三角形】和【面】。用于控制在渲染时的显示效果。当设置不同类型时的渲染效果如图 11-52 所示。

图 11-52　选择不同形状时的粒子渲染效果

● 计时：此参数组用于决定发射器发射粒子的开始时间、寿命和出生速率等参数。

> 开始：此参数用于控制发射器开始发射粒子的时间。此参数如果设置为 1，则从第 1 帧就可以发射粒子。

> 寿命：此参数用于控制粒子从发射到消失的时间。如果此参数设置为 50，则粒子将会运动 50 帧。

> 出生速率：此参数用于控制每帧新发射的粒子数量。

> 恒定：用于控制是否使用【出生速率】来控制粒子的产生数量。

2.【暴风雪】粒子工具

完成创建【暴风雪】粒子后，在【暴风雪】修改面板中有 7 个卷展栏，分别为【基本参数】、【粒子生成】、【粒子类型】、【旋转和碰撞】、【对象运动继承】、【粒子繁殖】和【加载/保存预设】卷展栏。

(1)【基本参数】卷展栏

【基本参数】卷展栏主要用于控制粒子发射器图标大小以及粒子在视图中的显示形状。【基本参数】卷展栏如图 11-53 所示。

● 显示图标：该组参数用于控制粒子发射器图标的大小以及是否隐藏发射图标。其中【宽度】和【长度】用于控制发射器的长度和宽度，【发射器隐藏】复选框用于在视图中隐藏发射图标。

● 视口显示：该组参数用于设置粒子在视图中的显示形状和显示数量。

> 圆点、十字叉、网格、边界框：用于控制粒子在视图中的显示形状。其中【网格】选项将粒子显示为网格模型；【边界框】只有在【粒子类型】卷展栏中选择了【实例几何体】并拾取一个网格模型作为粒子时，才处于可用状态。选择【边界框】后，将粒子显示为【边界框】效果。将【视口显示】设置为【网格】和【边界框】时的场景效果如图 11-54 所示。

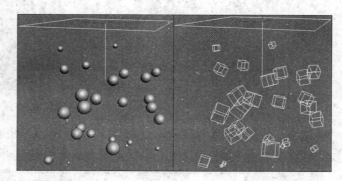

图 11-53 【基本参数】卷展栏　　　图 11-54 设置为【网格】和【边界框】时的场景效果

> 【粒子数百分比】：用于控制场景显示的粒子数是实际粒子数的百分比。当设置为 10 时，表示场景仅显示渲染数量的百分之十。

(2)【粒子生成】卷展栏

【粒子生成】卷展栏用于控制发射粒子的数量、粒子大小和粒子运动情况。【粒子生成】卷展栏如图 11-55 所示。

● 粒子速率：当使用此选项后，粒子的产生将以每帧发射的粒子数量来确定发射的总粒子数量。

图 11-55　【粒子生成】卷展栏

- 使用总数：当使用此选项后，将可控制在粒子使用寿命中产生的粒子总数。
- 粒子运动：此参数组中的各参数作用与【雪】粒子参数卷展栏中的对应参数作用相同。
- 发射开始、发射停止：用于控制开始发射粒子和停止发射粒子的时间帧。
- 显示时限：用于控制所有粒子同时消失的帧数。
- 寿命：用于控制粒子从发射到消失所持续的帧数。
- 变化：用于设置每个粒子的寿命可以从标准值变化的帧数。
- 大小：用于设置粒子的大小。
- 变化：用于设置每个粒子大小可以从标准值变化的百分比。
- 增长耗时：用于设置粒子由小到大所使用的帧数。
- 衰减耗时：用于设置粒子从大到消失所使用的帧数。
- 唯一性：该组参数用于设置随机量。通过设置【种子】值的不同，可以使粒子在其他参数相同的情况下产生不同的发射效果。

（3）【粒子类型】卷展栏

【粒子类型】卷展栏用于设置粒子的产生类型以及材质贴图的相关参数。【粒子类型】卷展栏如图 11-56 所示。

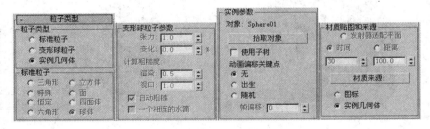

图 11-56　【粒子类型】卷展栏

- 粒子类型：该组参数用于控制使用以下哪种类型的粒子作为最终渲染的粒子模型。
  - 标准粒子：当选择此选项后，下面的【标准粒子】组将处于可用状态。可从中选择一种需要的粒子形态。
  - 变形球粒子：当选择此选项后，下面的【变形球粒子参数】组将处于可用状态，常用于液体的制作。
  - 实例几何体：当选择此选项后，可以在【实例参数】组中拾取一个场景模型作为粒子。
- 标准粒子：当选择标准粒子类型时，该参数组用于决定使用的粒子形状。其中包含 8 种标准粒子形状，分别为【三角形】、【特殊】、【恒定】、【六角形】、【立方体】、【面】、【四面体】和【球体】。当选择不同标准粒子类型时的渲染效果如图 11-57 所示。

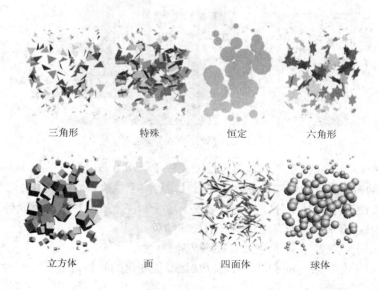

图 11-57　选择不同粒子类型时的渲染效果

- **变形球粒子参数**：当选择【变形球粒子】类型时，该参数组将处于可用状态，用于控制变形球粒子的各个参数。

  - **张力**：此参数用于控制每个粒子与其他粒子混合的紧密程度。数值越小将会得到更为真实的融合效果。当设置不同【张力】值时的效果如图 11-58 所示。

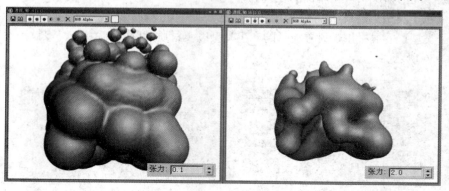

图 11-58　设置不同【张力】值时的渲染效果

  - **变化**：用于控制粒子张力效果的变化程度。

  - **计算粗糙度**：用于指定计算变形球粒子解决方案的精确程度。【渲染】和【视口】参数分别用于控制渲染时粒子的粗糙程度和视口中显示的粗糙程度。【渲染】和【视口】的参数越大，变形球粒子越粗糙，计算速度越快。通常将【视口】设置比较大的数值，而【渲染】设置相对较小的数值。

  - **自动粗糙**：勾选此复选框后，系统将自动对变形球进行粗糙程度的控制，并且使用【自动粗糙】后，【计算粗糙度】将不可用。

- **实例参数**：当选择【实例几何体】粒子类型时，该参数组将处于可用状态。用于在视图中拾取实例几何体。其方法非常简单，首先激活 ▇▇▇▇ 拾取对象 ▇▇▇▇ 按钮，然后在视图中拾取需要用于粒子的几何体。拾取几何体前后的【暴风雪粒子】渲染效果如图 11-59 所示。

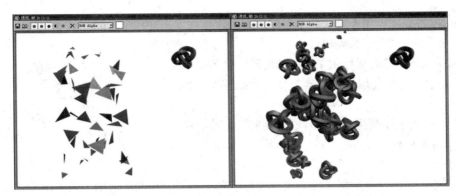

图 11-59 拾取几何体前后的【暴风雪粒子】渲染效果

> 使用子树：勾选此复选框后，如果拾取的几何体具有链接的子物体，可以将其子物体一起作为粒子的实例几何体。

● 材质贴图和来源：该参数组用于为粒子指定材质的来源以及贴图材质如何影响粒子。

> 发射器适配平面：当选择下方【图标】单选项后，此参数处于可用状态。此选项可以直接使用为分布对象指定的材质。

> 时间、距离：分别用于指定从粒子出生到完成粒子的一个贴图所需的帧数和距离。

> 材质来源：当选择下方的【实例几何体】单选项后，单击此按钮，可以获取实例几何体上的材质纹理。

(4)【旋转和碰撞】卷展栏

【旋转和碰撞】卷展栏中的选项，可以影响粒子的旋转和碰撞效果。【旋转和碰撞】卷展栏如图 11-60 所示。

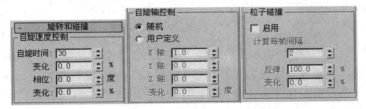

图 11-60 【旋转和碰撞】卷展栏

● 自旋时间：用于设置粒子自旋一次所需的帧数。当数值为 0 时，粒子不进行旋转。

● 变化：用于设置每个粒子【自旋时间】的变化量。如果希望得到更为真实的粒子旋转效果，需要增大此参数数值。

● 相位：用于设置粒子自旋时的初始角度。

● 变化：用于控制每个粒子【相位】的变化量。

● 随机：当选择此单选项后，系统将随机指定每个粒子的自旋轴向。

● 用户定义：当选择此单选项后，其下的 4 个参数将处于可用状态。可以手动指定 X、Y、Z 轴的自旋值。

● 启用：勾选此复选框后，将会应用粒子的碰撞运算，得到更为真实的粒子效果。但启用了粒子碰撞后将会涉及大量的复杂运算，使系统运行速度减慢。

● 计算每帧间隔：用于设置每个渲染间隔的间隔数，期间进行粒子碰撞测试。其取值越小，运算的精确度越低，运算速度也越快。

● 反弹、变化：用于设置粒子碰撞后运动速度恢复程度和反弹的随机变化量。

（5）【对象运动继承】卷展栏

【对象运动继承】卷展栏用于控制发射器的运动情况来影响粒子的运动。该卷展栏中的参数和选项比较少，如图 11-61 所示。

图 11-61 【对象运动继承】
卷展栏

● 影响：用于控制粒子产生时继承发射器运动的粒子所占的百分比。其数值越小，继承发射器运动的粒子越少。

● 倍增、变化：分别用于控制发射器影响粒子运动的程度和倍增值的随机变化程度。

（6）【粒子繁殖】卷展栏

【粒子繁殖】卷展栏用于决定粒子消亡或粒子碰撞时，粒子是否会产生繁殖其他粒子效果。其参数卷展栏如图 11-62 所示。

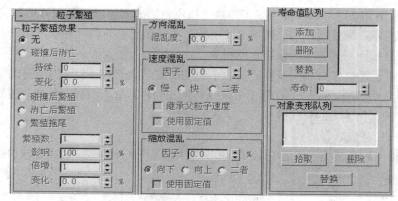

图 11-62 【粒子繁殖】卷展栏

● 粒子繁殖效果：该参数组用于决定粒子碰撞和消亡后的粒子发生效果。

> 无：选择此单选项表示粒子在碰撞和消亡时不产生繁殖作用，如图 11-63 所示。

> 碰撞后消亡：选择此单选项后，粒子碰撞到被绑定的【导航器】后将自动消失，如图 11-64 所示。其中【持续】和【变化】分别用于设置粒子碰撞后持续的寿命和【持续】值的随机变化量。

图 11-63 碰撞到【导向板】后反弹

图 11-64 碰撞到【导向板】后消失

> 碰撞后繁殖：选择此单选项后，粒子碰撞到被绑定的【导向板】后，将会进行粒子繁殖，从而生成下一代粒子，如图 11-65 所示。

> 消亡后繁殖：选择此单选项后，每个粒子在寿命结束时进行粒子繁殖，如图 11-66 所示。

图 11-65 碰撞后繁殖

图 11-66 消失后繁殖

> 繁殖拖尾：当选择此单选项后，粒子在运动轨迹上的每一帧都会繁殖出一个新个体，并且新繁殖的粒子向发射器的反方向运行，产生粒子拖尾现象，其效果如图 11-67 所示。

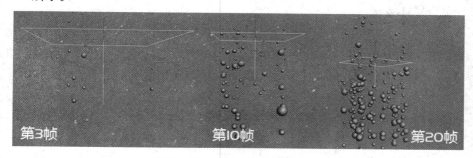

图 11-67 粒子的繁殖拖尾现象

> 繁殖数：用于设置新繁殖粒子的繁殖数目。如果此参数设置为 2，则每个父粒子将会繁殖 2 个粒子。

> 影响：用于设置可繁殖粒子占粒子总数的百分比。

> 倍增：设置粒子繁殖的倍数。数值越大粒子每次的繁殖倍增数也越大，产生的粒子也越多。

● 方向混乱：用于设置繁殖的新粒子相对于原始运动方向的变化量。此参数越大，繁殖后的粒子运动越混乱。

● 【速度混乱】组：

> 因子：此参数用于设置繁殖出的粒子相对于原始粒子速度的百分比范围。

> 慢、快、二者：用于控制繁殖的粒子相对于父粒子速度的快慢。当设置为【慢】时，繁殖出的粒子运动要比父粒子运动速度慢；当设置为【快】时，繁殖的粒子运动速度要快于父粒子的运动速度；当设置为【二者】时，在繁殖的粒子中将会同时存在两种速度的粒子运动。

> 继承父粒子速度：当勾选此选项后，繁殖出的粒子速度除了受【因子】影响外，也将继承父粒子的速度。

> 使用固定值：用于将速度的【因子】指定为一个固定值，这样将不再是随机应用于粒子的速度范围。

● 缩放混乱：该组参数用于控制繁殖出的粒子相对于父粒子的大小。其中【因子】控制产生繁殖粒子大小的随机量。【向下】将产生小的繁殖粒子，【向上】将产生大的繁殖粒子，【二者】将会产生有大有小的繁殖粒子。

（7）【加载/保存预设】卷展栏

如图 11-68 所示，用于加载以及保存调节好的粒子参数，以便再次调用已经保存的粒子参数。

● 预设名：用于定义一个要保存粒子数据的预设名称。

● 加载：用于加载已有的粒子数据预设。

● 保存：当定义了预设名后单击此按钮将会保存已编辑的数据预设。

● 删除：在【保存预设】列表中选择无用的预设，单击此按钮将会对其进行删除操作。

图 11-68　【加载/保存预设】卷展栏

11.3　本章小结

本章介绍了空间扭曲和粒子系统的使用方法。在制作三维动画时，粒子系统可以用来制作雨、雪、喷泉和烟雾等效果。空间扭曲是在空间中影响其他可渲染物体形态的制作工具，从而使其他对象产生形状或运动效果发生变化。

11.4　本章习题

1. 填空题

（1）空间扭曲体是一种可以影响对象外观的＿＿＿＿物体。空间扭曲产生使其他＿＿＿＿的力场，从而创建出重力、风力、波浪和涟漪等效果。

（2）【重力】空间扭曲可以对粒子系统产生＿＿＿＿的影响，重力具有＿＿＿＿性，通常将重力的图标箭头指向＿＿＿＿。

（3）【导向球】是一个球形的导向器，用于模拟球状物体对粒子＿＿＿＿效果。

（4）【涟漪】空间扭曲可以将场景中的网格物体生成＿＿＿＿效果。

2. 选择题

（1）可以约束粒子在一个旋转的漩涡中，使粒子运动形成龙卷风状效果的空间扭曲是（　　）。

　　A）【漩涡】　　　　B）【粒子爆炸】　　　C）【重力】　　　　D）【风】

（2）以平面方式阻挡并反弹粒子的工具是（　　）。

　　A）【导向球】　　　B）【导向器】　　　　C）【导向板】　　　D）【反弹】

（3）（　　）空间扭曲可以将场景中的网格物体生成同心波纹效果。

　　A）【波浪】　　　　　　　　　　　　B）【涟漪】

　　C）【FFD（圆柱体）】　　　　　　　D）【重力】

（4）3dsMax 默认提供了（　　）种粒子系统工具。

  A）4　 B）6　 C）8　 D）7

3．判断题（正确 √，错误 ×）

（1）空间扭曲体仅对粒子系统产生作用。   （ ）

（2）空间扭曲是一种可以影响其他对象外观的不可渲染对象。   （ ）

（3）【导向板】的显示图标越大将会产生越强的反弹效果。   （ ）

（4）粒子的发射动画需要通过记录关键点才能产生。   （ ）

4．操作题

（1）创建水面涟漪动画。

操作提示：

  创建一个分段数很高的平面模型和一个涟漪空间扭曲体，使用【绑定到空间】扭曲体工具将平面绑定到涟漪空间扭曲体上，并调节涟漪动画。

（2）制作海浪动画效果。

操作提示：

  创建一个具有很高分段数的立方体和一个噪波空间扭曲体，将噪波空间扭曲体移动至立方体上，并利用【绑定到空间】扭曲体工具将立方体绑定到噪波空间扭曲体上，最后调节噪波数值，并记录动画。

（3）制作受风力和重力影响的粒子动画。

操作提示：

  创建一个超级喷射粒子，并调整粒子参数。创建风力和重力，并利用【绑定到空间】扭曲体工具将粒子绑定到风力和重力上，最后调整风力方向和重力。

（4）制作粒子爆炸效果。

操作提示：

1）创建喷射粒子，并调整粒子参数。

2）创建粒子爆炸空间扭曲体，使用【绑定到空间】扭曲体工具将粒子绑定到粒子爆炸空间扭曲体上，再调整爆炸参数。

第 12 章　动　画　制　作

教学目标

　　了解动画产生的基本原理，掌握动画的记录方法；掌握【时间配置】和【曲线编辑器】的使用方法；熟练应用路径约束功能并能够完成环游动画的制作和输出

教学重点与难点

➢　动画的产生原理
➢　动画设置方法
➢　动画时间配置
➢　【曲线编辑器】的使用方法
➢　环游动画的制作和输出

12.1　动画产生的基本原理

　　无论是传统的动画制作、电影拍摄还是数字动画，它们的产生原理都相同，即：将一组相关图像以一定速度进行连续播放便产生了动画效果。如果快速查看一系列相关的静态图像，那么眼睛会感觉到这是一个连续的运动动画。其中的每一幅图像被称为帧。实际证明，当一组静态图像超过每秒 14 帧的播放速度在眼前掠过时，就可以给人以连续的运动感觉。动画的播放速度取决于记录动画的媒介，如果用于电影播放，应该将播放速度设置为每秒 24 帧。动画原理示意如图 12-1 所示。

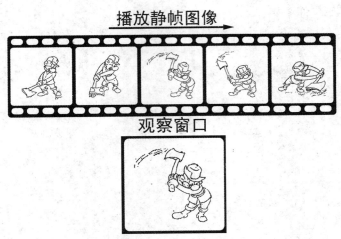

图 12-1　动画原理示意图

　　在 3ds Max 中，几乎所有的修改都可以记录为动画，包括对象的位置、角度、比例，以及对象的变形、参数微调器的数值改变等。

12.1.1　自动关键点

在 3ds Max 中，系统提供了两种记录关键点的工具，一种是 `自动关键点` 模式，另一种是 `设置关键点` 模式。

下面将以立方体记录移动、旋转和缩放的关键帧为例，学习【自动关键点】模式的设置方法。

动手做 12−1　如何设置自动关键点

1 激活几何体创建面板中的 `长方体` 按钮，在透视图中创建一个长方体模型。

2 激活动画记录区中的 `自动关键点` 按钮，使其显示为红色，然后将时间滑块拖曳到第 100 帧位置，如图 12-2 所示。

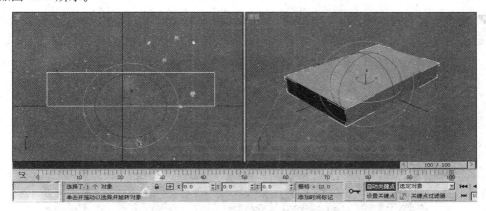

图 12-2　激活【自动关键点】并拖动时间滑块到 100 帧

3 激活工具栏中的 ↺（选择并旋转）按钮，并沿 Z 轴向旋转 900°。

4 将时间滑块拖曳到第 50 帧，激活工具栏中的 ▣（选择并均匀缩放）按钮，将立方体等比例缩放至 200%，如图 12-3 所示。

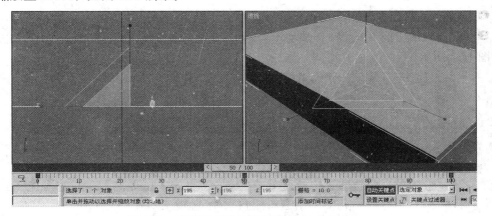

图 12-3　移动时间滑块至 50 帧并放大立方体

5 再次将时间滑块拖到 100 帧，利用 ▣（选择并均匀缩放）按钮，将立方体等比例缩放至 50% 大小。

6 激活前视图，将时间滑块拖动到 20 帧。激活工具栏中的 ✛（选择并移动工具）按钮，将立方体移动至视图的左上方位置，如图 12-4 所示。

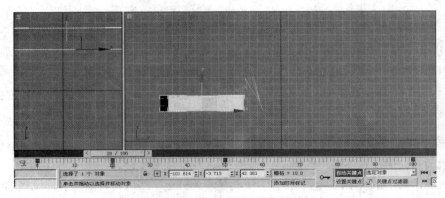

图 12-4　使用移动工具记录位置关键点

7 使用步骤 6 的方法，分别在 40 帧、60 帧、80 帧和 100 帧记录不同的关键点位置，如图 12-5 所示。

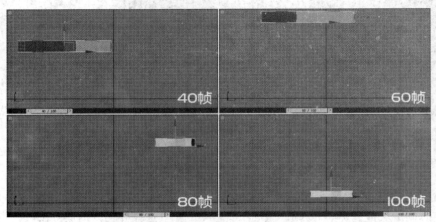

图 12-5　设置所在帧的模型位置

8 再次单击 自动关键点 按钮，取消动画的记录状态，结束动画记录。

9 单击动画控制区中的 ▶ （播放动画）按钮，在透视图中预览动画效果。其中几帧画面效果如图 12-6 所示。

图 12-6　播放动画过程中的几帧场景动画

12.1.2　设置关键点

设置关键点 动画记录模式，主要用于角色的动作记录和为复杂的机械集合设置动画。这种动画记录模式比 自动关键点 模式有更多的控制功能，用户可以将角色的姿势委托给关键帧，并可以利用【轨迹视图】选择性的给指定对象的某些轨迹设置关键点。

下面将以简单的实例讲解【设置关键点】的记录方法。

动手做 12-2 如何设置关键点

1 执行菜单栏中【文件】→【打开】命令，打开配套光盘\场景文件\第 12 章\设置关键点.max 文件，如图 12-7 所示。

2 激活 设置关键点 按钮，在视图中选择茶壶物体，然后单击 （设置关键点）按钮，在第 0 帧 处记录一个关键点。

3 将时间滑块拖动到第 10 帧，然后激活工具栏中的 （选择并移动工具）按钮，将茶壶 沿着 X 轴向移动到第 2 个格子上，再单击 （设置关键点）按钮，如图 12-8 所示。

图 12-7 场景文件效果　　　　　　　　　图 12-8 记录第二个棋子动画

4 将时间滑块拖动到第 20 帧，使用 （选择并移动工具）按钮，将茶壶沿着 Y 轴向移动 一个格子，然后单击 （设置关键点）按钮。

5 将时间滑块拖动到第 30 帧，使用 （选择并移动工具）按钮，将茶壶沿着 X 轴向移动 一个格子，然后单击 （设置关键点）按钮。依此方式设置茶壶模型动画到右上角第一个格子上。

6 单击动画控制区中的 （播放动画）按钮，在透视图中预览动画效果。其中几帧画面效 果如图 12-9 所示。

图 12-9 播放动画过程中的几帧场景动画

12.1.3 时间配置

单击动画控制区中的 （时间配置）按钮，将会弹出如图 12-10 所示的【时间配置】对话框。

1.【帧速率】组

用于设置播放动画时的显示速率。其中【NTSC】、【电影】和【PAL】是几种标准的播放制 式，【自定义】可以根据需要自定义动画的播放速率。

- NTSC：正交平衡调幅制是一套美国开发的标准电视广播传输和接收协议，是英文 National Television System Committee 的缩写。每秒播放 29.97 帧，电视扫描线为 525 线，偶场在前，奇场在后。标准的数字化 NTSC 电视分辨率为 720×486，24 位色深，画面的宽高比为 4：3。主要用于北美、加拿大、墨西哥及日本。

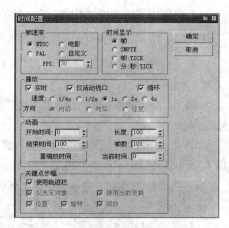

- PAL：逐行倒相正交平衡调幅制是由德国开发的标准电视广播传输和接收协议，是英文 Phase Alternating Line 的缩写。每秒播放 25 帧，电视扫描线为 625 线，奇场在前，偶场在后。标准的数字化 PAL 电视分辨率为 720×576，24 位色深，画面的宽高比为 4：3。主要用于德国、中国、英国、新加坡、澳大利亚、新西兰等国家。

图 12-10 时间配置对话框

- 电影：是一种用于电影播放的标准，播放速率为每秒播放 24 帧。

 除 NTSC 和 PAL 制以外还有 SECAM，SECAM 是顺序传送与存储彩色电视系统，同样为 25 帧每秒的播放速率，主要用于法国、俄罗斯、伊朗、匈牙利等国。

2.【时间显示】组

该组用于设置动画播放过程中时间的显示格式。

- 帧：系统默认的时间显示格式，它完全使用"帧"显示时间。每帧代表的时间长度取决于当前使用的帧速率，例如使用【PAL】制式时，每帧表示 1/25 秒。
- SMPTE：电影工程师协会的标准时间格式，适用于大多数专业动画制作。SMPTE 时间格式从左至右依次显示为分钟、秒钟和帧。例如"5:18:15"表示 5 分钟 18 秒第 15 帧。
- 帧:TICK：使用帧和程序的内部时间增量显示时间。一秒钟包含 4800TICK。
- 分:秒:TICK：以分钟、秒钟和 TICK 显示时间。例如"05:26:1800"表示 5 分钟 26 秒 1800TICK。

3.【播放】组

该组用于控制动画的播放速度、是否在所有视图中播放动画和是否循环播放动画以及播放动画的方向。

- 实时：当选择此复选框后，将以实际动画速度进行播放；当取消勾选此复选框后，【方向】处于可用状态，并且能快速播放。
- 仅活动视口：勾选此选项后，仅可以在活动视口观察动画效果。取消勾选此选项后，所有视图将同时进行动画播放。
- 循环：此复选框用于控制动画仅播放一次还是循环播放。
- 速度：当选择【实时】选项后，系统提供了 5 种播放速度，其中【1/4x】、【1/2x】、【1x】、【2x】和【4x】选项，分别表示以 1/4 速、半速、标准速度、2 倍速和 4 倍速播放场景动画。
- 方向：当禁用【实时】后，其下各个选项用于控制动画的播放是向前播放、向后播放或是往复播放。

【速度】和【方向】中的设置仅影响动画在视图中的预览效果，与渲染输出后的播放速度无关。渲染输出的播放速度由帧速率决定，并且播放方向始终由前向后播放。

4.【动画】组

该组用于设置动画的开始时间、结束时间、动画长度和动画帧数。

● 开始时间、结束时间：分别用于设置动画的开始时间和结束时间，它们决定了在时间滑块中显示的活动时间段。通过设置它们的数值可以选择 0 帧前后的任何时间段。

● 长度：该选项用于设置活动时间段的长度，其数值等于结束时间减去开始时间。

● 帧数：设置活动时间段所包含的总帧数，其数值等于时间段长度加 1。

● 当前时间：用于指定时间滑块的当前位置。

● 　重缩放时间　：单击此按钮将会打开【重缩放时间】对话框，如图 12-11 所示。用于延长或缩短活动时间段的动画以适合指定的新时间段。此时，系统将自动重新定位所有关键点，将其按照时间比例进行缩放，从而加速或减慢动画的播放速度。

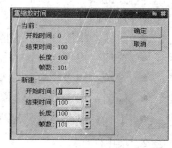

图 12-11　重缩放时间对话框

12.2　轨迹视图

轨迹视图是 3ds Max 中一个功能强大的动画编辑工具，可以对创建的所有关键点进行查看和编辑。还可以提供各种动画控制器，以便插补或控制场景对象的所有动画关键点和运动参数。

轨迹视图有两种不同模式，分别为曲线编辑器和摄影表。曲线编辑器模式可以将动画显示为功能曲线，摄影表模式可以将动画显示为关键点和范围的电子表格。

12.2.1　曲线编辑器

执行【图表编辑器】菜单→【轨迹视图-曲线编辑器】命令，或者单击工具栏中的 ▣（曲线编辑器）按钮，将会弹出【轨迹视图-曲线编辑器】对话框，如图 12-12 所示。

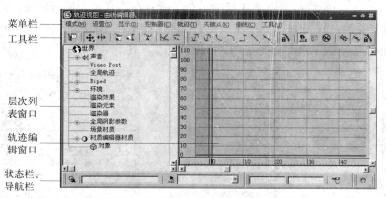

图 12-12　【轨迹视图-曲线编辑器】对话框

【轨迹视图-曲线编辑器】可以利用图表中的功能曲线来表示运动，其界面主要由菜单栏、工具栏、层次列表窗口和轨迹编辑窗口等部分组成。

1. 菜单栏

用户可以利用菜单栏中的命令实现编辑器提供的各种功能。

- 模式：主要用于在【曲线编辑器】和【摄影表】模式之间切换。
- 设置：用于控制层次列表窗口的行为。例如，自动展开、自动选择和自动滚动等。
- 显示：用于调整和自定义【曲线编辑器】中各项目的显示方式。
- 控制器：用于为场景模型指定各种运动控制器，并可以对其进行复制、粘贴和删除等操作。
- 轨迹：用于添加注释轨迹和可见性轨迹。
- 关键点：用于添加、减少、移动、滑动和缩放关键点，并决定是否使用软选择以及是否捕捉帧。
- 曲线：用于添加或去除减缓曲线和增强曲线，以便快速调整已有运动轨迹的影响能力。
- 选项：用于设置控制层次列表中的更新、同步的鼠标操作方式。
- 显示：用于设定曲线编辑器中关键点和各种自定义图标的显示效果。
- 视图：用于对轨迹编辑器进行平移和缩放等操作。
- 工具：可以载入轨迹视图的各种操作工具。例如，随机化关键点、创建越界关键点等。

2. 工具栏

轨迹编辑工具栏位于菜单栏下方，利用它们可以方便地创建和编辑动画。

- ▣（过滤器）：单击此按钮，将会弹出【过滤器】对话框，用于选择在层次列表和轨迹编辑窗口中显示的内容。【过滤器】对话框如图 12-13 所示。
- ✛（移动关键点）：单击此按钮后，将可以选择和移动轨迹编辑窗口中的任意关键点。其下拉按钮中还有 ↔（水平移动关键点）按钮和 ⬍（垂直移动关键点）按钮，用于单独横向移动或垂直移动轨迹编辑窗口中的关键点。
- ↔（滑动关键点）：单击此按钮后，将可以在水平方向上滑动关键点，即只能调整关键点的时间。将选择的关键点向右侧移动时，此关键点右侧的所有关键点将一起向右滑动；当将选择的关键点向左侧移动时，此关键点左侧的所有关键点将一起向左滑动，并且所有移动的关键点距离相对保持不变。
- ▣（缩放关键点）：此按钮可以将选择的多个关键点进行距离的缩放操作。
- ▣（缩放值）：此按钮可以将选择的多个关键点在垂直方向进行距离的缩放操作。
- ▣（添加关键点）：此按钮用于在曲线中合适位置添加一个新的关键点，如图 12-14 所示。

图 12-13 【过滤器】对话框

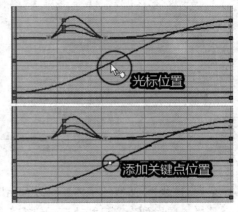

图 12-14 增加新的关键点

- ◢（绘制曲线）：单击此按钮后，可以在轨迹窗口中拖曳鼠标绘制一条新的轨迹曲线，同时生成大量的关键点，如图 12-15 所示。

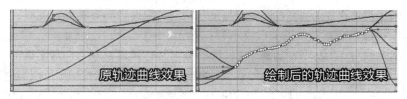

图 12-15　原轨迹曲线效果和绘制后的轨迹曲线效果

- ◤（减少关键点）：单击此按钮，将弹出【减少关键点】对话框，如图 12-16 所示。系统将根据【阈值】自动检测轨迹曲线，删除多余的关键点，从而简化轨迹曲线的复杂性。当将【阈值】设置为 2 后，精简后绘制曲线的效果如图 12-17 所示。

图 12-16　【减少关键点】对话框

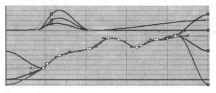

图 12-17　精简绘制曲线效果

- ◢（将切线设置为自动）：选择任意关键点后单击此按钮，可以将关键点的切线设置为自动切线。
- ◢（将切线设置为自定义）：选择任意关键点后单击此按钮，可以将关键点的切线设置为自定义切线。
- ◣（将切线设置为快速）：选择任意关键点后单击此按钮，可以将关键点设置为快速内切线或快速外切线，如图 12-18 所示。
- ◣（将切线设置为慢速）：选择任意关键点后单击此按钮，可以将关键点设置为慢速内切线或慢速外切线，如图 12-19 所示。

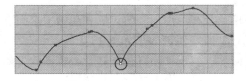

图 12-18　将切线设置为快速外切线

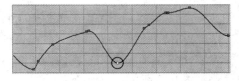

图 12-19　将切线设置为慢速外切线

- ◢（将切线设置为跳跃）：选择任意关键点后单击此按钮，可以将关键点切线设置为阶梯状内切线或外切线，如图 12-20 所示。
- ◣（将切线设置为线性）：选择任意关键点后单击此按钮，可以将关键点切线设置为线性内切线或线性外切线，如图 12-21 所示。

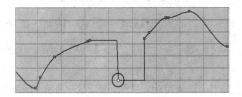

图 12-20　将切线设置为跳跃

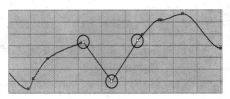

图 12-21　将切线设置为线性

- （将切线设置为平滑）：选择任意关键点后单击此按钮，可以将关键点切线设置为平滑关键点，如图 12-22 所示。
- （锁定当前选择）：激活此按钮，可以锁定当前选择的关键点，此时无论鼠标光标在任何位置都只能对锁定的关键点进行操作。
- （捕捉帧）：激活此按钮后，在移动关键点时，可以强制它们与附近的关键点对齐。
- （参数曲线超出范围类型）：单击此按钮，会弹出【参数曲线超出范围类型】对话框，如图 12-23 所示。用于定义除手动设置曲线外的曲线形态，常用于制作循环或周期性的动画。

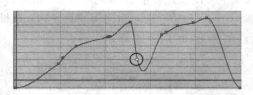

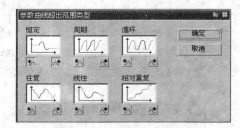

图 12-22　将切线设置为平滑　　　　　　图 12-23　【参数曲线超出范围类型】对话框

> 恒定：在所有帧范围内保留末端关键点的值。当设置为【恒定】时，轨迹效果如图 12-24 所示。
> 周期：在一个范围内重复相同的动画。当设置为【周期】时，轨迹效果如图 12-25 所示。

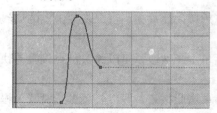

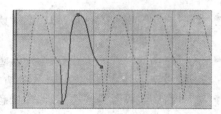

图 12-24　设置【恒定】方式时的曲线效果　　图 12-25　设置【周期】方式时的曲线效果

> 循环：在一个范围内重复相同的动画，但是会在范围内的结束帧和起始帧之间进行插值来创建平滑的循环。当设置为【循环】时，轨迹效果如图 12-26 所示。
> 往复：在动画重复范围内切换向前或是向后。当设置为【往复】时，轨迹效果如图 12-27 所示。

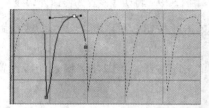

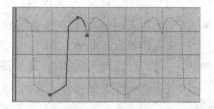

图 12-26　设置【循环】方式时的曲线效果　　图 12-27　设置【往复】方式时的曲线效果

- 线性：在范围末端沿着切线到功能曲线来计算动画轨迹。当设置为【线性】时，轨迹效果如图 12-28 所示。
- 相对重复：在一个范围内重复相同的动画，但是每个重复会根据范围末端的值有一个偏移。当设置为【相对重复】时，轨迹效果如图 12-29 所示。

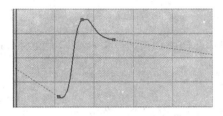
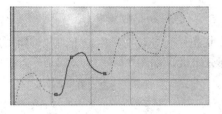

图 12-28　设置【线性】方式时的曲线效果　　　　图 12-29　设置【相对重复】方式时的曲线效果

- ⊠（显示可设置关键点的图标）：激活此按钮后，在层次列表窗口中凡是可以设置关键点的选项，在左侧都将显示一个红色钥匙图标。
- ⬚（显示所有切线）：用于在轨迹曲线上显示或隐藏所有关键点的切线。
- ⬚（显示切线）：用于显示或隐藏当前选择关键点的切线。
- ⬚（锁定切线）：激活此按钮，可以锁定多个关键点的切线，以便对其进行同时调整。

3. 层次列表窗口

层次列表窗口位于【轨迹视图-曲线编辑器】对话框的左侧，如图 12-30 所示。它类似于 Windows 的资源管理器，其中罗列了场景中所有的动画要素，如图 12-31 所示。

图 12-30　层次列表窗口　　　　　　　　图 12-31　展开层次列表

在层次列表窗口中单击某一项，使其显示为黄色，即可选中此项目，并可以在轨迹视图中查看该项目动画轨迹的曲线效果。按住键盘中 "Ctrl" 键，可以连续选择多个项目。单击每个项目左侧的⊕符号可以展开层次列表，显示更为详细的项目信息。单击⊖符号，可以折叠已展开的层次列表。

4. 轨迹编辑窗口

轨迹编辑窗口位于层次列表窗口的右侧，如图 12-32 所示。用于显示和编辑运动要素的轨迹曲线，精确控制各种运动要素的运动情况。该窗口显示的轨迹曲线和层次列表中选择的内容是相对应的，当在层次列表中选择一个或多个已经设置动画的项目后，即可在轨迹编辑窗口中显示对应的动画关键点和函数曲线。通过轨迹编辑工具栏中的各种工具按钮，可以方便地编辑轨迹曲线形状，从而改变场景中动画的各种运动效果。

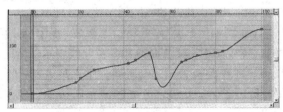

图 12-32　轨迹编辑窗口

5. 状态栏和导航工具栏

状态栏和导航工具栏位于曲线编辑器底部，其中状态栏由轨迹选择工具栏和关键点工具栏两部分组成，如图 12-33 所示。

轨迹选择工具栏　　　　　关键点工具栏　　　　　导航工具栏

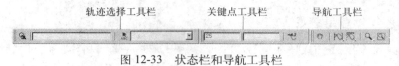

图 12-33　状态栏和导航工具栏

- ⬤ （平移）：激活此按钮，可以单击并拖动关键点窗口，以将其向左移、向右移、向上移或向下移。

- ⬤ （水平方向最大化显示）：单击此工具可只显示活动时间段。该按钮是一个弹出按钮，包含 （水平方向最大化显示）按钮和 （水平方向最大化显示关键点）按钮。当使用 （水平方向最大化显示关键点）按钮时，将显示所有关键点，包括活动时间段外的关键点。

- ⬤ （最大化显示值）：此按钮也是一个弹出按钮，包含 （最大化显示值）按钮和 （最大化显示值范围）按钮。 （最大化显示值）按钮用于垂直调整轨迹视图关键点窗口的大小，以便看到曲线的全部高度， （最大化显示值范围）按钮也用于垂直调整窗口，但仅缩放到当前视图中关键帧的高度。

- ⬤ （缩放）：此按钮是一个包含 3 个按钮的弹出按钮，包含 （缩放）按钮、 （缩放值）按钮和 （缩放时间）按钮。用于水平缩放时间，垂直缩放值，或同时在两个方向缩放视图。

- ⬤ （缩放区域）：此工具用于拖动轨迹窗口中的一个区域以缩放该区域使其充满轨迹窗口。

12.2.2　使用曲线编辑器修改动画及物体参数

使用曲线编辑器可以修改动画效果以及物体参数。

下面将以球体的运动轨迹为例学习曲线编辑器的基本使用方法。

本范例的详细制作过程见配套光盘\视频中的教学，本范例完成的场景模型见配套光盘\第 12 章\球体运动.max 文件。

动手做 12-3　如何使用【曲线】编辑器

1 激活几何体创建面板中的 ▇▇▇ 球体 ▇▇▇ 按钮，在透视图中创建一个球体。

2 激活动画记录区中的 自动关键点 按钮，并将时间滑块拖到第 100 帧。

3 使用 ✛ （移动并选择）按钮，在顶视图中将茶壶模型沿 X 轴方向移动一段距离，然后再次单击 自动关键点 按钮，结束动画记录。单击 ▶ （播放动画）按钮预览动画效果，目前球体仅在 X 轴上进行运动。下面将在曲线编辑器中修改茶壶的运动轨迹，使其在 X、Y 和 Z 轴上同时运动。

4 单击工具栏中的 ▤ （曲线编辑器）按钮，弹出【轨迹视图-曲线编辑器】对话框，如图 12-34 所示。曲线编辑器的轨迹视图中，红色曲线和蓝色曲线表示球体的运动轨迹，轨迹曲线的端点表示记录的动画关键点。水平距离表示运动时间，垂直距离表示物体的移动距离。在轨迹编辑窗口中应该有红、绿、蓝三条运动轨迹，但由于 Y 轴向和 Z 轴向在记录动画时没有发生变化，所以它们的轨迹重合在一起，因此看起来仅有两条轨迹曲线。

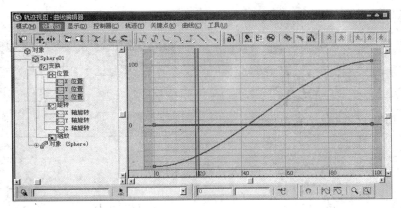

图 12-34　【轨迹视图-曲线编辑器】对话框

5 在层次列表中配合 "Ctrl" 键选择【变换】→【位置】中【Y 位置】和【Z 位置】，如图 12-35 所示。

6 在【Y 位置】和【Z 位置】上右击鼠标，将会弹出四元菜单。然后单击四元菜单中【指定控制器】命令，如图 12-36 所示。

7 单击【指定控制器】命令后，将会弹出【指定浮点控制器】对话框，如图 12-37 所示。选择【噪波浮点】类型，单击 确定 按钮，完成运动控制器的指定。

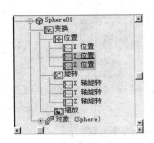
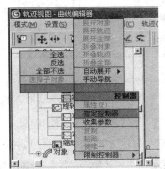

图 12-35　选择列表项目　　　图 12-36　执行【指定控制器】命令　　图 12-37　【指定浮点控制器】对话框

当对【Y 位置】和【Z 位置】指定了【噪波浮点】控制器后的轨迹曲线效果，如图 12-38 所示。

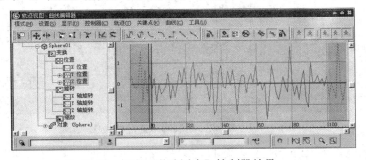

图 12-38　指定【噪波浮点】控制器效果

8 分别右键单击【Y 位置】和【Z 位置】，在弹出的四元菜单中单击【属性】命令，如图 12-39 所示，将会打开【噪波控制器】对话框，将【强度】设置为 25，并设置【种子】值，如图 12-40 所示。

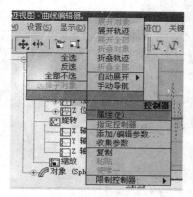
图 12-39　单击【属性】命令

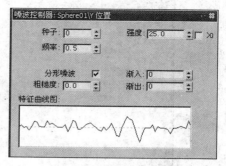
图 12-40　设置噪波控制器属性

9 分别选择【Y 位置】和【Z 位置】，执行【控制器】菜单→【塌陷控制器】命令，使噪波控制器塌陷为可手动编辑的曲线轨迹，如图 12-41 所示。

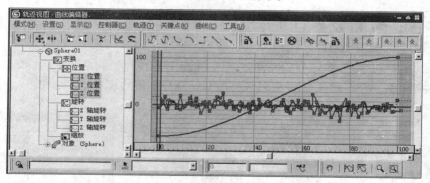
图 12-41　塌陷后的轨迹曲线效果

10 配合"Ctrl"键选择【Y 位置】和【Z 位置】，使用（绘制曲线）按钮，每隔 10 帧将噪波塌陷后的轨迹曲线绘制为接近直线的轨迹曲线，如图 12-42 所示。

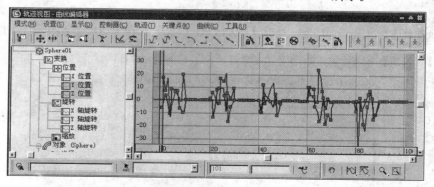
图 12-42　绘制的轨迹曲线效果

11 单击【对象（Sphere）】左侧的⊕符号，在展开的列表中选中【半径】，使用（绘制曲线）工具在第 0 帧和第 100 帧，高度为 20 的位置单击两个关键点，并每隔 10 帧添加一个关键点，并将所有关键点设置为（将切线设置为跳跃）方式。

12 选择 10、30、50、70 和 90 帧，将选择的关键点上下移动，移动至高度为 10 的位置，完成球体移动动画。其轨迹视图效果，如图 12-43 所示。

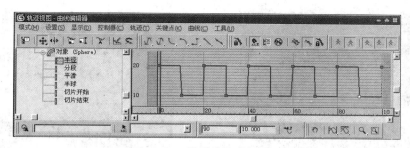

图 12-43　设置球体半径动画

13 关闭【轨迹视图-曲线编辑器】对话框，然后单击■（播放动画）按钮预览动画效果。

12.3　路径约束的设置方法

在 3ds Max 中，约束功能是通过对象和对象间的约束关系来控制它们的移动和旋转。要实现动画的约束功能，首先要将一个或多个对象关联到另外的一个或多个对象上，从而实现使关联对象受到特殊的约束而产生的特殊运动效果。

利用约束功能可以简化动画的制作过程，并且产生更好的动画运动效果。在 3ds Max 中提供了 7 种约束功能，分别为附着约束、曲面约束、路径约束、位置约束、链接约束、注视约束和方向约束，各种约束功能的使用方法基本相同。

本范例的详细制作过程见配套光盘中的视频教学。

◎**动手做 12—4　如何设置路径约束**

1 在前视图中绘制一条类似心电图样式的曲线，如图 12-44 所示。

2 在透视图中创建一个大小适合的球体，并使用■（选择并放缩）工具沿 Z 轴向放大球体，使其成为一个长条形，如图 12-45 所示。

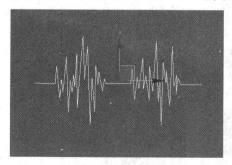

图 12-44　绘制曲线

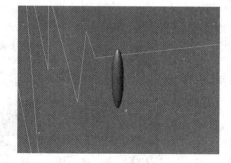

图 12-45　创建并拉长球体

3 为球体指定曲线作为路径曲线。选择视口中的球体模型，执行菜单栏中【动画】→【约束】→【路径约束】命令，然后移动光标，将出现如图 12-46 所示的约束线。

4 将光标移动到曲线上，等光标变为"十"字形时，单击鼠标左键，完成路径的拾取操作。此时，球体模型将自动依附到曲线上一端，如图 12-47 所示。

5 选择刚刚指定路径约束的飞机模型，单击◎按钮，打开运动命令面板。在【路径参数】卷展栏中勾选【跟随】复选框，并将【轴】设置为"Z"，卷展栏参数状态如图 12-48 所示。

6 当完成路径选项的设置后，拉长球体的方向将会随着路径线的方向，如图 12-49 所示。

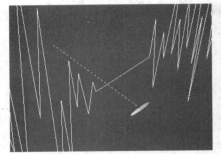

图 12-46　移动光标出现的约束线

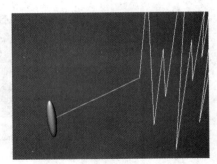

图 12-47　完成路径的拾取操作

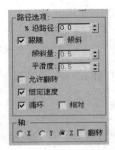

图 12-48　设置路径选项

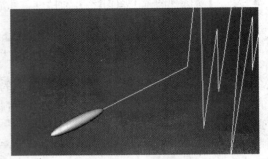

图 12-49　完成参数调整后的模型状态

7 完成以上操作后，单击 ▣（播放动画）按钮，预览动画效果。

12.4　实例制作——创建建筑环游动画

环游动画是建筑群和大型楼宇内部展示的最佳表现手段，广泛应用于建筑表现、虚拟现实、影视场景和游戏场景的景观表现。而环游动画制作主要利用路径对摄影机进行绑定约束，产生摄影机随路径移动拍摄的动画效果。下面将对环游动画的各个重要制作环节进行详细讲解。

制作流程图（见下图）

打开配套光盘中场景文件。

单击动画控制区🔲时间配置按钮，在弹出的时间配置对话框中将动画长度设置为 1000 帧

单击标准摄影影机中 目标 目标摄影机按钮，在场景中任意位置单击创建一架摄影机。

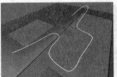

单击样条线中 线 按钮，按照环游行走的路线在场景中绘制一条作为路径的曲线。

选中创建的目标摄影机，应用【路径约束】，并选择场景中绘制的路径曲线，完成摄影机的路径约束操作。最后为场景设置渲染选项，并最终渲染输出。

建筑环游动画制作流程图

12.4.1 设置摄影机环游动画

摄影机环游动画可以生成摄影机在运动中拍摄到的画面，如同人拿着摄影机拍摄真实场景一样。

具体操作步骤：

1 执行【文件】菜单→【打开】命令，打开配套光盘\场景文件\第 12 章\环游动画.max 文件，如图 12-50 所示。

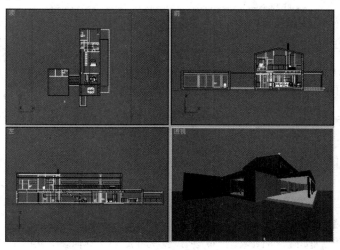

图 12-50 打开的场景文件

2 单击动画控制区的 ⚙ （时间配置）按钮，在弹出的【时间配置】对话框中将动画【长度】设置为 1000 帧，然后单击【确定】按钮。

3 打开摄影机创建面板，激活 自由 按钮，在任意位置创建一个自由摄影机。

4 按照环游行走的路线在顶视图绘制一条曲线，完成绘制后在透视图中将曲线向上移动至门的三分之二高处，然后选择【点】次物体级，将楼体处的点向上移动至楼梯以上，绘制的路径曲线效果，如图 12-51 所示。

5 选中创建的目标摄影机，执行【动画】菜单→【约束】→【路径约束】命令，然后选择场景中绘制的路径曲线，完成摄影机与路径的约束操作。

6 当完成约束后，自由摄影机的镜头方向会继承原始的方向，所以在摄影机运动时镜头方向将处于固定位置，这样不会产生正确的摄影机环游动画。这时需要调整并记录摄影镜头方向的动画，绑定后的默认摄影机状态如图 12-52 所示。

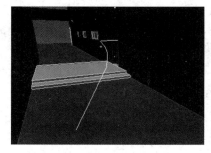

图 12-51 绘制路径曲线

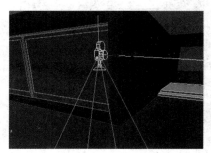

图 12-52 未调整的镜头方向

7 选中摄影机，单击 按钮，在【路径参数】卷展栏中，勾选使用【跟随】，在【轴】选项中使用 "Z"，并勾选【翻转】复选框，这时摄影机将会处于正确的镜头方向，但摄影机还处于倾斜状态，需要使用【选择并旋转】工具，沿着 "局部" 坐标轴旋转 90°，让摄影机以正确的方式显示。

8 激活 自动关键点 按钮，拖动时间滑块至每个需要记录摄影机旋转的关键帧上，使用【选择并旋转】工具进行适当的调整，使摄影机的环游方式更接近真实的拍摄状态。详细调整过程观看配套光盘中的视频教学。

9 单击动画播放区 ▶ （播放动画）按钮，预览完成的摄影机环游动画。

12.4.2 动画的渲染输出

当动画创建完毕后，若想在媒体播放器中播放动画，需要将场景动画输出为媒体播放器识别的视频格式文件，例如.avi 或.mov 等视频文件。

下面将以渲染 "环游动画完成动画.max" 文件为例，学习渲染动画场景的具体方法。

具体操作步骤：

1 执行【文件】菜单→【打开】命令，打开配套光盘\场景文件\第 12 章\环游动画 完成动画.max 文件。

2 单击工具栏中的 （渲染场景动画）按钮，弹出【渲染场景：默认扫描线渲染器】对话框，在【公用参数】卷展栏中选择【时间输出】中的【活动时间段】单选项，然后单击【输出大小】栏中的 320x240 按钮，将图像大小分别设置为：长度 320 像素，宽度 240 像素，如图 12-53 所示。

3 单击【渲染输出】栏中的 文件... 按钮，在弹出的【渲染输出文件】对话框中设置文件保存路径、文件格式和文件名称，如果要保存为动画文件，需要在【保存类型】中选择【AVI 文件（*.avi）】，如图 12-54 所示。当选择保存 AVI 文件时，单击 保存(S) 按钮，将会弹出【AVI 文件压缩设置】对话框，如图 12-55 所示。此对话框用于选择文件的压缩技术和压缩品质，通常取默认设置即可。

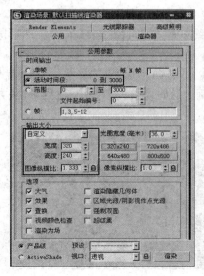

图 12-53　设置的渲染尺寸

图 12-54　【渲染输出文件】对话框

4 设置完毕后，单击【渲染场景】对话框底部的 ⬚ 渲染 ⬚ 按钮，即可将场景文件渲染为媒体播放器识别的视频文件。渲染过程如图 12-56 所示。

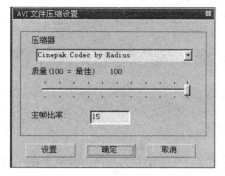

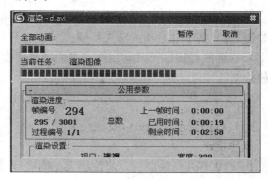

图 12-55　文件压缩设置　　　　图 12-56　动画文件的渲染过程

12.5　本章小结

本章主要讲述了动画制作的相关知识，其中包括动画产生的基本原理、动画的记录和设置方法、利用曲线编辑器修改动画以及环游动画的制作和渲染输出。

12.6　本章习题

1. 填空题

（1）在 3ds Max 中，系统提供了两种记录关键点的工具，一种是_____模式，另一种是_____模式。

（2）【时间配置】对话框，主要由和_____、_____、_____、_____和_____5 部分组成，主要用于设置动画的帧速率、时间显示和播放时的速度等。

（3）轨迹视图是 3ds Max 中一个功能强大的动画编辑工具，可以对创建的所有_____进行查看和编辑。

（4）轨迹视图有两种不同模式，分别为_____和_____。

2. 选择题

（1）正交平衡调幅制是一套美国开发的标准电视广播传输和接收协议，每秒播放（　　）帧。

　　　A）24　　　　　　B）25　　　　　　C）29.97　　　　　D）30

（2）逐行倒相正交平衡调幅制是由德国开发的标准电视广播传输和接收协议，每秒播放 25 帧，分辨率为（　　）。

　　　A）720×576　　B）800×600　　　C）720×486　　　D）320×240

（3）（　　）模式可以将动画显示为功能曲线。

　　　A）摄影表　　　B）曲线编辑器　　C）轨迹视图　　　D）动画曲线

（4）制作环游动画需要使用（　　）运动控制器。

　　　A）Bezier 位置　B）从属位置　　　C）噪波位置　　　D）路径约束

3. 判断题（正确√，错误×）

（1）将一组相关图像以一定速度进行连续播放便产生了动画效果。　　　　（　　）

（2）在 3ds Max 中，系统提供了两种记录关键点工具，一种是【自动关键点】，另一种是【设置关键点】。其中【自动关键点】模式主要用于角色动画的记录。　　　　（　　）

（3）曲线编辑器可以利用图表中的功能曲线来表示运动，3ds Max 中所有的参数都可以在曲线编辑器中显示。　　　　（　　）

4. 操作题

（1）将场景动画记录以及渲染设置为 PAL 制式。

操作提示：

按 F10 打开渲染面板，将输出大小的宽度设置为 768，高度设置为 576，并将光圈宽度设置为 20.12。打开时间配置面板，将帧速率设置为 PAL。

（2）将场景动画记录以及渲染设置为 NTSC 制式。

操作提示：

按 F10 打开渲染面板，将输出大小的宽度设置为 720，高度设置为 486，并将光圈宽度设置为 20.12。打开时间配置面板，将帧速率设置为 NTSC。

（3）使用自动关键点记录物体移动动画。

操作提示：

1）创建一个立方体，单击【自动关键点】按钮，移动时间滑块至 20 帧，将立方体移动一个位置。

2）将时间滑块移至 40 帧，将立方体移动另外一个位置，观察动画效果。

（4）使用设置关键点记录物体移动动画。

操作提示：

1）创建一个立方体，单击【设置关键点】按钮，移动时间滑块至 20 帧，将立方体移动一个位置后，单击【设置关键点】按钮左侧的钥匙状按钮。

2）将时间滑块移至 40 帧后，将立方体移动到另外一个位置，再单击【设置关键点】按钮左侧的钥匙状按钮，完成动画记录。

第 13 章　环境特效和视频合成

 教学目标

学习和掌握环境特效的制作方法，认识视频合成器并掌握视频合成的具体方法

 教学重点与难点

➤ 各种环境效果的制作
➤ 视频合成的各种效果制作

13.1　环境特效

执行【渲染】菜单→【环境】命令，可以打开环境和效果面板，如图 13-1 所示。使用环境和效果面板可以设置背景颜色和环境光、应用曝光控制以及在场景中使用大气效果。设置的大气效果，如图 13-2 所示。

图 13-1　环境和效果面板

图 13-2　不同的大气效果

13.1.1　环境和效果面板介绍

环境和效果面板主要由【公用参数】、【曝光控制】和【大气】3 个卷展栏组成。当在【大气】卷展栏中指定不同的大气效果后将会出现不同的大气效果卷展栏。

1.【公用参数】卷展栏

主要用于设置背景效果和全局照明效果。例如指定一种背景颜色、背景贴图或设置环境颜色等。

- 颜色：用于设置场景背景的颜色。单击下方的色块将会打开【颜色选择器】对话框，从中选择所需的颜色。
- 环境贴图：【环境贴图】的按钮用于显示贴图名称，但未指定贴图时，按钮显示【无】。单击该按钮，将会打开【材质/贴图浏览器】对话框，从中可选择所需贴图。
- 使用贴图：当【环境贴图】的按钮中存在贴图时，取消勾选此复选框将会使用背景颜色显示背景效果。
- 染色：当此颜色色块设置为除白色以外的颜色时，场景中模型将被此色块设置的颜色染色。
- 级别：用于增强场景中所有灯光的强度。
- 环境光：用于设置环境光的颜色。单击色块后将可以在【颜色选择器】中选择所需的颜色。

2. 【曝光控制】卷展栏

用于调整渲染的输出级别和颜色范围。

- 对数曝光控制：当设置为【对数曝光控制】时，将会打开【对数曝光控制参数】卷展栏，如图 13-3 所示。使用【对数曝光控制】前后对比效果如图 13-4 所示。

图 13-3 【对数曝光控制参数】卷展栏

图 13-4 曝光控制前后的对比效果

- ➤ 亮度：此参数用于调整转换的颜色的亮度。
- ➤ 对比度：此参数用于调整转换的颜色的对比度。
- ➤ 中间色调：此参数用于调整转换的颜色的中间色调值。
- ➤ 物理比例：设置曝光控制的物理比例，用于非物理灯光。
- ➤ 颜色修正：如果选中该复选框，颜色修正会改变所有颜色，使色样中显示的颜色显示为白色。
- ➤ 降低暗区饱和度级别：启用此复选框后，渲染器会使颜色变暗。
- ➤ 仅影响间接照明：启用此复选框后，对数曝光控制仅应用于间接照明的区域。
- ➤ 室外日光：启用此复选框后，将转换适合室外场景的颜色。
- 伪彩色曝光控制：实际上是一个照明分析工具。它可以将亮度映射为转换值的亮度的伪彩色。当设置为【伪彩色曝光控制】时，将会打开【伪彩色曝光控制】卷展栏，如图 13-5 所示。使用【伪彩色曝光控制】前后对比效果如图 13-6 所示。

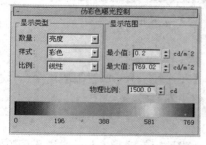

图 13-5 【伪彩色曝光控制】卷展栏

图 13-6 曝光控制前后的对比效果

> 数量：用于选择所测量的值。其中包括【照度】和【亮度】。【照度】显示曲面上入射光的值，【亮度】显示曲面上反射光的值。

> 样式：选择显示值的方式。其中包括【彩色】和【灰度】。【彩色】用于显示光谱，【灰度】用于显示从白色到黑色范围的灰色色调。

> 比例：选择用于映射值的方法。其中包括【对数】和【线性】。【对数】使用对数比例，【线性】使用线性比例。

> 最小值：用于设置在渲染中要测量和表示的最低值。

> 最大值：用于设置在渲染中要测量和表示的最高值。

● 线性曝光控制：从渲染中采样，并且使用场景的平均亮度将物理值映射为 RGB 值。线性曝光控制最适合动态范围很低的场景。当设置为【线性曝光控制】时，将会打开【线性曝光控制参数】卷展栏，如图 13-7 所示。使用【线性曝光控制】前后对比的效果如图 13-8 所示。

图 13-7　【线性曝光控制参数】卷展栏

图 13-8　曝光控制前后的对比效果

> 曝光值：此参数用于调整渲染的总体亮度。曝光值相当于具有自动曝光功能的摄影机中的曝光补偿。

● 自动曝光控制：从渲染图像中采样，并且生成一个直方图，以便在渲染的整个动态范围提供良好的颜色分离。【自动曝光控制】可以增强某些照明效果，否则，这些照明效果会过于暗淡而看不清。当设置为【自动曝光控制】时，将会打开【自动曝光控制参数】卷展栏，如图 13-9 所示。使用【自动曝光控制】前后的对比效果如图 13-10 所示。

图 13-9　【自动曝光控制参数】卷展栏

图 13-10　曝光控制前后的对比效果

3.【大气】卷展栏

用于显示、添加、删除以及合并各种大气效果，如图 13-11 所示。

● 效果：用于显示当前场景中以及添加的各种大气效果。

● 添加：单击此按钮后，将会打开【添加大气效果】对话框，如图 13-12 所示。从中可以选择所需的大气效果。

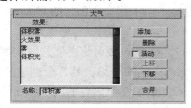

图 13-11　【大气】卷展栏

图 13-12　【添加大气效果】对话框

- 删除：在列表中选择场景中不需要的大气效果，单击此按钮后，可以将其删除。
- 活动：用于确定是否启用列表中选择的大气效果。
- 上移、下移：用于对列表中显示的大气效果进行上下移动，以便更改大气效果的顺序。
- 合并：合并其他 3dxMax 场景文件中的大气效果。
- 名称：用于重新定义列表中选择的大气效果名称。

13.1.2 火焰效果

利用火效果可以制作火焰、烟雾和爆炸等动画效果。下面以实例讲解火焰效果的制作方法。

本范例的制作过程见配套光盘中的视频教学，涉及到的场景文件见配套光盘\场景文件\第 13 章\火焰效果.max 文件。

动手做 13-1　如何制作火焰效果

1 打开配套光盘\场景文件\第 13 章\火焰效果.max 文件，如图 13-13 所示。

2 打开创建面板，激活 □（辅助对象）按钮，在下拉菜单中选择【大气装置】项，如同 13-14 所示。单击【球体 Gizmo】，在场景中创建一个球体 Gizmo。

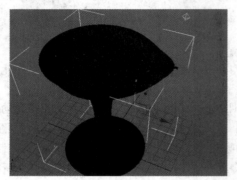

图 13-13　火焰效果场景文件

图 13-14　选择对象对话框

3 选择场景中的球体 Gizmo，单击 ✎ 按钮，勾选【半球】复选项，并单击【大气和效果】卷展栏中的【添加】按钮，在打开的【添加大气】对话框中选择【火效果】并单击【确定】按钮，如图 13-15 所示。

4 继续创建一个半球方式的球体 Gizmo，并使用【选择并缩放】工具对其进行调整，使创建的两个球体 Gizmo 物体成为长条形的半球 Gizmo，并且使第 2 个创建的 Gizmo 略小于第 1 个 Gizmo。为两个 Gizmo 添加【火效果】。

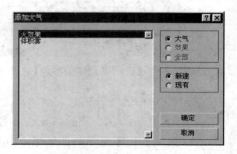

图 13-15　【添加大气】对话框

5 依照以上方法创建第 3 个长条半球 Gizmo，但要略小于第 2 个创建的 Gizmo，并为其添加【火效果】。

6 创建一个圆形的球体 Gizmo，然后将创建的 4 个 Gizmo 按火焰燃烧的结构摆放到合理位置，并为其添加【火效果】。第 1 个创举的 Gizmo 作为火焰的外焰，第 2 个创建的 Gizmo 用于模拟外焰与内焰之间的蓝色火焰，第 3 个创建的 Gizmo 用于模拟白色的内焰，而第 4 个创建的球体 Gizmo 用于模拟火焰的底部燃烧。4 个 Gizmo 的摆放位置，如图 13-16 所示。

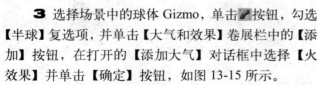

7 执行【渲染】→【环境】命令，打开【环境和效果】对话框。在【大气】卷展栏中会看到已经创建的 4 个火效果。选择第 1 个火效果，将【火效果参数】卷展栏中【图形】项目中【拉伸】设置为 3.2，将【特性】项目中【火焰大小】设置为 3.76，【火焰细节】设置为 10，【密度】设置为 50。

8 选择第 2 个火效果，将【颜色】项目中【内部颜色】设置为白色，【外部颜色】设置为紫色，【烟雾颜色】设置为黄色，如图 13-17 所示，并将【特性】项目中【火焰大小】设置为 14，火焰细节设置为 6.5，密度设置为 36。

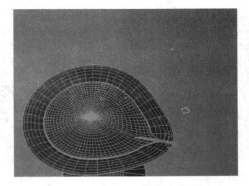

图 13-16　Gizmo 的排列方式

9 选择第 3 个火效果，将【颜色】项目中【内部颜色】设置为白色，【外部颜色】设置为黄色，如图 13-18 所示。将【特性】项目中【火焰大小】设置为 26.5，【密度】设置为 30，【火焰细节】设置为 5。

图 13-17　火焰的颜色设置

图 13-18　内焰的颜色设置

10 选择第四个火效果，将【颜色】项目中【内部颜色】设置为白色，【外部颜色】设置为紫色，【图形】项目中【拉伸】设置为 2，【特性】项目中【火焰大小】设置为 5，【密度】设置为 27，【火焰细节】设置为 3.5。

11 完成设置后，调整合适的观察角度并按键盘 F9 键渲染图像，最终效果如图 13-19 所示。

图 13-19　完成的火焰效果

以上操作所涉及到的【火效果参数】卷展栏如图 13-20 所示。

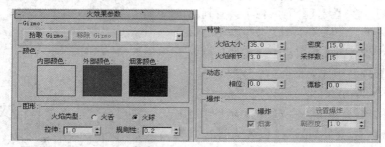

图 13-20 【火效果参数】卷展栏

- 拾取 Gizmo：单击此按钮后，再单击场景中的某个大气装置，则大气装置将会在渲染时显示火焰效果。
- 移除 Gizmo：移除 Gizmo 列表中所选的 Gizmo。Gizmo 列表列出为火焰效果指定的装置对象。
- 内部颜色：设置火焰中最中心部分的颜色。
- 外部颜色：设置火焰中稀薄部分的颜色。
- 烟雾颜色：当使用【爆炸】后，用于显示爆炸后的烟雾颜色。
- 火焰类型：其中包括两种火焰类型，一种是【火舌】，另一种是【火球】。其中【火舌】用于制作带有燃烧方向的火焰，【火球】用于创建爆炸火焰。设置不同火焰的效果如图 13-21 所示。

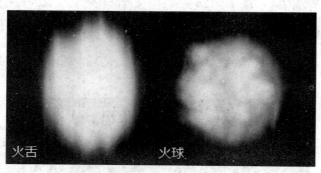

图 13-21 不同火焰的效果

- 拉伸：将火焰沿 Z 轴进行缩放。【拉伸】适用于火舌火焰。当设置不同【拉伸】值后的效果如图 13-22 所示。
- 规则性：用于设置火焰相对大气装置的填充效果。设置不同【规则性】的效果如图 13-23 所示。

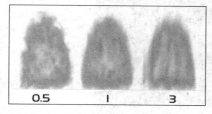

图 13-22 不同【拉伸】值的火焰效果

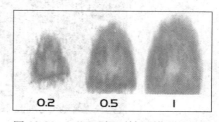

图 13-23 不同【规则性】的火焰效果

以下参数都取决于大气装置的大小，并且各个参数之间彼此相互关联，更改其中一个参数，同时影响其他参数的效果。

- 火焰大小：设置装置中火焰火苗的大小。设置不同【火焰大小】时的效果如图 13-24 所示。
- 火焰细节：设置每个火苗显示的颜色的变化量。设置不同【火焰细节】时的效果如图 13-25 所示。

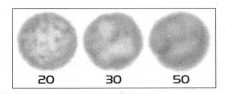

图 13-24　不同【火焰大小】效果

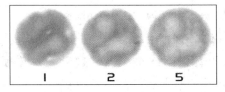

图 13-25　不同【火焰细节】效果

- 密度：用于设置火焰效果的不透明度和亮度。
- 采样数：用于控制生成火焰效果的计算精度。
- 相位：用于控制火焰的燃烧速率。
- 漂移：用于设置火焰沿 Z 轴的渲染方式。较高的取值会得到火焰剧烈燃烧的效果。
- 爆炸：勾选此复选框将定义火焰为爆炸火焰。当应用爆炸后的效果如图 13-26 所示。

图 13-26　【爆炸】动画中的几帧效果

- 烟雾：用于决定在爆炸后是否产生烟雾效果。
- 设置爆炸：单击此按钮后，可打开【设置爆炸相位曲线】对话框。从中可设置爆炸的开始时间和结束时间。
- 剧烈度：改变相位参数的涡流效果。

13.1.3　雾效果

利用【雾】可以制作烟雾大气效果。

下面以实例讲解【雾】的制作方法。

本范例的制作过程见配套光盘中的视频教学，涉及到的场景文件见配套光盘\场景文件\第 13 章\雾效果.max 文件。

动手做 13-2　如何制作雾效果

1 打开配套光盘\场景文件\第 13 章\雾.max 文件，如图 13-27 所示。

2 执行【渲染】菜单→【环境】命令，打开【环境和效果】面板。打开【大气】卷展栏，单击 添加 按钮，从【添加大气效果】对话框中添加【雾】大气。

3 勾选【雾参数】卷展栏【标准】组中的【指数】复选框，将【近端】设置为8，【远端】设置为75。渲染效果如图 13-28 所示。

图 13-27 范例场景   图 13-28 场景产生雾效

4 在透视图中调节合适角度，按"Ctrl+C"键，依当前视角创建摄影机。选择创建的摄影机，勾选【参数】卷展栏中【环境范围】项目的【显示】复选框，并将【近距范围】设置为100，【远距范围】设置为500，控制雾效的稀薄处及密集处的位置。

5 完成设置后即可渲染场景，最终效果如图 13-29 所示。

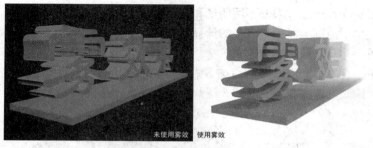

图 13-29 使用雾的对比效果

以上操作涉及的【雾参数】卷展栏如图 13-30 所示。

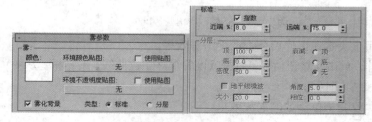

图 13-30 【雾参数】卷展栏

- 颜色：用于设置雾的颜色。单击颜色色块，将会打开【颜色选择器】对话框，可以从中选择所需的颜色。
- 环境颜色贴图：当指定了环境颜色贴图后，将以载入的图像作为雾的颜色。
- 环境不透明度贴图：当指定了贴图后，将以图像的颜色来控制雾的密度。
- 使用贴图：用于控制是否使用已载入的图像文件。
- 雾化背景：用于控制雾效果是否对背景产生雾化作用。
- 类型：其中包含两种类型，一个是【标准】类型，另一个是【分层】类型。使用【标准】类型时，下方的【标准】组处于可用状态。当勾选【分层】时，在下方【分层】组中可以进行参数设置。
- 指数：当场景中有半透明材质的对象时，勾选此复选框后将随距离按指数增大密度，从而得到正确的渲染效果。

- 近端：用于设置靠近摄影机的雾密度。
- 远端：用于设置远离摄影机的雾密度。
- 顶、底：分别用于设置雾层的上限和下限。
- 密度：用于设置雾的总体密度。
- 地平线噪波：当勾选此复选框后，远处雾效将在地平线位置逐渐消失，从而使雾效果更为逼真。
- 大小：设置噪波的缩放系数。缩放系数值越大，雾卷越大。
- 衰减：其中包括【顶】、【底】和【无】3 个单选项，用于添加和控制指数衰减效果。
- 角度：用于确定雾效与地平面的角度。
- 相位：此参数用于记录雾效动画。

13.1.4 体积雾效果

【体积雾】同样用于制作云雾或烟雾等大气效果。但【体积雾】可以使用大气装置在某一个空间位置产生雾效，此功能类似火焰效果的制作方法。【体积雾】尤其适用于制作真实的云彩效果。

下面将以实例讲解【体积雾】的制作方法。

本范例的制作过程见配套光盘中的视频教学，涉及到的场景文件见配套光盘\场景文件\第 13 章\体积雾效果.max 文件。

动手做 13-3 如何制作体积雾效果

1 新建文件场景，在创建命令面板中单击██按钮，在对象类型列表中选择【大气装置】，激活【大气装置】创建面板中的 ██████ 按钮，在视图任意位置创建一个半径为 150 的【球体 Gizmo】。

2 使用工具栏中的██（选择并均匀缩放）按钮，对【球体 Gizmo】进行 Z 轴压扁操作，并沿 X 轴向拉长，效果如图 13-31 所示。

3 单击【球体 Gizmo】编辑面板【大气和效果】卷展栏中的 ████ 按钮，从中选择【体积雾】并单击【确定】按钮，为当前【球体 Gizmo】指定雾效果。

4 执行【渲染】菜单→【环境】命令，打开【环境和效果】面板。打开【大气】卷展栏。

5 将背景颜色设置为与天空颜色相近的蓝色，并以【体积雾】的默认设置进行渲染观察，如图 13-32 所示。

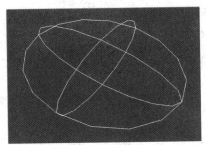

图 13-31 放缩后的大气装置效果

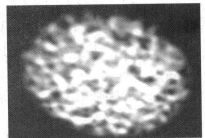

图 13-32 默认的体积雾效果

6 编辑【体积雾参数】卷展栏中各个参数。勾选【体积】组中【指数】复选框，并将【密度】设置为 10，将【步长大小】设置为 6。

7 在【噪波】组中，选择【湍流】类型，并将【均匀性】设置为 -0.33，【级别】设置为 6，【大小】设置为 82。渲染观察修改后的体积雾效果如图 13-33 所示。

8 配合键盘"Shift"键，复制出多个【球体 Gizmo】，并使用工具栏中的 🔲（选择并均匀缩放）按钮，对所有【球体 Gizmo】进行随机缩放。使用工具栏中的 ✛（选择并移动）按钮，对复制出的【球体 Gizmo】进行随机摆放。场景中【球体 Gizmo】效果如图 13-34 所示。

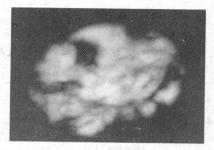 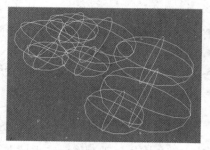

图 13-33　修改后的体积雾效果　　　　　图 13-34　复制出的球体 Gizmo

9 调整一个合适的角度渲染图像，效果如图 13-35 所示。

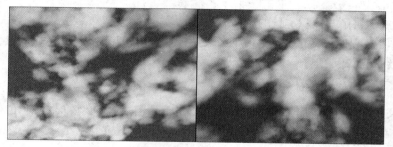

图 13-35　完成的云彩效果

以上操作涉及到的【体积雾参数】卷展栏如图 13-36 所示。

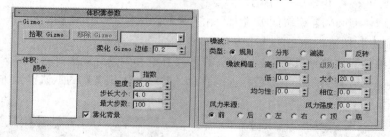

图 13-36　【体积雾参数】卷展栏

- 拾取 Gizmo：单击此按钮，然后单击场景中的某个大气装置，则大气装置将会在渲染时显示体积雾效果。
- 移除 Gizmo：移除 Gizmo 列表中所选的 Gizmo。Gizmo 列表中列出为火焰效果指定的装置对象。
- 柔化 Gizmo 边缘：用于羽化体积雾的边缘。取值越大，边缘的羽化程度越明显。
- 颜色：用于设置体积雾的颜色。
- 指数：当场景中有半透明材质的对象时，勾选此复选框后将随距离按指数增大密度，从而得到正确的渲染效果。

- 密度：用于设置体积雾的浓稀程度。
- 步长大小：确定体积雾的采样品质。步长较大时，会使体积雾变粗糙。
- 最大步数：用于限制体积雾的采样量，以便对雾的计算快速完成。
- 雾化背景：控制将雾化效果应用于背景。
- 类型：用于选择噪波的使用类型。一共有 3 种噪波类型，分别为【规则】、【分形】和【湍流】，【规则】产生标准的噪波图案，【分形】产生迭代分形噪波图案，【湍流】产生迭代湍流图案。
- 反转：用于反转噪波效果。
- 噪波阈值：用于控制体积雾的聚散程度，其中包括【高】和【低】两个数值。如果将【高】减小，【低】增大，将会产生块状的体积雾效果。
- 均匀性：此参数与密度相似，取值越小雾效果越稀薄。取值范围为 −1～1。
- 级别：当使用【分形】和【湍流】噪波效果时，此参数用于控制体积雾的迭代次数。取值越高，效果越逼真。
- 大小：用于确定烟雾卷的大小。
- 相位：当使用【动画记录】按钮记录不同的相位值时，将会产生体积雾的动画效果。
- 风力来源：用于控制风来自的方向。其中有【前】、【后】、【左】、【右】、【顶】和【底】6 个可选方向。
- 风力强度：用于控制风力对体积雾的影响程度。

 必须设置【相位】动画才能产生风力作用。

13.1.5 体积光效果

　　【体积光】效果是灯光与雾效大气的相互作用而产生的灯光效果。用于为泛光灯提供径向光晕、为聚光灯提供锥形光晕以及为平行光提供平行光束等效果。

　　下面将以实例讲解体积光的制作方法。

　　本范例的制作过程见配套光盘中的视频教学，涉及到的场景文件见配套光盘\场景文件\第 13 章\体积光效果.max 文件。

动手做 13-4　如何制作体积光效果

　　1 打开配套光盘\场景文件\第 13 章\体积光效果.max 文件，如图 13-37 所示。

　　2 打开灯光创建面板，激活 目标平行光 按钮。在场景中创建一盏【目标平行光】，并将【平行光参数】中的【聚光区/光束】设置为 200，【衰减区/区域】设置为 1 500，效果如图 13-38 所示。

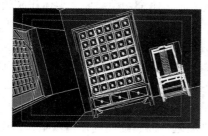

图 13-37　打开的场景文件

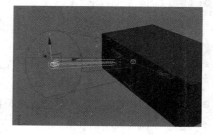

图 13-38　创建平行光

3 执行【渲染】菜单→【环境】命令，打开【环境和效果】面板。打开【大气】卷展栏，单击 添加... 按钮，从【添加大气效果】对话框中添加【体积光】大气，并单击 拾取灯光 按钮，拾取场景中创建的目标聚光灯。

4 在目标聚光灯修改面板中，勾选【常规参数】卷展栏【阴影】组中【启用】复选框，并将【强度/颜色/衰减】卷展栏中【倍增】设置为 1.15，灯光颜色设置为白色。

5 使用【远距衰减】，并将【开始值】设置为 3 000，【结束】值设置为 10 000，并将【阴影贴图参数】卷展栏中【偏移】设置为 0，【采样范围】设置为 2。

6 打开【环境和效果】面板中【体积光参数】卷展栏，将【体积】组中【密度】设置为 0.5，将【最大亮度】设置为 80，【过滤阴影】类型设为【高】。

7 勾选【噪波】组中【启用噪波】复选框，将【数量】设置为 1，【大小】设置为 200，【均匀性】设置为 1。

8 在窗口位置创建一盏泛光灯，将【强度/颜色/衰减】卷展栏中【倍增】设置为 0.1，勾选【远距衰减】，将【开始】设置为 0，【结束】设置为 15 000，【阴影贴图参数】卷展栏中【偏移】设置为 0，【大小】设置为 128，【采样范围】设置为 12。最后将场景背景颜色设置为白色并渲染场景效果如图 13-39 所示。

图 13-39　使用体积光的对比效果

以上操作涉及的【体积光参数】卷展栏如图 13-40 所示。

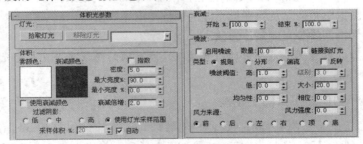

图 13-40　【体积光参数】卷展栏

- 拾取灯光：单击此按钮后，将处于灯光选择状态，再单击视图中需要产生体积光效果的灯光，完成光源的拾取。
- 删除灯光：单击此按钮后将删除下拉列表中已拾取的灯光。
- 雾颜色、衰减颜色：分别用于指定体积光颜色和体积光逐渐衰减的颜色。单击【雾颜色】和【衰减颜色】下方的色块将会打开【颜色选择器】，以便从中选择所需的颜色。
- 使用衰减颜色：用于控制衰减颜色。
- 指数：当场景中有半透明材质的对象时，勾选此复选框后将随距离按指数增大密度，从而得到正确的渲染效果。

- 密度：设置体积光的密度。
- 最大亮度、最小亮度：用于设置体积光晕的最大亮度使用【雾颜色】的百分比，以及设置体积光晕使用【雾颜色】或【衰减颜色】的百分比。
- 衰减倍增：用于调整衰减颜色效果。
- 过滤阴影：用于设置【体积光】的渲染质量。其中包含【低】、【中】、【高】和【使用灯光采样范围】。当设置为【低】时，将不过滤图像缓冲区，而是直接采样；设置为【中】时，对相邻的像素采样并求均值；设置为【高】时，对相邻的像素和对角像素采样，为每个像素指定不同的权重；设置为【使用灯光采样范围】时，将根据灯光的阴影参数中【采样范围】进行取值，这样可使雾中的阴影与投射的阴影更加匹配，从而避免雾阴影中出现锯齿。
- 采样体积：当取消勾选【自动】复选框时，可以手动设置【过滤阴影】的采样品质，数值越高采样也越高。
- 衰减：该组用于控制体积光效由灯光发射位置到远离灯光位置的衰减效果，其中包括【开始】值和【结束】值。

此参数组基于灯光参数中衰减的【开始】值和【结束】值。

- 噪波：该组用于控制体积光的噪波效果。其中参数与【体积雾】中【噪波】相同，在此不再复述。

13.2　视频合成

【Video Post】（视频合成器）是集成在 3dxMax 内部的一个视频后期处理软件。利用【Video Post】可以将渲染的动画或单帧图像加入镜头效果高光、镜头效果光斑和镜头效果光晕等特殊效果，也可以利用【Video Post】将场景动画进行连接编辑。

13.2.1　视频合成器

执行【渲染】菜单→【Video Post】命令，将会打开【Video Post】视频合成器。【Video Post】主要由工具栏、序列窗口、编辑窗口、状态栏和视图操作 5 部分组成，如图 13-41 所示。下面将对各个组成部分进行详细讲解。

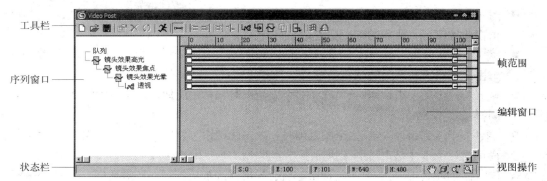

图 13-41　视频合成器

1. 工具栏

工具栏中的工具按钮主要用于编辑序列和事件，其中包括新建、打开、保存和执行序列以及编辑事件、添加事件等。

● ☐（新建序列）：单击此按钮，可以清除序列中的现有事件，并创建一个新事件。

● ☞（打开序列）：单击此按钮，将会弹出【打开序列】对话框，如图13-42所示。用于打开已经保存的序列文件。视频合成器的序列文件格式为.vpx。

● ▦（保存序列）：单击此按钮，将会弹出【保存序列】对话框，用于将当前已编辑的序列文件进行保存操作。

● ☑（编辑当前事件）：当单击任意事件后，再单击此按钮，将会打开【编辑过滤事件】对话框，如图13-43所示。用于设置过滤插件名称、遮罩和VP时间等参数。

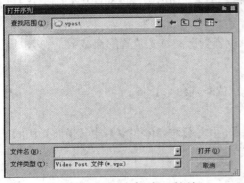

图 13-42 【打开序列】对话框

图 13-43 【编辑过滤事件】对话框

● ☒（删除当前事件）：单击此按钮，可以将选中的事件从序列窗口和编辑窗口中删除。

● ⟳（交换事件）：此按钮可切换队列中两个选定事件的位置，如果不可能执行，表示则不允许进行事件交换。

● ✖（执行序列）：单击此按钮可打开【执行Video Post】对话框，如图13-44所示。用于设置【时间输出】的方式和【输出大小】等参数。单击 渲染 按钮，可进行视频合成的渲染输出。

● ⟷（编辑范围栏）：此按钮用于显示在事件轨迹区域的范围栏提供编辑功能。

● ▥（将选定项靠左对齐）：当选择多个帧范围时，单击此按钮可将所需的帧范围进行左对齐。

● ▦（将选定项靠右对齐）：当选择多个帧范围时，单击此按钮可将所需的帧范围进行右对齐。

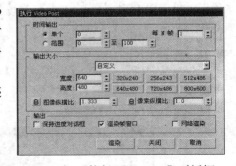

图 13-44 【执行 Video post】对话框

● ▦（将选定项大小相同）：当选择多个帧范围时，单击此按钮可将所需的帧范围调整为同样长度。

● ╪（关于选定项）：选择多个帧范围时，单击此按钮可将所需的帧范围端对端连接，这样可使一个事件结束时继续执行下一个事件。

● ▨（添加场景事件）：单击此按钮，将会弹出【添加场景事件】对话框，如图13-45所示。用于设置渲染输出的使用视图、场景渲染范围以及VP时间等。

- ⊡（添加图像输入事件）：单击此按钮后，将会打
  开【添加图像输入事件】对话框，如图 13-45 所示。
  用于将图像或动画添加到场景。
- ⊡（添加图像过滤事件）：单击此按钮后，将会打
  开【添加图像过滤事件】对话框。可从过滤时间下
  拉列表中选择一种所需的过滤类型，单击【确定】
  按钮进行添加。

图 13-45　【添加场景事件】对话框

 【添加图像过滤事件】对话框与图 13-43【编辑过
滤事件】对话框结构相同。

- ⊞（添加图像层事件）：当选择两个事件后，单击此按钮可以打开【编辑层事件】对话
  框，如图 13-46 所示。用于为两个事件设置转场效果。
- ⊡（添加图像输出事件）：单击此按钮后，将打开【添加图像输出事件】对话框，如图
  13-47 所示。用于指定文件输出的格式以及名称。单击 文件 按钮后确认输出的格式及
  名称。

图 13-46　【编辑层事件】对话框

图 13-47　添加图像输出事件对话框

- ▣（添加外部事件）：单击此按钮后，将会打开【添加外部事件】对话框，如图 13-48
  所示。外部事件通常指图像处理程序或图像批处理工具等。
- ▣（添加循环事件）：单击此按钮后，将会打开【添加循环事件】对话框，如图 13-49
  所示。用于对指定的事件在视频合成中重复输出。

图 13-48　【添加外部事件】对话框

图 13-49　【添加循环事件】对话框

2. 序列窗口

在【Video Post】中组成列队的项目包括动画、场景、图像、特效以及一些外部程序，被称之为事件。序列窗口也被称之为列队窗口，主要用于显示和排列要合成的事件、场景和图像的层级列表。

3. 编辑窗口

在编辑窗口中，每个帧范围都对应一个事件。帧范围的长度表示事件发生的时间长短。当某一事件被选择后，在序列窗口中将显示为黄色，帧范围被显示为红色。用户可以利用工具栏中的工具按钮对帧范围进行移动、连接、对齐等操作。

4. 状态栏

状态栏位于【Video Post】的底部，用于显示当前事件信息和提示当前可进行的操作。
- S、E、F：分别用于显示当前选择事件的起始帧位置、结束帧位置和总的帧数量。
- W、H：分别用于显示渲染输出图像的宽度和高度。

5. 图操作

视图操作共有 4 个控制工具。
- （平移）：用于平移编辑窗口，以显示用户需要编辑的帧范围。
- （最大化显示）：单击此按钮后，将在编辑窗口中最大化显示【Video Post】的所有事件帧范围。
- （缩放时间）：此工具用于缩放帧范围的长短和时间比例。
- （缩放区域）：此工具用于框选需要显示的帧范围。

13.2.2 镜头效果高光

【镜头效果高光】用于为某些对象指定明亮的星形高光闪烁效果。例如，为木箱里的珠宝首饰制作光芒闪烁效果。【镜头效果高光】对话框如图 13-50 所示，光效果如图 13-51 所示。

图 13-50 【镜头效果高光】对话框　　　　图 13-51 镜头效果高光

要打开【镜头效果高光】对话框，需要执行【渲染】菜单→【Video Post】命令，在打开的视频合成器中单击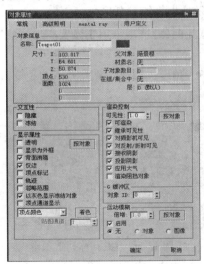（添加场景事件）按钮，选择一个图像输出视图，单击【确定】按钮，然后选中新建的场景事件并单击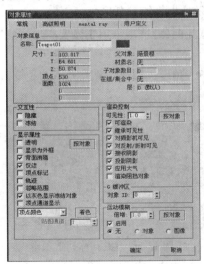（添加图像过滤事件）按钮。在打开的【添加图像过滤事件】对话框中选择过滤器插件列表中的【镜头效果高光】，单击【确定】按钮完成【镜头效果高光】的添加。

在【添加图像过滤事件】对话框中单击【过滤器插件】组中的【设置】按钮，将会打开【镜头效果高光】对话框。

【镜头效果高光】对话框共有 4 个选项卡，分别为【属性】、【几何体】、【首选项】和【渐变】，下面对这 4 个选项卡分别详细讲解。

1.【属性】选项卡

【属性】选项卡用于确定场景中哪些对象将产生高光效果，以及产生高光的方式。【属性】选项卡如图 13-52 所示。

- 全部：当选择【全部】时，将高光应用于整个场景，而不是仅仅应用于某个对象的特定部分。
- 对象 ID：将高光应用于场景中具有相对应的 G 缓冲区 ID 号的特定对象。【G 缓冲区】是几何体缓冲区，通过右键单击场景中任意对象，从四元菜单中选择【属性】，将会打开【对象属性】对话框，如图 13-53 所示。可以定义 G 缓冲区，然后在【G 缓冲区 ID】组中设置【对象 ID】号码。如果将某个【对象 ID】设置为 1，那么勾选【对象 ID】复选框并将后面的数值设置为 1，将会对这个对象应用高光效果。

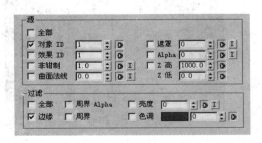

图 13-52 　【属性】选项卡　　　　　　图 13-53 　【对象属性】对话框

- 效果 ID：将高光应用于指定了特定的【材质 ID 通道】的对象。当为某个对象指定了一个材质并将此材质的【材质 ID 通道】设置为 2，那么勾选【效果 ID】复选框并将后面的数值设置为 "2"，将会对这个材质所在的对象进行高光效果的应用。
- 非钳制：将高光应用到场景所有可渲染对象的高亮区域。
- 曲面法线：根据曲面法线到摄影机角度对场景中所有可渲染对象应用高光效果。后面的数值用于设置面法线到摄影机的角度值。

- 全部：将高光应用到场景某个对象或特定部分的全部像素上，效果如图 13-54 所示。
- 边缘：选择场景中某个对象或特定部分的边界源像素，并对这些像素应用高光，效果如图 13-55 所示。

图 13-54　使用【全部】方式产生高光　　　　图 13-55　使用【边缘】方式产生高光

- 周界 Alpha：根据对象的 Alpha 通道，将高光应用于该对象的周围边界。
- 周界：与【周界 Alpha】十分相似，但不如【周界 Alpha】计算精确。
- 亮度：根据指定对象的亮度应用高光。对象上只有高于后面设置亮度值的像素才产生高光效果。
- 色调：按色调过滤指定的对象。例如当【色调】设置为红色时，对象上只有红色的部分才产生高光效果。后面的微调器用于设置【色调】的可用范围，数值越大将产生更多的高光效果。

2.【几何体】选项卡

【几何体】选项卡用于设置高光初始旋转及如何随时间影响元素。【几何体】选项卡如图 13-56 所示。

- 角度：用于设置高光点的角度。当分别设置角度为 30 和 90 时，效果如图 13-57 所示。

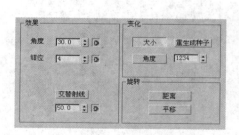 

图 13-56　【几何体】选项卡　　　　图 13-57　设置和不同【角度】时的高光效果

- 交替射线：用于替换高光周围点的长度。单击【交替射线】并将下方的微调器设置为 20，则高光效果如图 13-58 所示。
- 大小、角度、重生成种子：【大小】和【角度】用于设置高光的总体大小和初始方向，【重生成种子】用于重新随机化【大小】和【角度】。当使用【大小】和【角度】变化时，效果如图 13-59 所示。
- 距离：高光效果随距离变化而自动旋转。
- 平移：高光效果在屏幕上横向移动时将自动旋转。

图 13-58 设置【交替射线】为 20 后的效果 　　图 13-59 设置【大小】和【角度】变化的高光效果

3. 【首选项】选项卡

【首选项】选项卡，如图 13-60 所示，主要用于设置高光的点数及其大小。

- 影响 Alpha：当将图像渲染为 32 位文件格式时，此复选框用于决定高光是否影响图像 8 位 Alpha 通道。
- 影响 Z 缓冲区：此复选框用于决定高光是否影响图像的 Z 缓冲区。
- 高光：激活此按钮并设置和其后的微调器，将根据高光到摄影机的距离来衰减高光的亮度。激活此按钮并设置为 500 时的高光效果如图 13-61 所示。

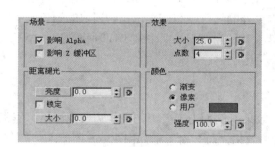

图 13-60 【首选项】选项卡 　　　　　　　图 13-61 设置【亮度】效果

- 锁定：用于锁定【亮度】和【大小】其后的微调参数。
- 大小：激活此按钮并设置其后的微调器，将根据高光到摄影机的距离来衰减高光的大小。
- 大小：用于设置高光的大小。当设置不同【大小】值时产生的效果如图 13-62 所示。
- 点数：用于设置高光生成的射线数量。当设置不同【点数】时的高光效果如图 13-63 所示。

图 13-62 【大小】分别为 10 和 30 的高光效果 　　图 13-63 【点数】为 2 和 5 时的效果

- 渐变：根据【渐变】面板中的设置定义高光颜色。

- 像素：根据高光对象的像素颜色设置高光颜色。
- 用户：根据指定的颜色设置高光颜色。
- 强度：用于控制高光的整体强度。

4.【渐变】选项卡

【渐变】选项卡如图 13-64 所示。当高光颜色设置为【渐变】方式时的图像效果如图 13-65 所示。

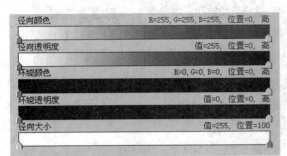

图 13-64 【渐变】选项卡

图 13-65 渐变颜色高光

【径向颜色】和【环绕颜色】用于设置高光由内至外的颜色变化和圆周上的颜色变化，【径向透明度】和【环绕透明度】用于设置高光由内至外的颜色透明度变化和圆周上的颜色透明度变化，【径向大小】用于设置高光在径向上的大小变化，当两端的明暗度不同时将产生长短不一的高光射线。

13.2.3 镜头效果光斑

【镜头效果光斑】用于为场景增加镜头光斑效果。例如当为太阳光指定为节点源后，摄影机中将渲染出近似于真实的镜头光斑效果。【镜头效果光斑】对话框如图 13-66 所示。

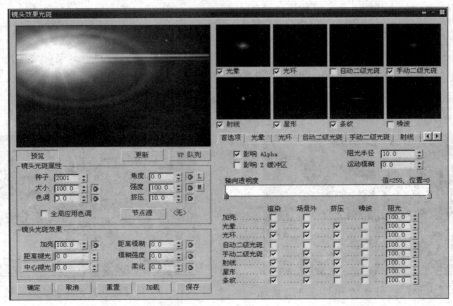

图 13-66 【镜头效果光斑】对话框

- 种子：为镜头效果设置随机效果，不同的种子数可生成略有不同的镜头效果。
- 大小：用于设置整体镜头光斑的大小。
- 色调：当勾选【全局应用色调】复选框后，将控制【节点源】对象中色调的百分比。例如，【节点源】为一个红色的灯光，将【色调】设置为 100 时，镜头光斑将以红色进行显示。
- 全局应用色调：勾选此复选框，将【节点源】对象的色调应用到光斑元素中。
- 角度：用于控制光斑从默认位置开始旋转的数量。
- 强度：用于控制光斑的总体亮度和不透明度。当将【强度】分别设置为 50 和 100 时的镜头光斑效果如图 13-67 所示。

图 13-67 设置不同【强度】时的镜头光斑效果

- 挤压：用于在垂直和水平方向挤压光斑。数值越大镜头光斑的压扁效果越明显。当【挤压】设置为 0 和 50 时的镜头光斑效果如图 13-68 所示。

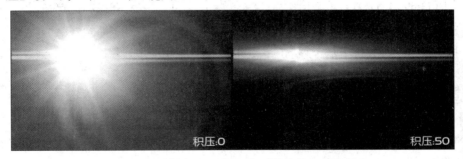

图 13-68 设置不同【挤压】时镜头的光斑效果

- 节点源：用于为镜头光斑效果指定源对象。镜头光斑可以指定场景中的任何对象，但通常指定对象为灯光。
- 加亮：当在【首选项】选项卡【渲染】下，启用了【加亮】时，此参数用于设置影响整个图像的总体亮度。
- 距离褪光：当激活【距离褪光】按钮时，设置其后的参数用于随着与摄影机之间的距离变化而出现镜头光斑淡入淡出的效果。
- 中心褪光：当激活【中心褪光】按钮时，设置其后的参数用于在光斑行的中心附近，二级光斑沿光斑主轴淡入淡出的效果。
- 距离模糊：根据到摄影机之间的距离对光斑进行模糊处理。
- 模糊强度：用于控制【距离模糊】时模糊强度。
- 柔化：用于为镜头光斑提供整体柔化效果。

1.【首选项】选项卡

【首选项】选项卡用于控制是否应用或取消镜头光斑的特殊效果，也用于控制镜头光斑的轴向透明度。【首选项】选项卡如图 13-69 所示。

- 影响 Alpha：当将图像渲染为 32 位文件格式时，此复选框用于决定高光是否影响图像 8 位 Alpha 通道。
- 影响 Z 缓冲区：此复选框用于决定高光是否影响图像的 Z 缓冲区。
- 阳光半径：用于设置光斑中心周围的半径，它确定镜头光斑跟随在另一个对象后时，光斑效果的衰减效果和衰减时间。
- 运动模糊：用于控制是否对镜头光斑产生运动模糊效果以及运动的模糊程度。
- 轴向透明度：使用黑白渐变设置轴向上的透明度，使得二级元素的一侧要比另外一侧亮。
- 渲染：用于指定是否在最终图像中渲染镜头光斑的各个部分。当渲染所有光斑时效果如图 13-70 所示。

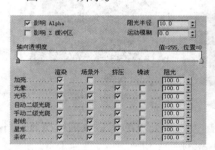

图 13-69 【首选项】选项卡

图 13-70 渲染所有光斑效果

- 场景外：用于设置镜头光斑在场景外是否影响图像效果。
- 挤压：用于设置挤压是否影响镜头光斑的各个部分。
- 噪波：确定挤压是否应用镜头光斑的各个部分。
- 阻光：定义光斑部分被其他对象阻挡时其出现的百分比。

2.【光晕】选项卡

【光晕】选项卡用于控制镜头光斑中光晕的所有效果。【光晕】选项卡如图 13-71 所示，光晕效果如图 13-72 所示。

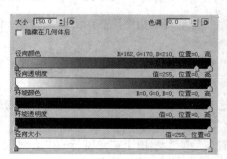

图 13-71 【光晕】选项卡

图 13-72 光晕效果

- 大小：用于控制镜头光斑的光晕直径。
- 色调：用于控制使用节点源色调的百分比。如果节点源为粉色灯光，将【色调】设置为 100 时，将产生粉色的光晕。

- 隐藏在几何体后：将光晕放置在几何体的后面。
- 渐变：使用径向、环绕、透明度和大小渐变来设置光晕效果。

3.【光环】选项卡

【光环】选项卡用于控制镜头光斑中光环的效果。【光环】选项卡如图 13-73 所示，光环效果如图 13-74 所示。

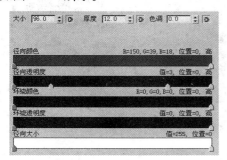

图 13-73　【光环】选项卡

图 13-74　光环效果

- 大小：用于控制光环总体大小。
- 厚度：用于控制光环的厚度。
- 色调：用于控制使用节点源色调的百分比。如果节点源为白色灯光，将【色调】设置为 100 时，将产生白色的光环。
- 渐变：使用径向、环绕、透明度和大小渐变设置光环效果。

4.【自动二级光斑】选项卡

【自动二级光斑】选项卡用于控制镜头光斑中自动二级光斑效果。【自动二级光斑】选项卡如图 13-75 所示，自动二级光斑效果如图 13-76 所示。

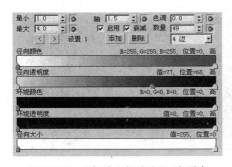

图 13-75　【自动二级光斑】选项卡

图 13-76　自动二级光斑效果

- 最小、最大：用于控制当前二级光斑的最小尺寸和最大尺寸。
- 轴：用于控制自动二级光斑沿其分布轴长度。
- 启用：控制是否激活一个二级光斑组。
- 衰减：控制是否为当前二级光斑组应用轴向褪光。
- 色调：用于控制使用节点源色调的百分比。
- 数量：用于控制当前光斑集中出现的二级光斑数。
- 形状：用于控制当前集中二级光斑的形状。
- 渐变：用于为二级光斑定义渐变。

5.【手动二级光斑】选项卡

【手动二级光斑】选项卡用于控制镜头光斑中手动二级光斑效果。【手动二级光斑】选项卡如图 13-77 所示，手动二级光斑效果如图 13-78 所示。

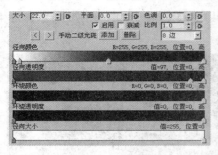

图 13-77 【手动二级光斑】选项卡

图 13-78 手动二级光斑效果

- 大小：用于控制手动二级镜头光斑的大小。
- 平面：控制节点源与手动二级光斑之间的距离。
- 启用：打开或者关闭手动二级光斑效果。
- 衰减：用于确定当前二级光斑集是否有轴向褪光。
- 色调：用于控制使用节点源色调的百分比。
- 比例：用于控制如何缩放二级光斑。
- 图形：控制二级光斑的形状。
- 渐变：为二级光斑定义渐变。

6.【射线】选项卡

【射线】选项卡用于控制镜头光斑中射线效果。【射线】选项卡如图 13-79 所示，射线效果如图 13-80 所示。

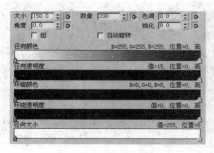

图 13-79 【射线】选项卡

图 13-80 光斑射线效果

- 大小：设置射线从中心向外辐射的长度。
- 角度：设置射线的角度。
- 组：强制将射线分成相同大小的 8 个等距离射线组。
- 数量：设置镜头光斑中出现的射线总数量。
- 自动旋转：此复选框用于产生自动旋转的动画效果。
- 色调：用于控制使用节点源色调的百分比。
- 锐化：用于控制射线的清晰程度。
- 渐变：为射线定义渐变效果。

7.【星形】

【星形】选项卡用于控制镜头光斑中星形效果。【星形】选项卡如图 13-81 所示，星效果如图 13-82 所示。

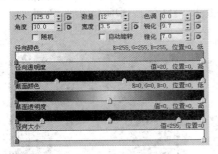

图 13-81　【星形】选项卡　　　　　　　　　图 13-82　星形效果

- 大小：用于设置星形的大小。
- 角度：用于设置星形射线的开始角度。
- 随机：控制星形辐射线围绕光斑中心向外辐射的随机间距。
- 数量：用于设置星形中的射线数。
- 宽度：用于指定单个射线的宽度。
- 自动旋转：将【射线】面板上的【角度】微调器中指定的角度加到【镜头光斑属性】下面的【角度】微调器中设置的角度中。【自动旋转】也确保了在设置光斑动画时，能够保持星形相对于光斑的位置。
- 锥化：控制星形的各射线的锥化效果。

8.【条纹】选项卡

【条纹】选项卡用于控制镜头光斑中条纹效果。【条纹】选项卡如图 13-83 所示，条纹效果如图 13-84 所示。

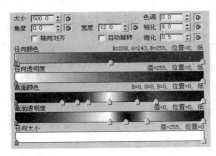

图 13-83　【条纹】选项卡　　　　　　　　　图 13-84　条纹效果

- 大小：用于指定条纹大小占整帧的百分比。
- 角度：用于指定条纹的初始角度。
- 轴向对齐：强制条纹自身与二级光斑轴和镜头光斑自身轴的对齐。
- 宽度：用于设置条纹的宽度。
- 色调：用于控制使用节点源色调的百分比。
- 锐化：用于控制条纹的清晰程度。
- 锥化：设置条纹的各辐射线的锥化。

9.【噪波】选项卡

【噪波】选项卡用于控制镜头光斑中噪波效果。噪波是镜头光斑的搭配效果，用于对光晕、光环、自动二级光斑、手动二级光斑、射线、星形和条纹添加噪波效果。

镜头光斑搭配噪波可以创建出爆炸、火焰和烟雾效果。【噪波】选项卡如图 13-85 所示，由光晕搭配的噪波效果如图 13-86 所示。

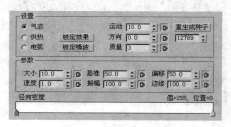

图 13-85 【噪波】选项卡

图 13-86 由光晕搭配噪波的效果

- 气态：一种松散和柔和的噪波效果。在制作云雾时可以得到不错的效果。
- 炽热：一种有明确区域划分的分形噪波效果。
- 电弧：一种明显卷状噪波效果，用于表现电弧效果。
- 锁定效果：将噪波效果锁定至镜头光斑。
- 锁定噪波：将噪波图案锁定在屏幕中。
- 运动：当制作镜头光斑动画时，用于表现噪波飘荡的效果。
- 方向：用于指定噪波效果运动的方向。
- 质量：用于设置噪波生成的质量。参数越高效果越真实，但渲染速度相对减慢。
- 大小：用于设置噪波的大小。
- 速度：用于设置噪波的总体运动速度。
- 基础：设置噪波效果中的颜色亮度。
- 振幅：设置噪波图案中每个部分的最大亮度。
- 偏移：将此参数设置为大于 50 或小于 50，将会产生较柔和的噪波效果。
- 边缘：用于设置分形噪波效果亮区域和暗区域之间的对比度。
- 径向密度：控制从镜头光斑的中心到边缘以径向方式控制噪波效果的密度。

13.2.4 镜头效果光晕

【镜头效果光晕】用于在任意指定的对象周围产生光晕的光环。例如，由灯光产生的灯光光晕效果。【镜头效果光晕】对话框如图 13-87 所示，光晕效果如图 13-88 所示。

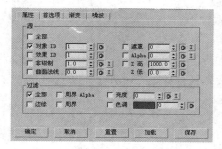

图 13-87 【镜头效果光晕】对话框

图 13-88 镜头效果光晕效果

要打开【镜头效果光晕】对话框，需要执行【渲染】菜单→【Video Post】命令，在打开的视频合成器中单击 （添加场景事件）按钮，选择一个图像输出视图，单击【确定】按钮，然后选中新建的场景事件并单击 （添加图像过滤事件）按钮。在打开的【添加图像过滤事件】对话框中选择过滤器插件列表中的【镜头效果光晕】，单击【确定】按钮，即可完成【镜头效果光晕】的添加。

13.3　本章小结

本章主要讲述了与环境特效和视频合成的相关知识。其中包括环境特效的制作和编辑方法，视频合成器的使用和几种主要图像过滤效果的添加和编辑。希望读者通过本章学习，能够独立制作出丰富多彩的环境特效和图像过滤特效。

13.4　本章习题

1. 填空题

（1）利用【火效果】可以制作_____、_____和_____等动画效果。

（2）【Video Post】主要由_____、_____、_____、_____和_____5 部分组成。

（3）【镜头效果光斑】用于为场景增加_____。例如，当为太阳光指定为节点源后，摄影机中将渲染出近似于真实的镜头光斑效果。

（4）【镜头效果光晕】用于在任意指定的对象周围产生_____。

2. 选择题

（1）使用【环境】面板可以设置背景颜色、环境光，应用曝光控制以及在场景中使用（　　）效果。

　　A）大气　　　　　　B）环境　　　　　　C）镜头　　　　　　D）镜头光晕

（2）下列选项中（　　）不属于大气效果。

　　A）体积雾　　　　　B）火效果　　　　　C）体积光　　　　　D）雨效果

（3）【Video Post】是集成在 3dxMax 内部的一个（　　）。

　　A）光效处理软件　　　　　　　　　　B）特效编辑器

　　C）视频编辑器　　　　　　　　　　　D）视频后期处理软件

（4）下列工具中（　　）用于添加场景事件。

　　A）　　　　B）　　　　C）　　　　D）

3. 判断题（正确 √，错误 ×）

（1）大气效果默认为 4 种，分别为火效果、雾、体积雾和体积光大气。　　　　　（　　）

（2）所有大气效果都必须指定大气装置才能在最终渲染中显示出来。　　　　　　（　　）

（3）在【Video Post】中，工具栏中的 （执行序列）按钮，用于渲染视频合成图像。

　　　　　　　　　　　　　　　　　　　　　　　　　　　　　　　　　　　　（　　）

（4）【镜头效果高光】用于为某些对象指定明亮的星形高光闪烁效果　　　　　　（　　）

（5）【镜头效果光晕】用于为场景增加镜头光斑效果。　　　　　　　　　　　　（　　）

4. 操作题

（1）制作体积雾效果。

操作提示：

1）在场景中创建一个球形 Gizmo，将球形 Gizmo 设置为半球状，并利用【放缩】工具沿 Z 轴放大。

2）打开【环境与效果】中【大气】卷展栏，添加体积雾效果并拾取创建的球形 Gizmo。

（2）制作体积光效果。

操作提示：

创建一个目标聚光灯，打开【环境与效果】中【大气】卷展栏，添加体积光效果并拾取创建的目标聚光灯。

（3）制作火焰效果。

操作提示：

1）在场景中创建一个球形 Gizmo，利用【放缩】工具沿 Z 轴放大。

2）打开【环境与效果】中【大气】卷展栏，添加火效果并拾取创建的球形 Gizmo。

（4）制作镜头效果高光。

操作提示：

1）执行【渲染】菜单→【Video Post】命令，在打开的视频合成器中，单击 （添加场景事件）按钮，选择一个图像输出视图，再单击【确定】按钮。

2）选中新建的场景事件并单击 （添加图像过滤事件）按钮，在打开的【添加图像过滤事件】对话框中，选择过滤器插件列表中的【镜头效果高光】，再单击【确定】按钮，完成【镜头效果高光】的添加。

第 14 章　制作卧室效果图

教学目标

掌握室内效果图制作的基本流程，室内饰品、植物、灯具、床以及布艺等常用模型的制作和材质调节方法，以及摄影机和灯光的布置方法。通过卧室效果图制作的学习，能够独立制作出餐厅、客厅等其他室内效果图

教学重点与难点

➤ 制作室内饰品、植物、灯具、床以及布艺
➤ 各种常见材质的调节方法
➤ 设置摄影机和灯光

14.1　制作卧室效果

在制作卧室效果图之前，首先要了解室内建筑效果图的制作步骤。根据不同用户的制作习惯，效果图的制作步骤也稍有不同。很多用户喜欢每制作一个模型就赋予并编辑其材质效果，直到整个场景完成制作。但由于材质涉及到引入外部图像和积累大量的材质数据，所以会占用太多的显存空间和运算资源，这样在场景制作中也容易出现各种错误。所以通常是先完成模型的建造，然后赋予材质，最后为场景设置灯光及摄影机并最终渲染输出图像。而在建筑领域通常还要对渲染的图像文件利用 Photoshop 图像编辑软件进行后期处理。

在制作建筑效果图时，注意保留单独的模型文件以便在完成其他效果图制作时，可以很方便地在模型库中调用场景配件，例如，灯具、插件、沙发、餐桌和橱柜等。下面将制作卧室的场景模型。本例最终效果见下图。

卧室效果图

制作思路

利用第 3 至第 8 章所学知识，使用图形创建工具、挤出修改器、几何体编辑工具创建房间模型，然后利用几何体创建工具依次制作室内各种配件模型，包括床模型、沙发模型、电视模型、音箱模型和各种装饰模型等。

根据第 9 章材质的编辑知识，依次对创建的模型进行材质指定和编辑，并对指定材质的模型应用 UV 贴图修改器，使其产生正确的贴图效果。

运用第 10 章学习的灯光和摄影机知识，对场景进行光效模拟和调节。首先利用阵列灯光添加模拟天光、室内自然光和人工光源，然后利用目标平行光进行阳光光效的模拟。

最后调节合适的渲染尺寸进行最终渲染，下面是本例制作流程图。

制作流程图（见下图）

利用 线 、挤出修改器、布尔 和编辑网格物体中 倒角 等工具创建房间模型。

利用 长方体 、 圆柱体 、 线 、挤出修改器和编辑网格物体等工具制作室内配件模型。

利用 长方体 、 线 、 管状体 、挤出修改器、车削修改器、编辑网格模型等工具制作室内装饰模型。

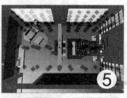

打开材质编辑器，为场景中模型指定材质，并进行设置标准材质。

使用 泛光灯 、 目标平行光 、 自由线光源 、 目标面光源 等灯光类型为场景设定光源。

利用 3ds max 渲染器对场景进行最终渲染。

卧室效果制作流程图

建筑效果表现或装饰设计效果表现中的模型形状通常非常简单，制作方式相对角色模型、风景模型等简单许多。所以本例中制作过程仅提供模型的制作方式、基础模型尺寸、模型结果样式图片和模型位置摆放图片，具体制作过程不一一展示。根据前面章节所学知识，完全能够理解本例中的内容。希望读者以开阔的思维方式学习本章内容，在模型制作过程中可以夹带自己的喜好进行学习和创作。

1. 创建房间模型

具体操作步骤：

1 重新设置系统，并在【单位设置】对话框中将文件单位设置为毫米。

2 单击图形创建面板中的【矩形】按钮，在顶视图中创建一个【长度】、【宽度】分别为 5 000、8 000 的矩形，如图 14-1 所示，参数如图 14-2 所示。

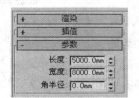

图 14-1　创建矩形　　　　　　　　　图 14-2　矩形参数

3 将绘制的矩形转换为可编辑样条线，然后继续创建一个【长度】为 2 600，宽度为 500 的矩形，并将其摆放到第一个矩形的右侧中心位置，如图 14-3 所示。

4 选择第 1 个创建的矩形，打开修改面板，打开【几何体】卷展栏，单击【附加】按钮，并单击视口中第 2 个创建的矩形，将其附加到当前图形。

5 选择可编辑样条线的【样条线】子对象级别。选择第 1 个矩形，单击【布尔】按钮，然后单击【布尔】后侧的 ⊘（差集）方式按钮，再单击视口中第 2 个矩形，完成布尔运算，效果如图 14-4 所示。

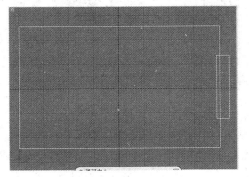

图 14-3　两矩形的摆放位置

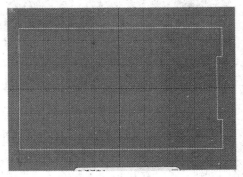

图 14-4　布尔运算后的图形

6 选择已经编辑的图形，从修改面板中选择【挤出】命令，并将【数量】设置为 3 000，模型效果如图 14-5 所示

7 将挤出的模型转化为可编辑网格，选择凸出的两个多边形，如图 14-6 所示。激活【编辑几何体】卷展栏中【切片平面】按钮，将切片放置到 Z 轴向 300mm 位置，单击【切片】按钮，继续将切片放置到 Z 轴向 2 800mm 位置，单击【切片】按钮。

8 选择【顶点】子对象级别，激活【焊接】组中【目标】按钮，将新增边上的多余顶点焊接到两条边相交的顶点处，如图 14-7 所示。

图 14-5　绘制两个矩形的相对位置

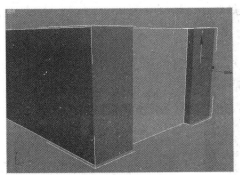

图 14-6　挤出模型的放置位置

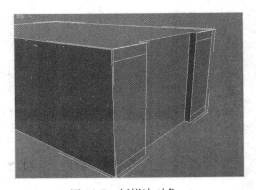

图 14-7　新增边对象

9 选择凸出位置的中间两个多边形，并在修改面板【挤出】右侧的文本框中输入 100，按键盘回车键，完成窗口挤出操作，效果如图 14-8 所示。

10 选择挤出的多边形，使用【挤出】和【倒角】命令，将其挤出 0.01mm，并向内倒角 50mm，然后使用【切片】工具，将倒角后的多边形切割成 7 段，再使用【焊接】命令对多余的顶点进行焊接操作，效果如图 14-9 所示。

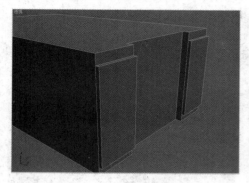

图 14-8　挤出窗口

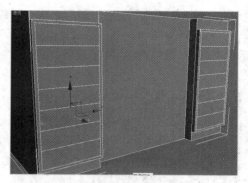

图 14-9　分割多边形

11 选择中间的分割线，使用【切角】命令对其进行 25mm 切角处理，如图 14-10 所示。

12 选择如图 14-11 所示的多边形，使用【挤出】命令对其进行 50mm 挤出操作，完成窗格的创建；并在挤出后将选择的多边形删除，以便使光线照射到室内，效果如图 14-12 所示。

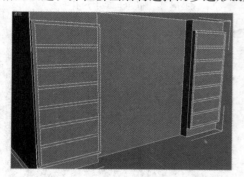

图 14-10　切角处理

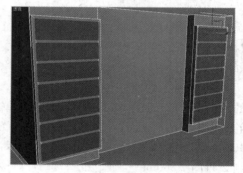

图 14-11　选择需要挤出的多边形

13 使用【切片】工具，对房间模型左侧墙面进行切割操作，并对切割的表面挤出，效果如图 14-13 所示。

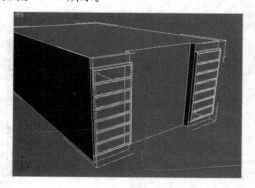

图 14-12　删除多余的多边形

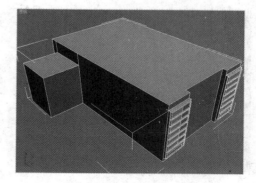

图 14-13　挤出多边形

14 创建一个长度为 2 800mm，高度为 1 800mm，宽度为 300mm 的立方体，为布尔剪切出窗口做准备；配合 Shift 键复制出另外一个立方体，用于布尔剪切出另外一个窗口；将其摆放到如图 14-14 的位置上。

15 选择房屋模型，打开创建面板的复合对象创建面板，选择【布尔】命令，然后单击【拾取操作对象 B】按钮，再单击创建的窗口模型，完成布尔操作，效果如图 14-15 所示，将房间剪切出两个窗洞。

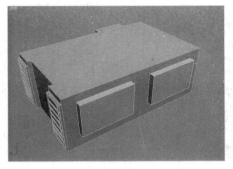

图 14-14　创建窗口立方体

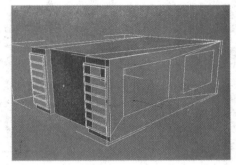

图 14-15　完成窗口的布尔剪切

16 选择窗口处的边配合"Shift"键，沿 Y 轴向移动选择的边，形成伸出的多边形，如图 14-16 所示。

17 打开【多边形】子对象级别，单击【编辑几何体】卷展栏中【创建】按钮，依次单击每个窗口的 4 个顶点。以形成新的几何体表面，完成窗口封闭操作如图 14-17 所示。如果完成创建操作后仍然没有看见封闭的表面，则是表面法线翻转所致，需要对新建的标记进行法线翻转。

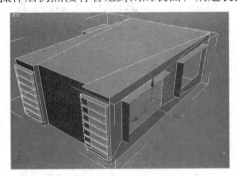

图 14-16　使用复制方式创建窗口厚度

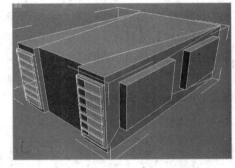

图 14-17　完成窗口封闭操作

18 重复 10 至 12 步的操作方式完成窗格的制作，如图 14-18 所示。然后删除挤出时选择的多边形，如图 14-19 所示。

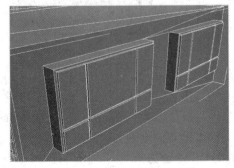

图 14-18　完成窗口窗格的制作

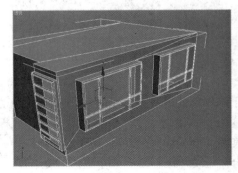

图 14-19　删除选择的多边形

19 选择房屋模型的所有多边形，单击【曲面属性】卷展栏中【翻转】按钮，完成多边形翻转操作，如图 14-20 所示。

20 创建一个长度为 4 940mm，宽度为 7 800mm，高度为 200mm 的立方体，作为房间吊顶模型，并将其放置到室内顶部中央处，如图 14-21 所示。

图 14-20　翻转房屋模型表面

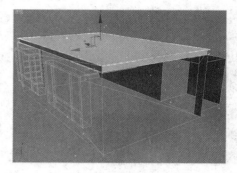

图 14-21　创建顶部多边形

2. 制作室内配件模型

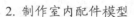具体操作步骤：

1 创建一个长度为 2 600mm，宽度为 200mm，高度为 2 800mm 的立方体，用于创建电视背景墙模型，如图 14-22 所示。

2 将创建的隔断模型转化为可编辑网格，利用【切片】工具在如图 14-23 所示位置进行切片处理，并将切割部分【分离】为另外一个物体，然后利用【立方体】和【圆柱体】制作如图 14-24 所示的框架。

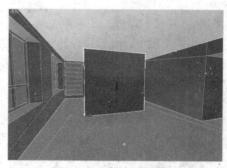

图 14-22　创建隔断模型

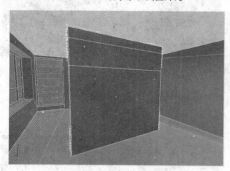

图 14-23　进行切片处理

图 14-24　创建隔断框架

3 创建一个长度为 1 580mm，宽度为 390mm，高度为 20mm 的立方体并放置到地面上，用于制作电视柜地脚模型；在刚刚创建的立方体之上创建一个长度为 1 600mm，宽度为 400mm，高度为 8mm 的立方体，用于制作电视柜底板；继续创建一个长度为 1 590mm，宽度为 390mm，高度为 200mm 的立方体，用于制作电视柜柜体模型；将其放置到刚刚创建的两个立方体之上，配合"Shift"键复制第 2 个创建的立方体，将其放置到上一个立方个之上，用于制作电视柜顶板；搭建的电视柜如图 14-25 所示。详细模型效果见配套光盘第 14 章配套模型。

4 创建 3 个长度为 185mm，宽度为 525mm，高度为 8mm 的立方体作为抽屉挡板，并放置到如图 14-26 所示的位置，创建一个长度为 700mm，宽度为 1 500mm，高度为 400mm 的立方体，用于抽屉模型制作，如图 14-27 所示。

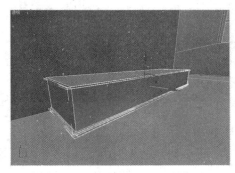

图 14-25　创建多个立方体

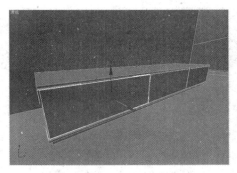

图 14-26　创建电视柜抽屉挡板

5 创建 6 个长度为 347mm，宽度为 496mm，高度为 40mm 的立方体作为抽屉挡板，并将其按照图 14-28 所示的位置摆放。

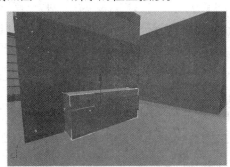

图 14-27　创建立方体

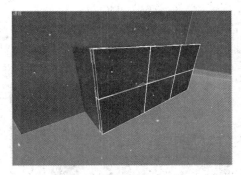

图 14-28　创建抽屉挡板

6 创建一个长度为 1 000mm，宽度为 5 100mm，高度为 40mm 的立方体，用于制作背景造型墙的灯体挡板，并将其放置到图 14-29 所示的位置。

7 创建 8 个半径为 10mm，高度为 1 200mm 的圆柱体作为 t5 灯光，并将其摆放到背景造型墙的灯体挡板后，位置如图 14-30 所示。

图 14-29　创建立方体

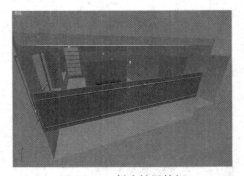

图 14-30　创建抽屉挡板

8 利用【切片】工具和【挤出】工具对窗口中央的多边形进行挤出操作，最终效果如图 14-31 所示。

9 创建一个长度为 1 500mm，宽度为 2 100mm，高度为 320mm 的立方体；再创建一个【背面长度】为 280mm，【侧面长度】为 1 400mm，【前面长度】为 280mm，【背面宽度】、【侧面宽度】和【前面宽度】分别为 100mm，【高度】为 280mm 的 C 型墙。将两个物体按照图 14-32 所示摆放。

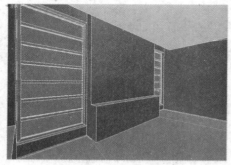

图 14-31　挤出墙体厚度

图 14-32　摆放床体模型

10 创建一个长度为 480mm，宽度 380mm，高度为 20mm 的立方体；用于制作床头柜地脚模型；创建两个长度为 500mm，宽度为 400mm，高度为 8mm 的立方体；用于制作床头柜地板；再创建一个长度为 486mm，宽度为 390mm，高度为 290mm 的立方体；用于制作床头柜柜体；最后创建两块长宽高分别为 486mm×8mm×170mm 和 486mm×8mm×105mm 的抽屉挡板，并按照图 14-33 所示的方式摆放。

11 配合 "Shift" 键向右侧复制床头柜模型，效果如图 14-34 所示。

图 14-33　创建床头柜

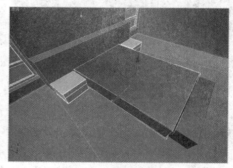

图 14-34　复制床头柜

12 在前视图中绘制液晶电视截面效果的曲线，效果如图 14-35 所示。

13 选择绘制的曲线，打开修改面板为选择的曲线应用【挤出】修改器，将【挤出】的【数量】设置为 1 420mm，效果如图 14-36 所示。

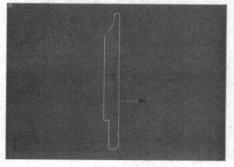

图 14-35　创建截面线

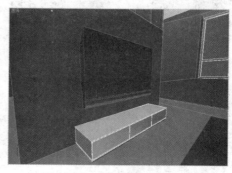

图 14-36　应用【挤出】命令

14 在顶视图中绘制两个圆柱体，并将其摆放到液晶电视两端靠后的位置，再使用布尔运算命令对液晶模型和两个圆柱体进行差值计算。

15 将布尔计算后的模型转化为可编辑的网格模型，然后使用【挤出】和【倒角】命令将其向内挤压倒角出一个液晶显示板，其效果如图 14-37 所示。

绘制 DVD 影碟机截面线并利用【挤出】修改器将其挤出为实体模型，然后利用【切片】和【挤出】工具将 DVD 碟仓挤出，再使用圆柱体和油桶工具创建出 DVD 影碟机垫脚和按钮，如图 14-38 所示。

图 14-37　倒角形成屏幕

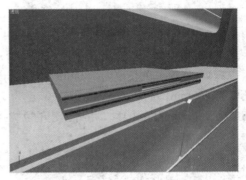

图 14-38　制作 DVD 影碟机

16 创建一个长度为 400mm，宽度为 300mm，高度为 120mm 的立方体，用于制造音频功放器；创建两个【背面长度】和【前面长度】为 20mm，【侧面长度】为 50mm，【背面宽度】、【侧面宽度】和【前面宽度】为 5mm，【高度】为 120mm 的 C 型墙，并将创建的模型按照图 14-39 所示方式摆放。

利用【挤出】和【倒角】命令创建功放器的控制台面，并使用圆柱体和立方体制作功放器的控制键，如图 14-40 所示。

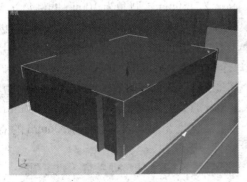

图 14-39　制作功放器

图 14-40　完成功放器制作

17 创建一个长度为 150mm，宽度为 100mm，高度为 1000mm 的立方体，然后将其转化为可编辑的网格模型，使用【切角】命令将其编辑为弧面音箱模型，如图 14-41 所示。

18 在窗口处创建长度为 50mm，宽度为 30mm，高度为 2 900mm 的立方体，用于制作百叶窗固定架；将其放置到窗口顶部；再创建一个长度为 30mm，宽度为 3mm，高度为 2 750mm 的立方体，用于制造窗口百叶，将其选择合适角度；配合 "Shift" 键沿 Z 轴向向下移动复制出多个立方体；完成一个百叶模型，将创建完成的多个立方体复制到另外一个窗口中，效果如图 14-42 所示。

图 14-41　制作音箱模型

图 14-42　制作百叶模型

19 利用【放样】工具创建窗帘模型，效果如图 14-43 所示。

20 创建一个长度为 780mm，宽度为 1 560mm，高度为 30mm 的立方体；继续创建一个长度为 700mm，宽度为 1 500mm，高度为 150mm 的立方体；再创建 4 个长度和宽度为 80mm，高度为 200mm 的立方体，并将创建的立方体按图 14-44 所示的方式摆放，完成沙发底座模型。

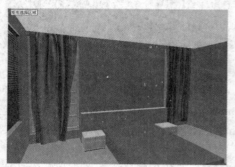

图 14-43　放样窗帘模型

图 14-44　制作沙发底座

21 创建一个长度为 780mm，宽度为 700mm，高度为 150mm，圆角为 10mm 的倒角立方体；创建一个长度为 300mm，宽度为 700mm，高度为 150mm，圆角为 10mm 的倒角立方体；创建两个长度为 300mm，宽度为 780mm，高度为 150mm，圆角为 10mm 的倒角立方体；按照图 14-45 所示方式摆放，然后分别在每个倒角立方体后侧创建一个厚度为 30mm 的挡板，完成沙发模型。

22 创建一个长度为 800mm，宽度为 500mm，高度为 150mm，圆角为 10mm 的倒角立方体，创建一个长度为 800mm，宽度为 500mm，高度为 30mm 的立方体；创建一个长度为 700mm，宽度为 420mm，高度为 150mm 的立方体；创建 4 个长度、宽度为 80mm，高度为 200mm 的立方体。将它们按照图 14-46 所示方式摆放，完成沙发垫脚模型制作。

图 14-45　完成沙发创建

图 14-46　完成制作沙发垫脚

　　3. 制作装饰模型

具体操作步骤：

1 创建一个长度为 500mm，宽度为 2 200mm，高度为 150mm 的立方体；创建一个长度为 400mm，宽度为 2 100mm，高度为 150mm 的立方体；创建 4 个长度、宽度为 80mm，高度为 200mm 的立方体。将创建的立方体按照图 14-47 所示方式摆放，完成书架模型的制作。

2 创建一个半径为 150mm，高度为 30mm 的圆柱体，作为地灯底座模型。继续创建一个半径为 5mm，高度为 1 600mm 的圆柱体，作为地灯支架模型。再创建一个【半径 1】为 150mm，【半径 2】为 200mm，高度为 200mm 的圆锥体；作为地灯灯罩模型。将创建的圆柱体和圆锥体按照图 14-48 所示方式摆放，完成地灯模型的制作。

图 14-47　完成书架制作

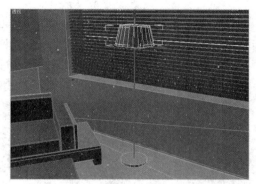

图 14-48　制作台灯

3 创建一个长度为 750mm，宽度为 650mm，高度为 40mm 的立方体；创建一个长度、宽度和高度分别为 500mm 的立方体，将利用创建的两个立方体编辑为相框模型。如图 14-49 所示。

4 将创建的立方体转化为可编辑网格模型，配合【挤出】和【倒角】命令将相框模型的边框创建出来，如图 14-50 所示。

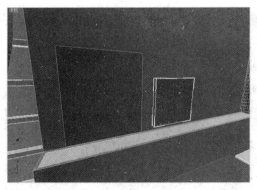

图 14-49　制作相框模型

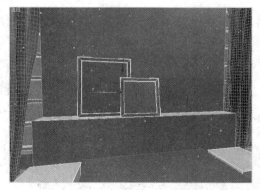

图 14-50　完成相框模型

5 创建一个长度为 50mm，宽度为 20mm，高度为 150mm，圆角为 2mm 的倒角立方体；创建一个半径为 60mm，高度为 40mm，圆角为 2mm 的倒角圆柱体，用于制作电话模型，如图 14-51 所示。

6 利用布尔运算将圆柱体裁掉一部分。将倒角立方体转化为可编辑的网格模型，利用【切片】和【倒角】工具将手机屏幕及手机按键制作出来，如图 14-52 所示。

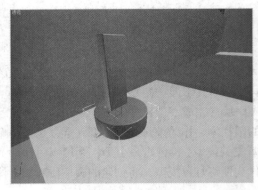

图 14-51　创建基础模型

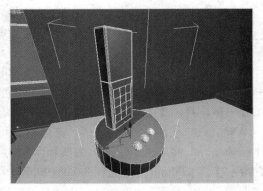

图 14-52　完成电话模型

7 创建一个长度为 120mm，宽度为 50mm，高度为 200mm 的立方体；创建一个半径为 50mm，高度为 50mm 的圆柱体，用于闹表模型制作。如图 14-53 所示。

8 使用布尔运算对立方体和圆柱体进行差值运算，然后按如图 14-54 所示的样式，在布尔剪切后的圆形表盘中创建闹表的时针和分针模型。

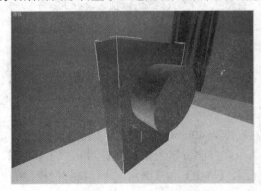

图 14-53　创建闹表模型

图 14-54　完成闹表模型

9 创建书本大小的多个立方体，并使用【移动和旋转】工具将其摆放为如图 14-55 所示的效果。

10 绘制蜡烛台半截面，如图 14-56 所示。

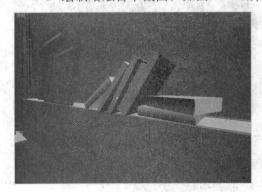

图 14-55　创建书本模型

图 14-56　绘制蜡烛台半截面

11 为绘制的蜡烛台半截面应用【车削】修改器，完成蜡烛台模型创建，如图 14-57 所示。

12 绘制张开书本模型的截面，如图 14-58 所示。

图 14-57 完成蜡烛台模型创建

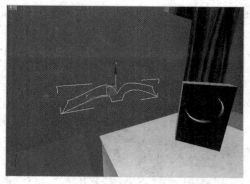

图 14-58 绘制书本截面

13 为绘制的截面应用【挤出】修改器，并使用【移动和选择】工具将其放置到床头柜上，如图 14-59 所示。

14 利用【立方体】工具创建多个书本模型，并使用【移动和选择】工具将其调整为如图 14-60 所示的效果。

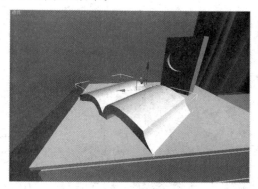

图 14-59 完成书本模型创建

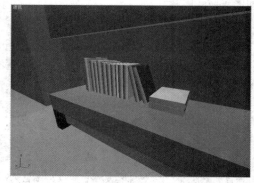

图 14-60 创建多本书模型

15 绘制咖啡杯半截面并为其应用【车削】修改器，效果如图 14-61 所示。

16 绘制艺术花瓶半截面并为其应用【车削】修改器，效果如图 14-62 所示。

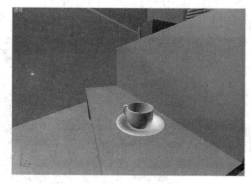

图 14-61 创建咖啡杯模型

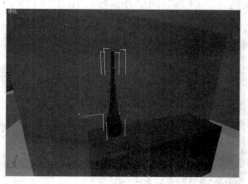

图 14-62 创建艺术花瓶模型

17 复制创建的艺术花瓶，并为两个花瓶应用【弯曲】修改器和【扭曲】修改器，效果如图 14-63 所示。

18 绘制书本半截面并为其应用【挤出】修改器，再使用【移动和选择】工具将其放置到茶几上，如图 14-64 所示。

图 14-63　完成艺术花瓶模型创建

图 14-64　完成书本模型创建

19 在茶几下方创建一个半径为 900mm，厚度为 8mm 的圆形地毯，地毯模型位置如图 14-65 所示。

20 在床的下方创建一个长度为 2 200mm，宽度为 1 500mm 的立方体作为方形地毯模型，如图 14-66 所示。

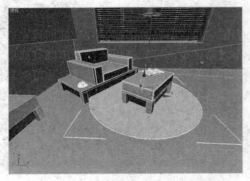

图 14-65　创建茶几圆形地毯模型

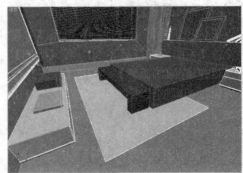

图 14-66　完成床下长方形地毯模型

21 创建一个倒角立方体作为床垫模型。在床垫模型上创建立方体并转化为可编辑的网格模型，然后调节顶点并最终应用【网格平滑】修改器，创建枕头模型如图 14-67 所示。

22 利用编辑网格创建一个被子模型，如图 14-68 所示。

图 14-67　创建床垫和枕头模型

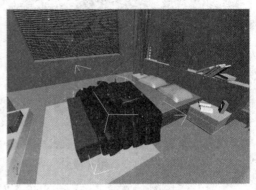

图 14-68　创建被子模型

4. 为模型指定材质

🐟**具体操作步骤：**

1 场景中所有模型不同材质的多边形使用分离功能将其分离出来，并为每个模型指定所需的材质。

2 选择地面模型，打开材质编辑器，选择第一个材质示例球，单击【将材质指定给选择对象】按钮，为地面指定材质。然后单击【Blinn 基本参数】卷展栏中【漫反射】右侧空白按钮，打开【材质/贴图浏览器】，双击【位图】项目，为地面指定砂岩贴图材质，将【高光级别】设置为 57，【光泽度】设置为 30。将【贴图】卷展栏中【慢反色颜色】按钮按住拖曳到【凹凸】右侧空白按钮上，并为【反射】应用【光线跟踪】贴图，将反射数量设置为 5，地面材质效果如图 14-69 所示。

3 选择墙面模型，打开材质编辑器，选择第 2 个材质示例球，单击【将材质指定给选择对象】按钮，打开【材质/贴图/浏览器】，选择【位图】项目，为墙面指定四孔水泥板贴图。在【贴图】卷展栏中将【漫反射颜色】贴图拖曳到【凹凸】右侧空白按钮上，让墙面材质产生凹凸效果，如图 14-70 所示。

图 14-69　为地面指定材质

图 14-70　为墙面指定材质

4 选择棚面和电视背景墙模型指定第 3 个材质，并载入一个浅色纹理，将纹理图片复制到【凹凸】贴图，如图 14-71 所示。

5 选择沙发后面的背景墙模型，将第 4 个材质球指定给它，将【慢反射颜色】指定一个大理石贴图，并将【慢反射颜色】贴图复制到【凹凸】贴图中。单击【贴图】卷展栏中【反射】右侧的空白按钮，在打开的【材质/贴图/浏览器】中选择【光线跟踪】贴图，并将【反射数量】设置为 10，效果如图 14-72 所示。

图 14-71　为墙面指定材质

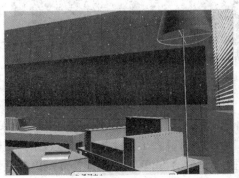

图 14-72　为背景石材指定材质

6 按照以上材质编辑方法为卧室模型指定材质，如图 14-73 所示。剩余材质多为单色反光材质，对这类材质设置合理颜色。为【反射】贴图指定一个【光线跟踪】贴图，并调整反射数量，其他模型材质效果如图 14-74 所示。

图 14-73　为卧室模型指定材质　　　　　　图 14-74　为其他模型指定材质

5. 设定灯光

具体操作步骤：

1 在完成材质编辑后需要为场景设定灯光，在学习灯光设定之前需要对光线有一定了解。在制作效果图当中通常需要考虑天空光、太阳光、人工光源这三种光线，如果要达到更好的效果表现，需要多考虑环境反弹光线产生的效果，即通常所说的色溢或颜色出血效果。

2 创建一个【长度】为 1 800mm，【高度】为 2 800mm 的【自由面光源】，将【强度/颜色/分布】卷展栏中【过滤颜色】设置为 RGB128、194、255，并将【强度】设置为 2 500cd，用于模拟天空光。将创建的灯光使用【移动旋转】工具移动至大窗口外，并配合"Shift"键复制到另外一个大的窗口外。继续创建一个【长度】为 2 400mm，【宽度】为 1 100mm 的【自由面光源】，并将其放置到小窗口外，配合 Shift 键复制到另外一个窗口上，如图 14-75 所示。室外天空光效果如图 14-76 所示。

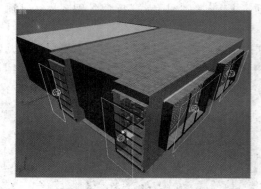 

图 14-75　模拟室外天空光　　　　　　　图 14-76　室外天空光效果

3 在室内窗口位置创建一盏泛光灯，将【倍增】值设置为 0.02，颜色设置 RGB 为 236、246、250，勾选使用【远距衰减】并将【结束】设置为 10 000mm，将【阴影贴图参数】中【偏移】设置为 0，【大小】设置为 256，【采样范围】设置为 12，在【高级效果】中将【高光反射】取消勾选。配合 Shift 键在窗口处复制出多盏灯光物体，使用关联复制，则调整一盏灯光后其他灯光都进行同步调整，如图 14-77 所示。室内天空光效果如图 14-78 所示。

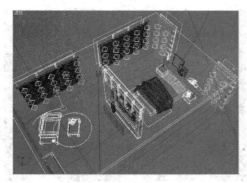
图 14-77 模拟室内天空光

图 14-78 室内天空光效果

4 创建多个【自由线光源】。第一盏灯光【强度】设置为 2 000cd，【长度】设置为 5 000mm，【区域灯光采样】卷展栏中【采样数】设置为 1024，关联复制出另外灯光作为沙发背景的灯光。第二盏灯光【强度】设置为 2 000cd，【长度】设置为 2 500mm，【区域灯光采样】卷展栏中【采样数】设置为 1024，并关联复制出另外一个灯光作为电视背景墙灯光。光源分布如图 14-79 所示，人工光源效果如图 14-80 所示。第三个灯光【强度】设置为 800cd，【长度】设置为 2400mm，【区域灯光采样】卷展栏中【采样数】设置为 1 024，并关联复制出另外灯光作为床头背景灯光。灯光分布及灯光效果如图 14-81 和图 14-82 所示。

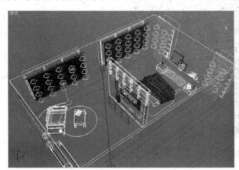
图 14-79 模拟人工光源

图 14-80 人工光源效果

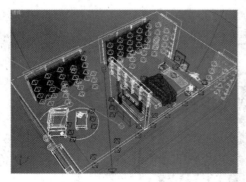
图 14-81 补充天光环境

图 14-82 灯光效果

5 创建一个目标平行光，并放置到合适位置。应用【区域阴影】，将灯光颜色设置为 RGB255、240、190，将【平行光参数】的聚光区/光束设置为 20 000mm。目标平行光在场景中的位置如图 14-83 所示，渲染效果如图 14-84 所示。

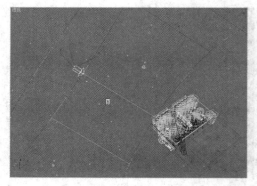

图 14-83　模拟太阳光

图 14-84　太阳光效果

6 创建一个【倍增】值为 0.03，灯光颜色 RGB255、193、165 的泛光灯。启用【阴影贴图】，勾选【远距衰减】，将【结束】设置为 10 000mm，将【高级效果】中【高光反射】去除勾选。将【阴影贴图参数】卷展栏中【偏移】设置为 0，【大小】设置为 256。将【采样范围】设置为 12，将创建的泛光灯关联复制出多个场景光源补充。灯光分布如图 14-85 所示。

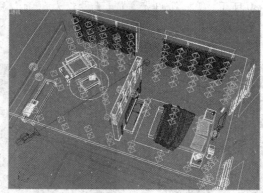

图 14-85　完成灯光分布

6. 渲染模型

具体操作步骤：

按 M 键打开渲染器，在渲染器中选择合适的渲染尺寸进行渲染输出，最终渲染效果如图 14-86 和图 14-87 所示。

图 14-86　渲染效果

图 14-87　最终渲染效果

　　如果希望得到更为真实的渲染结果，可以参看海洋出版社出版的《3ds max 超级渲染器：焦散之王 VRay 培训讲座》一书，其中对 3ds max 外接渲染器 VRay 进行了详细讲解。

14.2　本章小结

　　本章以制作卧室效果图为例，学习了室内建筑效果图的制作方法。在本例中以灯光阵列配合默认扫描线渲染器对场景进行最终光影表现，然后使用 Photoshop 进行后期编辑。关于 Photoshop 的使用方法在此不再详细讲解。

14.3　本章习题

简述题

（1）简述室内建筑效果图的制作步骤。

（2）简述灯光布置需要制作的几种光源元素及各种光源元素的布置要领。

部分习题参考答案

第 2 章

1. 填空题

(1) Autodesk　建模　材质编辑　动画制作　脚本编辑　视频合成　渲染动画输出

(2) 建筑效果图　工业产品设计　电视广告　游戏场景　三维动画　电影特技　特效

(3) 视图观察　加快显示刷新

(4) 时间输出　输出大小　渲染输出格式

2. 选择题

(1) C　　　(2) A　　　(3) D　　　(4) B

第 3 章

1. 填空题

(1) 毫米　厘米　米　千米

(2) 3ds Max 调色板　AutoCAD ACI 调色板

(3) 四面体　八面体　二十面体

(4) 0 − 1　1

(5) 圆形软管　长方形软管　D 截面软管

2. 选择题

(1) A　　　(2) C　　　(3) C　　　(4) B

第 4 章

1. 填空题

(1) 并集运算　交集运算　差集运算　切割

(2) 路径　截面

(3) 图形步数　路径步数

(4) 缩放　扭曲　倾斜　倒角　拟合

2. 判断题

(1) ×　　(2) ×　　(3) ×　　(4) √　　(5) √　　(6) ×

第 5 章

1. 填空题

(1) 枢轴门　推拉门　折叠门

(2) 遮篷式窗　平开窗　固定窗　旋开窗　伸出式窗　推拉窗

(3) 植物　墙　栏杆

(4) 直线楼梯　L 型楼梯　U 型楼梯　螺旋楼梯

2. 选择题

(1) D　　　(2) ABC　　　(3) A　　　(4) C

3. 判断题

(1) √　　　(2) ×

第 6 章

1. 判断题

(1) √　　　(2) √　　　(3) √　　　(4) ×　　　(5) ×　　　(6) √

2. 选择题

(1) D　　　(2) B　　　(3) B　　　(4) A

第 7 章

1. 填空题

(1) 对象级别　对象子级别

(2) 随机形状　制作随机形态变化

(3) 锥体效果　曲率锥体效果　局部锥体效果

(4) 移动控制点

2. 选择题

(1) A　　　(2) A D　　　(3) A　　　(4) C

3. 判断题

(1) ×　　　(2) ×　　　(3) ×

第 8 章

1. 填空题

(1) 点曲面　CV 曲面

(2) NURBS 曲面

(3)【点】　【曲面】　【曲面 CV】　【曲线】　【曲线 CV】

(4) 点工具　曲线工具　曲面工具

2. 选择题

(1) B　　　(2) A　　　(3) C　　　(4) B

3. 判断题

(1) √　　　(2) ×　　　(3) ×

第 9 章

1. 填空题

(1) 纹理　质感

(2) 材质库　材质库

(3) 不同材质　复合材质

(4)【反射】　【折射】　反射材质　折射材质

2. 选择题

(1) C　　(2) D　　(3) D　　(4) A

3. 判断题

(1) ✓　　(2) ×　　(3) ×

第10章

1. 填空题

(1) 目标聚光灯　自由聚光灯

(2) 倒数　平方反比

(3) 景深　运动模糊

(4) 九　45mm

2. 选择题

(1) B　　(2) D　　(3) D　　(4) C

3. 判断题

(1) ×　　(2) ✓　　(3) ×　　(4) ✓

第11章

1. 填空题

(1) 不可渲染　对象形变

(2) 自然重力　方向　下方

(3) 阻挡

(4) 同心波纹

2. 选择题

(1) A　　(2) C　　(3) B　　(4) D

3. 判断题

(1) ×　　(2) ✓　　(3) ×　　(4) ×

第12章

1. 填空题

(1) 自动关键点　设置关键点

(2) 帧速率　时间显示　播放　动画　关键帧步幅

(3) 关键点

(4) 曲线编辑器　摄影表

2. 选择题

(1) C　　　(2) A　　　(3) B　　　(4) D

3. 判断题

(1) √　　　(2) ×　　　(3) ×

第 13 章

1. 填空题

(1) 火焰　烟雾　爆炸

(2) 工具栏　序列窗口　编辑窗口　状态栏　视图操作

(3) 镜头光斑效果

(4) 光晕和光环

2. 选择题

(1) A　　　(2) D　　　(3) D　　　(4) B

3. 判断题

(1) √　　　(2) ×　　　(3) √　　　(4) √　　　(5) ×

读者回函卡

亲爱的读者：

　　感谢您对海洋智慧IT图书出版工程的支持！为了今后能为您及时提供更实用、更精美、更优秀的计算机图书，请您抽出宝贵时间填写这份读者回函卡，然后剪下并邮寄或传真给我们，届时您将享有以下优惠待遇：

- 成为"读者俱乐部"会员，我们将赠送您会员卡，享有购书优惠折扣。
- 不定期抽取幸运读者参加我社举办的技术座谈研讨会。
- 意见中肯的热心读者能及时收到我社最新的免费图书资讯和赠送的图书。

姓　名：＿＿＿＿＿＿＿　　性　别：□男 □女　　年　龄：＿＿＿＿＿

职　业：＿＿＿＿＿＿＿＿＿＿　　爱　好：＿＿＿＿＿＿＿＿＿＿＿＿

联络电话：＿＿＿＿＿＿＿＿＿　　电子邮件：＿＿＿＿＿＿＿＿＿＿＿

通讯地址：＿＿＿＿＿＿＿＿＿＿＿＿＿＿＿＿＿　　邮编：＿＿＿＿＿

1 您所购买的图书名：＿＿＿＿＿＿＿＿＿＿＿　　购买地点：＿＿＿＿＿

2 您现在对本书所介绍的软件的运用程度是在：□ 初学阶段　□ 进阶／专业

3 本书吸引您的地方是：□ 封面　□ 内容易读　□ 作者　□ 价格　□ 印刷精美

　　□ 内容实用　□ 配套光盘内容　　其他＿＿＿＿＿＿＿＿＿＿

4 您从何处得知本书：□ 逛书店　　□ 宣传海报　　□ 网页　　□ 朋友介绍

　　□ 出版书目　□ 书市　　　其他＿＿＿＿＿＿＿＿＿

5 您经常阅读哪类图书：

　　□ 平面设计　□ 网页设计　□ 工业设计　□ Flash 动画　□ 3D 动画　□ 视频编辑

　　□ DIY　□ Linux　□ Office　□ Windows　□ 计算机编程　　其他＿＿＿＿＿＿＿

6 您认为什么样的价位最合适＿＿＿＿＿＿＿＿

7 请推荐一本您最近见过的最好的计算机图书：

　　书名：＿＿＿＿＿＿＿＿＿＿＿＿　　出版社：＿＿＿＿＿＿＿＿＿＿

8 您对本书的评价：＿＿＿＿＿＿＿＿＿＿＿＿＿＿＿＿＿＿＿＿＿＿＿＿

　　＿＿＿＿＿＿＿＿＿＿＿＿＿＿＿＿＿＿＿＿＿＿＿＿＿＿＿＿＿＿＿＿

9 您还需要哪方面的计算机图书，对所需的图书有哪些要求：

　　＿＿＿＿＿＿＿＿＿＿＿＿＿＿＿＿＿＿＿＿＿＿＿＿＿＿＿＿＿＿＿＿

社址：北京市海淀区大慧寺路 8 号　网址：www.wisbook.com　技术支持：www.wisbook.com/bbs
编辑热线：010-62100088　010-62100023　传真：010-62173569
邮局汇款地址：北京市海淀区大慧寺路 8 号海洋出版社教材出版中心　邮编：100081

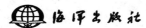 海洋智慧图书